科学技術社会論の批判的展望

科学技術社会論研究

15

科学技術社会論学会

2018.11

Journal of Science and Technology Studies NO.15

■科学技術社会論研究■　第15号 (2018年11月)

■目次■

特集＝科学技術社会論の批判的展望 ……………………………………………… 7
　科学技術社会論の批判的展望——特集にあたって　……………………… 柿原　泰 9
　「科学技術社会論」における「社会」をめぐる考察　……………………… 後藤　邦夫 13
　日本のSTSと科学批判——戦後科学論からポスト3・11へ　…………… 塚原　東吾 27
　科学技術批判のための現代史研究　………………………………………… 吉岡　斉 40
　政治を語って政治を切り詰める
　　——「科学技術社会論」における「政治」理解の狭さについて　……… 木原　英逸 47
　リスクの名の下に　…………………………………………………………… 美馬　達哉 66
　21世紀における科学の変貌と科学思想——科学技術社会論はいかに対応するか … 桑原　雅子 78
　日本におけるSTS研究の展開——科学技術社会論学会予稿集の量的分析から … 吉永　大祐 92

論文 ……………………………………………………………………………… 107
　身体経験としての「男性不妊」——無精子症事例に焦点をあてて　……… 竹家　一美 109

研究ノート ……………………………………………………………………… 123
　2017年度科学技術社会論・柿内賢信記念賞　特別賞受賞記念講演
　市民科学の取り組みからみたSTSの10の課題　………………………… 上田　昌文 125
　ゲノム編集技術をめぐる規制と社会動向——農業・食品への応用を中心に　…… 立川　雅司 140
　医療機器と医学にまつわるSTS研究，そして日本を事例とするSTS研究の可能性
　　——ワークショップ 'HUMANS & MACHINES IN MEDICAL CONTEXTS: CASE STUDIES
　　FROM JAPAN' の試み　………………………… 佐々木香織, Susanne Brucksch 148
　4S2017 ボストン参加報告　………………………………………………… 杉原　桂太 154
　STSにおけるアクションリサーチを考える——第15回年次研究大会における実行委員会
　　企画ワークショップの議論から　……………………… 三上　直之, 吉田　省子, 蔵田　伸雄 159
　　　　　　　　　　　　　　　　　　　　　　　　　　早岡　英介, 永田　素彦, 八木　絵香
　　　　　　　　　　　　　　　　　　　　　　　　　　植木　哲也, 川本　思心, 佐々木香織

書評
　有本建男他『科学的助言——21世紀の科学技術と政策形成』　………… 後藤　邦夫 171

鈴木舞『科学鑑定のエスノグラフィ——ニュージーランドにおける法科学ラボラトリーの実践』
　　………………………………………………………………… 山口　富子　177

柿原泰・加藤茂生・川田勝編『村上陽一郎の科学論——批判と応答』 ……… 廣野　喜幸　180

立川雅司『遺伝子組換え作物をめぐる「共存」——EUにおける政策と言説』 … 山口　富子　185

学会の活動　……………………………………………………………… 189
投稿規定　………………………………………………………………… 191
執筆要領　………………………………………………………………… 192

Journal of Science and Technology Studies, No. 15
(November, 2018)

Contents

Special Issue: Critical Perspectives on STS ·· 7

    Critical Perspectives on STS: An Introduction ······················· *KAKIHARA, Yasushi* 9

    Consider 'the Society' in Science-Technology-Society STS ······················· *GOTO, Kunio* 13

    Japanese STS and Science Criticism: From Post-war Theories of Science to the Era of

        Post 3·11 ··· *TSUKAHARA, Togo* 27

    A Study of Contemporary History for Critique of Science and Technology

        ··· *YOSHIOKA, Hitoshi* 40

    Curtailing the Political by Talking about Politics: On the Narrow Concept of the Political in

        the Science and Technology Studies in Japan ······················· *KIHARA, Hidetoshi* 47

    In the Name of Risk ······································· *MIMA, Tatsuya* 66

    Scientific Change and the Rise of Scientism in the 21st Century: A Proposal for Activity of

        STS in Contemporary Japan ······························· *KUWAHARA, Motoko* 78

    Trembling Identity: A Bibliometric Analysis of the Development of STS Community in Japan

        ··· *YOSHINAGA, Daisuke* 92

Article ·· 107

    Male Infertility as Physical Experiences: The Case of Azoospermia ········ *TAKEYA, Kazumi* 109

Research Notes ··· 123

    2017 STS Kakiuchi Yoshinobu Award Lecture: Ten STS Challenges in Terms of Citizen Science

        Initiative ·· *UEDA, Akifumi* 125

    Regulation and Societal Implications of Genome Editing: Implications to Food and Agriculture

        ··· *TACHIKAWA, Masashi* 140

    Report on the Workshop, *"HUMANS & MACHINES IN MEDICAL CONTEXTS: CASE*

        STUDIES FROM JAPAN" : Seeking Various Potentials for Further Development of STS

        Case Studies on The Relation between Medical Devices and Medical Practice in Japan

        ······································· *SASAKI, Kaori; Brucksch, Susanne* 148

    A Report on 4S 2017 Boston ······································· *SUGIHARA, Keita* 154

    Action Research in STS: A Report on the Plenary Workshop at the 15th Annual Meeting

        ··································· *MIKAMI, Naoyuki; YOSHIDA, Seiko; KURATA, Nobuo* 159

                HAYAOKA, Eisuke; NAGATA, Motohiko; YAGI, Ekou

                UEKI, Tetsuya; KAWAMOTO, Shishin; SASAKI, Kaori

Book Reviews ··· 171

Reports of the Society ·· 189

A Brief Guide for Authors ··· 191

特集=科学技術社会論の批判的展望

科学技術社会論の批判的展望

特集にあたって

柿原　泰[*]

　本特集「科学技術社会論の批判的展望」は，これまでの本誌特集の多くが特定のトピックや問題領域について科学技術社会論からアプローチして論じるというものであったのとはやや趣を異にし，"科学技術社会論"のあり方自体を対象として検討を加えることを意図したものである．それぞれの学問分野において，これまでの研究動向や諸活動を振り返り，現状を把握したうえで，これからの進むべき方向を展望するというのが重要な作業であることは論を俟たないだろう．科学技術社会論学会が 2001 年に設立されてからはや 15 年を過ぎ，20 周年も近づいている．本誌においても既に，『科学技術社会論研究』第 10 号 (2013) で小特集「科学技術社会論の 10 年」を組んでいる．また，学会設立 20 周年に向けて出版企画が進んでいるとも仄聞している．そうしたなか，本特集では，本学会のことを振り返るにとどまらず，射程を広げて，"科学技術社会論"という呼称がまだなかったころの科学論，科学技術論を含めて，なおかつ，とくに科学批判，科学技術批判に取り組む批判的科学技術論の潮流を意識して，科学技術社会論の現状に対する批判的な吟味・検討をしてもらうよう論者に執筆依頼をした．本特集を企画するにあたって背景にあった問題意識とは，以下のようなものである．

　近年，科学技術社会論(以下，とくに拘る必要がない場合は，STS と略記する)においては，科学技術と社会の良好な関係を取り持つことで，社会のために「役に立つ」ことが課題だと考えられる傾向が強まっており，他方で，科学技術と社会の問題に対する批判的機能は弱まっているように思われる．

　STS が社会のために役立ち，問題解決に貢献することを役割と任じるとしても，そのためには，「社会」が何を指すのかをはっきりさせておかねばならない．というのも，「社会」といっても，市民社会のことを指すばかりではなく，市場社会・経済社会や政治社会も含まれるからである．こうした点をきちんと意識しておかなければ，知らず知らずのうちにその時代において支配的な言説に棹さす可能性がある．「社会のため」といっても，その「社会」が何を指すのか，さらには，社会の利益，公共の利益が実現できない場合，その原因は何かについて吟味すべきである．STS では，その原因を問題の見方やフレーミングといった観点で語る傾向が強く，社会的構造や政治・経済権力といった側面からの問題把握は不可欠にもかかわらず，弱いのではないだろうか．こうした点を踏まえておかなければ，社会的な貢献をめざしたとしても，不十分なものとならざるを得ないであ

2018 年 8 月 10 日受付　2018 年 8 月 23 日掲載決定
[*]東京海洋大学，ykakihar@kaiyodai.ac.jp

ろう.

　こうした問題意識にもとづき，本特集では，これまでのSTSの議論や活動を批判的に再考し，今後に向けた展望を開いていくという試みを行うべく，各論者には次のような課題のいずれかに応えるような論考を依頼した.

・日本の科学技術社会論(STS)の現状について，どのような問題があるか，どのような特徴や偏りが見られるか，批判的に吟味・検討すること.
・広く科学技術論を捉えると，これまでも，また現在もさまざまな潮流があるが，欧米はじめ諸外国にかぎらず，日本においても批判的科学技術論の議論・活動の蓄積があることを紹介し，その意義を提示すること．さらに，それらの潮流に対して，日本の「科学技術社会論学会」はどのように位置づけられるかを示すこと.
・批判的科学技術論についての自身のこれまでの議論・活動の実績，経験を紹介すること.
・批判的科学技術論の見本例として，現在の重要な課題に対して分析・検討を行うこと.
・今後の科学技術社会論には，どのような議論・活動が求められるか，批判的に展望を開くこと.

　これまでの科学批判，批判的科学技術論の潮流を意識して論じるという方向性を掲げたため，論者の選択においてバランスをとることに重きをおかず，"科学技術社会論"以前の科学技術論にも通じている比較的年輩の方々を中心に依頼を進めた．その結果，依頼をしたものの，残念ながら諸般の事情で引き受けていただけなかった方も多く，それでも7本の論稿をお寄せいただくことができた．なお，この趣旨に関連する既発表の論稿として中島(2016)がある.

　ここで科学技術社会論やSTSなどの呼称について少し整理しつつ，本特集の構成の紹介をしておこう．なお，以下の呼称についての整理は，この緒言にかぎっての整理であって，本特集内の諸論稿においては，とくにそうした呼称の統一は図らなかった.

　"科学技術社会論"という呼称は，狭く捉えると，科学技術社会論学会の設立に象徴されるように，(研究会のレベルでは，1990年代から見られたが)21世紀になってから主として使用されるようになったものである．本特集では，そうした狭い意味での"科学技術社会論"を検討の主な対象としつつも，より長いタイムスパンで，より広い視野から，"科学技術社会論"という呼称がまだなかったころの論潮を含めて再考することもねらいの一つである．"STS"という呼称は，"科学技術社会論"よりももう少し広い範囲を指すだろう．日本では，1970年代末から1980年代にかけて，英米の動向紹介として，STS(あるいはその源流)が取り上げられるようになっていた(里深1980；中山1989など)．"STS"という頭字語ではなく，"科学・技術と社会"という場合もあった．1980年代後半から1990ころには，日本でも"STS"という呼称が使用される議論や活動の例も見られるようになった.

　そうした"STS"という呼称がまだ見られなかった時代から，活発な批判的科学技術論の潮流がいくつも存在した．本特集の後藤論文では，古典的社会理論を踏まえつつ，1930年代の科学史・科学論や1970年代ころの科学史や科学社会学などについても検討を加えている．塚原論文では，戦後日本の科学論の諸潮流を見ながら，"科学批判"とSTSの関係に切り込んでいる．吉岡論文では，自身のアプローチを"科学技術批判のための現代史研究"と呼び，それとの対比をしつつSTSコアアプローチの批判を述べている.

　"STS"という呼称がまだ見られなかったころからの批判的科学技術論とSTSのつながりをうかがわせる例を少し紹介する．吉岡斉の場合，まだ20代の時から多くの論考を発表し始めていたが，

その初期から一貫して「当事者としてではなく第三者として，外側から批判的に分析しようとする立場」から「科学技術と社会の問題に本格的に取組」み，「現存する科学技術へのもっとも厳しい批判」を企図して，当時は自らの専門領域を「科学社会学(social studies of science)」と呼んでいた(吉岡 1982)．また，公害研究の先達として，批判的科学技術論の代表的人物の一人でもある宇井純は，「科学技術の複雑化に伴って，関係者の特権化という傾向は必ず出て来るものであって，社会は前もってこの危険を避けるような制度をもたなければならない．今のところはまだ日本ではこの制度がないが，研究面でようやく『社会の中の科学技術(STS)』と呼ばれる一連の動きがはじまったところである」(宇井 2000，72)と述べたことがある．この「社会の中の科学技術(STS)」が何を指すのかははっきりとしないが，このころにはSTSに対する期待があったように見受けられる．

しかし，批判的科学技術論の潮流の一部はSTSにもつながっているだろうが，本特集の塚原論文や吉岡論文にも言及がなされているように，科学技術社会論学会の外部で展開されてきた批判的科学技術論の潮流がいくつもあり，それらを見落としてはいけないだろう．

本学会設立よりも前に，筆者も「STS」に関する拙い解説を書いたことがある(柿原 2000)が，そこではSTSの源流のひとつとして知られるイギリスの科学教育改革のプロジェクトSISCON (Science in a Social Context)の形成過程において，テクノクラティック・アプローチと批判的アプローチの対立があったこと(ウィリアムス 1993)を参照しつつ，現代日本のSTSでも，新自由主義の流れのなかでテクノクラティック・アプローチが強くなりつつある傾向が見られるのに対し，批判的アプローチを鍛え直していくことを2000年代のSTSの課題として挙げた．その後のSTSの実際は，どのように捉えられるだろうか．本特集の木原論文では，いくつもの論点を挙げて，"科学技術社会論"の偏りや狭さを指摘している．これらSTSの現状に対する批判的な議論に対して，今後，反論やあるいはさらにそれらの論点を深める議論が展開されることを期待する．

本特集には，現在の重要な課題に対して批判的な立場から分析・検討を行う論考も収めている．美馬論文では，STSにおいてもしばしば参照されるリスク社会論について批判的に論じている．桑原論文では，現代科学のなかで著しい発展を見せている計算科学，データサイエンス，ベイズ統計学を駆使する学術研究を「21世紀型科学」と名付け，そうした科学の変貌を捉え，今後のSTSが取り組むべき課題を提示している．

最後に，吉永論文では，科学技術社会論学会の年次研究大会の予稿集をデータとして量的分析を行うことによって，日本のSTS研究の動向を明らかにしようとしたものである．

その他にも，環境問題や生命倫理をめぐる論考など，本特集に収めたいと考えていたものがいくつもあったのだが，叶わなかった．別の機会を待ちたい．本特集が科学技術社会論(STS)の今後の進むべき方向を展望したものとなっているかは，読者の評価に委ねるしかない．繰り返しになるが，本特集をきっかけに活発な議論が展開することを期待するものである．

■文献

柿原泰 2000：「STS」『現代思想』28(3)，180-3.
中島秀人 2016：「わが国STSの四半世紀を回顧する：科学技術社会論はいかにして批判的機能を回復するか」『科学技術社会論研究』12，201-12.
中山茂 1989：「諸外国における『科学と社会』：教育プログラムについて」碧海純一，大熊由紀子，加藤一郎編『科学は人間を幸福にするか』勁草書房，138-46.
里深文彦 1980：『等身大の科学：80年代科学技術への構想』日本ブリタニカ.

宇井純 2000：「公害における知の効用」栗原彬，小森陽一，佐藤学，吉見俊哉編『越境する知 3　言説：切り裂く』東京大学出版会，49-72.

ウィリアムス，ウィリアム 1993：「SISCON の起源」小川正賢監修『科学・技術・社会(STS)を考える』東洋館出版社，197-203.

吉岡斉 1982：『テクノトピアをこえて：科学技術立国批判』社会評論社(改訂版，1985).

短報

「科学技術社会論」における「社会」をめぐる考察

後藤　邦夫*

要　旨

　科学技術社会論を科学技術と社会の内在的な関係を扱い，社会科学の方法によって科学技術を批判するメタ的学問と規定する．その上で，古典的な社会理論の枠組み：資本，国家，市民社会＝公共圏，共同体を軸として考察する．それらの変化が科学技術をめぐる活動に及ぼしてきた状況を，「総力戦体制」から「ポスト冷戦期」にかけて追跡する．特に，新しい学問である科学技術社会論が受けた変化を述べ，科学技術が国家と資本を軸に扱われ，公共圏と共同体と関連する考察が，特に日本において忘却されてきたことを指摘する．最後に，当面の課題として，社会の構成の基盤であるコミュニケーション・メディアの疎外態としてのICT-AIの批判的考察の重要性を指摘する．

1.　はじめに：科学技術社会論と社会認識

　科学技術社会論は，「科学技術」と「社会」の間の密接な関係の存在を前提としている．その関係は「科学と社会の界面」（科学技術社会論学会設立趣旨）や「科学的合理性」と「社会的合理性」の関係（藤垣 2003 など）といった表現からうかがわれるような外部的な相互関係に限定されない．科学技術が人類の社会的活動であるという意味で内在的な関係にある．科学技術社会論は，科学技術を社会的存在として把握し，社会についての認識に基づいて科学技術を対象化して批判的検討の俎上に乗せるメタ的学問である．
　ところが，現実に行われている研究を見ると，例えば以下のようなものが多数を占めているように思われる．
　社会に関する認識を明らかにしないまま，「社会」と「科学技術」の外的な関係や「専門家」と「市民」のコミュニケーションを扱う研究，もっぱら「国家」や「資本」という可視的存在を「社会」とみなし，科学技術政策や産学連携を対象とする研究，専門家集団の構造の分析を行い，その内部の課題を例えば「研究倫理」の問題として扱い，その文脈で「社会」との向き合い方を扱う研究，等々である．

2017 年 9 月 5 日受付　2018 年 5 月 12 日
*学術研究ネット，k-goto@andrew.ac.jp

これらの研究にはそれぞれに意義があることは疑いをいれない。しかし、率直に言って、科学技術の現状を独立した所与のものとして扱っており、「科学技術批判」としては物足りなさを感じざるをえない。

それでは、科学技術の現状に対する社会認識に基づく批判を行うには何が必要であろうか。以下はその前提条件として、伝統的な社会理論の枠組みと20世紀における変容を概観した上で、「科学技術社会論」の形成期である1970-80年代の冷戦末期から「冷戦終結」後の1990年代の社会経済のインパクトがこの学問に与えた影響について、個人的な経験を援用しつつ略述したい。その上で、現在の日本社会における科学技術の現状に対する批判的視点の必要性について考察する。

科学技術社会論は、欧米で1970-80年代に学会設立がなされた「若い」分野である。初期の段階にはマートンやクーンの影響を受けた科学社会学による「科学者共同体」の構造や機能に関心が向けられていた。ところが、1990年代初頭に冷戦の終結という大事件に遭遇して、少なからぬ研究者が国家主導の総力戦体制の一部であった冷戦期科学技術の批判に転じた。その結果、「民営化」「地域」「フェミニズム・マルティカルチュラリズム」などをキィワードとする批判的研究が目立つことになる。その間、科学技術を「国家」から「民」の手に取り戻す批判的過程が「民営化」＝市場化として現れた一方、冷戦の受益者であった一部の科学者との軋轢を深める。ここでは、「政府」＝国家と「民間」＝市場という二者が科学技術を担う主要なアクターである。「軍事優先の大きな政府」と「福祉政策の民間移転」のレーガン・サッチャー時代からクリントン・ゴアの政権やブレアの労働党政権へ移行する過程とも合致する。しかし、2001年9.11以降、状況は変転する。冷戦下で「軽武装・経済優先」でバブルを謳歌した日本は、変化に適応できず長期停滞に入り、国家主導の「科学技術イノベーション」に望みを繋ごうとしている。

この間の歴史的展開を、1990年代初頭のSTS関連の大会やシンポジウムの状況、主要な論点によって整理し報告する。

2. 古典的社会理論の枠組みと20世紀における変容

「社会的諸関係」の大元は、生産力とそれに相応する生産関係を統合した「封建制」「資本制」などの「生産様式」であるというのが1930年代に成立したソ連型教科書マルクス主義の公式である。しかし、マルクスの思想形成のプロセスが明確になった現在、そのような単純な定式化では不十分である（マルクス自身、フランスの政治を分析した晩年の著作では「ブルジョアジーとプロレタリアの二大階級」のような単純な図式は使っていない）。むしろ、マルクスを含む18-19世紀の西欧近代思想の成立期に活躍した人々が作りあげた枠組み——「資本」「国家」「市民社会」（＝「公共圏」）、「共同体」——に即して考えてゆきたい。

ウェストファリア体制の成立（1648）によって、混乱を極めた30年戦争が終わり、多くの領邦群によって構成されたドイツを含む後世の国民国家群の輪郭が形成されたヨーロッパは一応の安定期にいたる。しかし、18世紀に入り、初期段階の市場経済によって体制が混乱と解体の兆候を見せたとき、社会の新たな在り方をめぐって多様な改革プログラムが提起される。それらは、あえて単純化すれば以下のように大別される。

「教養ある富裕な都市の民（ビュルガー：ブルジョアと同義）」すなわち「市民」の連携による新たな政治的空間＝公共圏＝市民社会Öffentlichkeitの構想（カントなど）、市民社会もまた「欲望の体系」であるとして領邦を統合した「国民国家」さらには「帝国」による社会統合の追求（ヘーゲル）、に加え、青年期のマルクスを含む左派ヘーゲリアンは「ゲルマン共同体の近代的復活による人間的

連帯の回復」(コミューン志向すなわちコミュニズム)の構想を提起した. すなわち,「バラバラの個人が利益を求めて競争する市場」を基盤とする資本主義経済体制への予兆を前に, 人々の連帯・統合をはかる仕組みとして「知的公共空間」「統治システムとしての国民国家」「民衆の共同体」が提出されたわけである. なお,「市民社会」はヘーゲルにおいては「欲望の体系」でありブルジョア社会そのものとして規定され, 歴史は「家族」「市民社会」「国家」というトリアーデで把握される. マルクス主義の系譜のなかでも, 国家権力に直接に関わる「政治社会」に対抗するものとしてカントの意味の「市民社会」を重視した見解も現れた(グラムシ「東方では国家, 西方では市民社会」).

当初は中世ギルドや農村共同体に基盤をおいていたマルクスの構想であった. 資本論の準備過程におけるノート『経済学批判要綱』のなかのアジア的, 古典古代的, ゲルマン的という三つの共同体を扱った「資本主義体制に先行する諸形態」などに心情が現れている. なお, 農業社会における主要な生産手段である土地の所有形態に基づくこのトリアーデは, ヘーゲルの歴史哲学, ランケの史論からウェーバーの社会理論まで随所にそのバリエイションが見られる(例えば, 大塚 1955).

マルクスは, エンゲルスのリスト批判「国民経済学批判」などとの出会いを経て, 工業化の現実を直視するようになり, さらに, 多様な社会改革運動の展開を観察することによって, 工業社会における生産手段である資本の所有から疎外されて形成されてきた「労働者階級」の「工場」を基盤とする共同体の形成に軸足を移す(その背景は, かつての生産手段=土地の共有というゲルマン共同体モデルである). その後, マルクス自身は,「人間=その社会的諸関係の総体」における「社会的諸関係」の本質を経済活動に見出すことになる.

19世紀に工業化を先導したヨーロッパと北米では, 公共的使命を帯びた代議員による議会制に基づく国家, それと対峙する第二インタナショナル加盟の「労働組合」と組合運動を基盤に政権を狙う「社会民主党」, 出版業の発展とジャーナリズムによる「公共的」言論空間の創出, という構造が曲がりなりにも形成されるかに見えた. 初期の荒々しい資本主義も「工場立法」や「社会政策」によって一定の制約を受けつつあった. 技術進歩が人々の生活にもたらす恩恵も顕在化し, 希望が芽生えた時期でもあった. その中で, 国家の庇護を受けた大学も公共園の中核として自治を与えられ, 研究者のコミュニティ形成の場となるかのようであった. ただし, アカデミックな学術研究が国家や企業による多額の研究費によって支えられるに至ったことに注意すべきである.

他方, カントが構想した「公共的使命を自覚した市民たち」であったはずの代議制民主主義の担い手たち(=議員)は, 選挙権の拡大などの民主化の結果として, 選出母体である党派に分断され, 公共より党派の利害に従って行動するようになっていった.

19世紀末期の欧米諸国では, 国家の関与による巨額の投資が必要な重工業(及び重武装)中心の産業構造が形成されてゆく. 折しも, 英独建艦競争が示すような覇権争いを経て, 第一次大戦という未曾有の事件が起こる.「万国の労働者の団結」を保証するはずであった第二インタナショナルの崩壊と各国社会民主党の戦争参加は, 民衆の共同体が国家に吸収されたことを示す象徴的出来事となる. 敗戦4帝国(ドイツ, オーストリー・ハンガリー, ロシア, オスマントルコ)が破綻したあと,「総力戦」に疲弊した中東欧社会は混乱し, 挫折を含め短期間に「革命」を含む多くの試行錯誤がなされたが, その多くは失敗し, 国家権力の強化, 農業集団化による原始的蓄積の強行, 重工業化の強行などを掲げたスターリン体制が生き残り, 中部ヨーロッパはファシズム体制に支配される. これらの事例は, 国家権力肥大の極端なケースであろう.

こうして, 戦間期から第二次大戦期を経て冷戦期に至る「総力戦体制」が先進諸国をおおうことになり, 科学技術においても国家の存在感が拡大してゆく.

この時期の際立った特徴は, いわゆる先進諸国における「資本」=「産業構造」の変化であり,

それに応じた「資本」「国家」「市民社会」「共同体」それぞれの変貌である.

　すなわち,資本集約型の重化学工業を基幹とする産業体制では,インフラ整備と大型設備投資のための資本投入において国家の役割が重要であった.その構造を端的に表現するならば,「国家」と「資本」の癒着の進行である.同時に進行したのは,「市民社会」と「共同体」の後退,形骸化あるいは不可視化である.

　さらに強調すべきことは,「総力戦体制」によって存在感を強め,行政行為の増大と複雑化により,国家機構の中に巨大で精緻な官僚機構が形成されたことである.肥大した官僚機構は,国家権力に対して一定の独立性と持続性をもち,その内部には多数の科学技術者を抱え,統治行為自体の「技術化」をもたらす.その結果,一見価値中立的な「合理的支配」(ウェーバー)を実行するかのごとく機能するに至る.

　資本(企業)の側では,少数の巨大企業による寡占状態が成立し,いわゆる中小企業は垂直統合型の下請け構造のピラミッドの裾野を構成する.同時に,産業に対する金融やインフラ投資構築を通じた国家の役割の増大によって,いわゆる「国家独占資本主義」と呼ばれる体制が成立することになる[1].

　この事態がもたらした重要な帰結のひとつが,「科学者共同体」の拡大と変質である.市民社会・公共圏の一角を占めていた大学・高等教育機関に国家や資本の影響が及ぶことは避けられないばかりでなく,在来のアカデミアの外部の国家機構や産業界に膨大な数の科学者・技術者が生まれることになる.特に後発国であった日本の場合,高等教育機関自体が国家主導で形成され,官庁の現業部門,試験研究機関,企業の現場技術者などの養成に注力されたため,その傾向は著しかった.

　科学者・技術者を含む「専門家」と呼ばれる人々は,かつては自立した専門職として,大学を中心に活動し,「学会」等に依拠したギルド的連帯のもとにあったが,その数が著しく増え,多数の国家官僚,企業内雇用者,さらに非正規雇用者,未組織労働者などを含む存在となってゆくのである.

　1970年代以降,経済の知識集約化の拡大,高等教育のユニバーサル化への接近などによって,量的拡大と分断化は一層進行する.いわば「疎外状況」の顕在化である.

　この状況に対し,STS研究の基盤となった科学社会学,科学史等の中で蓄積されてきた「社会」の把握において影響力があったのは,アカデミアを基盤とする「科学者コミュニティ」とする見解である.古典的な科学を対象とする歴史研究の中で獲得された認識であったためやむを得なかったとは言えるが,20世紀(特に後半以降)の現実との不整合は覆うべくもないものであった.

　1930年代には,有名なヘッセン報告(Hessen 1931)とそれに触発されたクラウザーの史伝(Crowther 1935),フランクフルト学派の言説など,マルクス主義の影響が見られたが,1970年代に現れる「社会的構成」の主張は,「ヘーゲリアンの唯物論的転倒」とは異なる系譜に属する.一つはカントのカテゴリー概念のマールブルク学派による拡張(「普遍的カテゴリー」と「構成的カテゴリー」の区別-明示的表現は,1920年代初期にカッシーラーの影響下で書かれたライヘンバッハ『相対性理論と先験的認識』),他方は,現象学における「共通主観性」と結びついた理解である(明示的表現は,Hacking 1999).異なる文脈上に登場したクーンのパラダイム概念もそれに共鳴した.晩年のクーンはパラダイム概念の「言語論的転回」を経て,「言語論的枠組み」や「可動的カテゴリー」(新カント派の構成的カテゴリーと同義)に接近したことが知られている(Kuhn 2000).いずれにせよ,カント的認識論の延長上の議論であり,必ずしも社会科学的検討にはなじまない.

　他方,科学哲学の分野では,ヒュームの懐疑論から一挙にポパーの反証主義に飛ぶような非歴史的思考が影響力をもっていた.

　すなわち,当時の科学技術社会論の基盤であった,科学史,科学哲学,科学社会学のかなりの部

分で，18 世紀以降の社会理論の蓄積が十分に生かされていたとは言えない．

3. 生成期の科学技術社会論における科学者共同体の扱い

科学技術社会論が「学会」や「大学院課程」として制度化されるのは 1970–80 年代である．1960 年代から 1970 年代初頭のアメリカでは，ベトナム反戦運動や公民権運動と結びついた大学闘争が展開されていた．また，スプートニクショック以来の拡大する軍事支出の余沢として「黄金時代」を謳歌したアメリカの一部の研究大学でも，学生や教員の一部による造反が「科学技術批判」の自主講座として展開されていた．環境問題の顕在化やローマクラブによる『成長の限界』の公表によって 1950–60 年代まで続いた先進国の経済成長に疑問符がついたのも同時期である．

産業構造も変化しつつあった．工業生産の主力は自動車や電機製品など，多種類の精密部品（数千から数万点に及ぶ）の「加工組み立て」型に移行してゆく．高度な部品・部材の全てを単一の大企業の内部で生産することは事実上不可能となり，それらを生産・供給する中小の企業群の存在が必要となる．その中から大企業への従属から脱し，独自の発展を遂げるものも現れた[2]．

そのような変化が進行している中で，冷戦体制が総力戦体制時代の構造を残存させ，固定していたのであった．そのような「凍結状態」の傾向は旧ソ連が最も著しく，アメリカも例外ではなかった．

その中で，前節で述べた専門家集団（科学者共同体）の拡大，多様化と変貌が社会学者に絶好の研究テーマを提供し，新たな参入が始まった．

アメリカにおけるリーダーの一人，マートン（Robert Merton）の 1938 年の論文が再刊され（Merton 1970），いわゆる「科学者共同体の 4 規範」を扱った 1942 年の論文を含む論文集（Merton 1973）も刊行された．これらの古典的著作は，古典的なアカデミアに属する科学者共同体を扱ったもので，新たな状況に対応したものとは言い難い．他方，新世代の研究者の多くは科学の内容には立ち入らず，集団の階層構造や報酬体系の分析など，いわゆる構造機能分析等を通じて，拡大と変貌を続ける集団を研究対象とした（Cole & Zuckermann 1975; Cole & Cole 1973 など）．その中で西欧諸国や旧ソ連で展開されてきた巨大科学（高エネルギー物理学，宇宙ロケット開発など）に従事する科学者，技術者集団が注目を集めた（Price 1963）．文化人類学の参与観察の手法も導入された（Traweek 1988）．

他方，英国では，物理学者ザイマン（John Ziman），生命科学者ウィルキンス（M.H.F. Wilkins）など，科学者が科学批判に転ずるケースが見られた．1970 年代には科学研究の現場を体験した人々の中から，科学社会学研究の分野に参入する人々が現れた．クーンのパラダイム論の影響（修正，反論を含めて）が見られるのは，主にこの人々である（Edge, Mulkay, Barnes, Bloor など）．

1976 年，4S（Society for the Social Studies of Science）の創立大会がコーネル大学で開かれた．The Research Committee on the Sociology of Science of the International Sociological Association との共催であったことは科学社会学の影響の強さをうかがわせる．ベン・ダビッド（Joseph Ben-David）によるアメリカとイギリスの科学社会学の差異に関する報告がされている（Ben-David 1978）．

1980 年，社会学の総合報告誌 Current Sociology に Mulkay による総合報告，Sociology of Science in the West が掲載された（Mulkay 1980）．1930 年代のバナールやヘッセンの仕事までさかのぼって，約 340 の文献を以下の項目にまとめて解題している．

1. Emergence of Specialty　科学者共同体の形成
2. Patterns of Scientific Growth　科学の成長パターン

3. Social Norms and Evaluative repertoires　社会的規範と評価のレパートリー
4. Social Construction of Scientific Knowledge　科学的知識の社会的構成
5. Political Dimension　政治的次元

　1984年にはEASST(European Association of Science and Technology Studies)が設立され，科学社会学とは独立の存在としての科学技術社会論STSの認知度が上がることになる．当時，学会等で交わされていた噂によれば，4Sが政府の政策や科学者の行動に対する批判的姿勢が目立つのに対し，EASSTの方は，EUやEuropean Committee(EC)に対する助言など協力的傾向が見られるということであった．

4. 冷戦の終結が科学技術社会論にもたらした展望と停滞

　「冷戦の終結」が世界史を画する大事件であった事は疑いを容れない．本題に入る前に，科学技術と社会を取り巻く当時の状況を，体験したひとりとして手短にまとめておきたい[3]．
　冷戦末期には，核を含む軍拡競争による国家財政の疲弊が両陣営における福祉国家的政策を困難に陥らせた．「最後のニューディーラー」と呼ばれたジョンソンの政権のGreat Societyがベトナム戦争の負担で挫折したあと，曲折をへて1980年代に登場したレーガン・サッチャー・モデルでは，軍事支出を維持・拡大するために，他の政府支出をカットし「民間にできることは民間へ」移行させることで局面の打開をはかった．すなわち新自由主義の台頭である．しかし，これらのケースでは，軍事を中心とする国家支出の拡大は止まらず，経済成長のための減税の効果は国内投資に回らず，海外に向かった．前節の後半で注意した産業構造の変化はすでに進行しており，企業は国境を越えたサプライチェーンに依存する加工組み立て型システムの構築に向かいつつあったからである（中国の「改革開放」はこの時期に開始され，沿海部に投資を呼び込んで先進国の産業との連結による成長が可能になった）．その結果は，アメリカにおける「双子の赤字」（財政赤字と国際収支の赤字）をもたらした．
　「民間」が存在しない旧ソ連では，国家主導のもと，200万人に及ぶ科学者・技術者を擁しながら，軍事主導で進められてきたその活動の成果を経済発展に結びつけることができず，体制自体が破綻した（アガンベルギャン報告International Conference for Technology Policy and Innovation [ICPTI]，Lisbon 1998）．アメリカで大きな破綻が生じなかったのは，独自の産業政策を実施する独立性の高い州政府，多額の基金をもつ多様な財団，日本的な意味での「文部省」が存在しない環境下で独自に多額の基金をもつ大型研究大学等，国家でも市場でもない様々なアクターが存在し，活動したからである．ヘーゲルは，晩年の講義録『歴史哲学』でアメリカの特徴を「強力な市民社会・脆弱な国家」と呼んだ．2度の大戦を経て国家の力は飛躍的に高まったとはいえ，国家以外の公共的システムの活動は強力であった（現在のトランプ政権の政策に対する州政府，大都市，大学等の動向にもその一端が見られる）．
　その間，巨大な軍産複合体の外部，すなわちR128（マセチューセッツ），シリコンバレー（カリフォルニア），オースティン（テキサス），リサーチ・トライアングル（ノースカロライナ）などの周縁地域においてベンチャー・キャピタルによるハイテク起業の成功と集積が形成され，冷戦終結後の90年代のアメリカ経済を牽引した．これらの産業集積（リサーチパーク，テクノポリスなどと呼ばれる）は，ひと時代前の鉄鋼や石油化学のコンビナートとは全く性格が異なる．集積する企業群の多くは独自の研究開発機能を持つ中小企業であり，相互に製品のみならず情報やノウハウを交換し

あうことによるネットワークを形成することで成長するのである．この動向の背景として，1960年代末以来の学生・若者たちの反乱から生まれたカウンターカルチャーの運動があったことはよく知られている．その典型とも言えるのが西海岸を中心に広がったヒッピー文化であり，その活動がシリコンバレーのハイテク集積に引き継がれることになった[4]．

National Business Incubation Association［NBIA］（現在はInternational Business Innovation Association［InBIA］と改称），University Research Park Association［URPA］など，この活動を支援する団体は活発であった（現在も活動は継続している）．ソ連崩壊直後の1992年春，オースティンで開かれたこれらの組織の年次大会には旧ソ連圏やイスラエルから大量の参加者があり，新たな知見の獲得に貪欲に取り組んでいた（ソ連崩壊とともにイスラエルには数十万人に及ぶユダヤ系の医師，科学者，技術者が流入し，困惑の種であった）．当時の活動のスローガンは「民営化」Privatization,「起業家的精神」Entrepreneurship,「地域共同体」Local Communityなどであった．「革新はワシントンからは来ない，大企業には起こらない．地域の中小企業で起こる」と言われていた．

一部の大学では，折からの軍縮によって民間人となることが予定された士官（多くは技術系の専門職）のための技術マネジメントの講習なども行われ，いわゆる技術経営MOTプログラムに発展した[5]．

1993年発足のクリントン・ゴアの政権は，この動向を促進する一連の政策を採用した．冷戦期に核開発などへの貢献によって多額の研究費を得て巨大科学化した高エネルギー物理学への支出はカットされ，すでに着工し工事も進み，研究者も一部着任していた巨大加速器SSC（超電導スーパー・コライダー）計画は突然中止された（建設中止によって職を失った旧ソ連圏出身の研究者や大量の超伝導電磁石を受注しようとして活動していた日本の商社マンの事など，話題は多岐に渡った）．それに対し，冷戦中に開発され，軍用に限定して運用されたARPAnetの民間開放とゴア副大統領のスーパーハイウェイ構想によって，情報通信分野は今日のインターネットとして急拡大し，多数の企業や大学が参入して経済成長の駆動力になった．戦略4分野（情報，バイオ，新材料，高度製造業）促進などが行われ，レーガン時代に発生した巨額の財政赤字は短期間に払拭された．

科学者コミュニティもその影響を受けた．特に冷戦の受益者であった物理学コミュニティの一部は反発し，のちのサイエンス・ウォーズの伏線となった[6]．

旧ソ連の科学技術は経済の破綻によって危機的状態となり，大量の核科学者が職を失って海外に流出し，結果として核技術の拡散が起こることが憂慮された．アメリカの大学人や一部の政府機関による核科学者に対するマネジメント教育や起業援助などが多面的に行われた．しかし，プーチン政権の発足によって資源依存とはいえロシア経済は危機を脱し，軍事関連の科学技術に対する国の優遇政策も復活する．

さらに，1980年代には，ソ連型の国家主導の経済体制の停滞と破綻にたいし，冷戦体制下で軽武装路線により軍事費負担を免れて経済成長に成功した日本モデルがオータナティブとして注目を集めた．アメリカの全米研究協力法に基づく官民合同機関の開発研究機関Microelectronics and Computer Technology Cooperation［MCC］（日本の第5世代コンピュータ開発計画への対応），Semiconductor Manufacturing Technology Consortium［SEMATECH］（日本の半導体生産の急進展への対応）などの共同利用機関が設立され，日本の技術と経営の調査研究に若手を派遣する商務省のプロジェクトJapanese Industry and Management Technology［JIMT］が行われた．第5世代コンピュータ開発計画はさしたる成果を産まず終結したため，MCCも任務を終えたが，SEMATECHは活動を継続している．

当時のSTS（主に4SとEASST）の活動も，この状況を反映していた．1992年の4S/EASST（イェ

テボリ），1994年のEASST（ブダペスト）では，旧ソ連圏の研究者が多く登壇し，旧体制批判（むしろ「嘆き節」）を展開した．また，EASST1994の会場ブダペスト工科大学では，軍事同盟である北大西洋条約機構NATO主催の会合が公開状態で開かれていたことも驚きであった（テーマは軍民転換である）．1995年にオクスフォードで行われたイギリス科学史学会主催の国際会議では，冷戦下のアメリカで原子力航空機や核爆発の土木工事利用の研究が行われていたことが紹介された．

こうして，軍事と結びついた国家の科学技術政策の暴露と批判，福祉や経済発展への科学研究の方向転換が当時の主要なテーマとなる．第二次大戦直後のアメリカの科学技術政策を先導したリニアモデルは，軍事研究支出が基礎研究の拡大に資するものであり，結果として技術開発，経済発展，福祉をもたらすとするバネバー・ブッシュ報告やSteelman Report（「アメリカ合衆国における科学と公共政策」1947）で主張されたものであるが，軍産学複合体形成の基礎となったとして批判の対象となった．STS系研究者によるNew Production of Knowledgeの共同研究（特に「モード2」の強調）やLocal Knowledgeの重要性の主張などが新たな動向を反映していた．フェミニズム，マルティカルチュラリズムと科学技術などもテーマとして浮上した．

しかし，冷戦期の欧米諸国が旧ソ連のような解体状態を免れる上で最も重要な役割を果たしたと思われる「公共圏」や「共同体」の意義が正当に評価されていたとはいえない．「社会」の主要なアクターは「国家」と「資本」であり，科学者共同体の変貌についても，巨大科学の現場への注目にとどまっていたように思われる．

日本では冷戦の認識と同様，冷戦終了直後の変動に対する認識も十分ではなかった．むしろ，1990年代初頭に始まるバブル崩壊とその後の経済の長期停滞が問題であった．その対策として「周回遅れの新自由主義」の時代が到来したが，その際のアクターも国家と市場であった．科学技術に関しては，「科学技術基本法・基本計画」による国家の関与の拡大が注目される（1995年の「基本法」成立は全会派一致であった）．

以上を総括すれば，総力戦体制の国家にとらえられた科学技術を「民」の手に取り戻す批判的な思考と行動の過程が「民営化」＝市場化として現れたと言える．

ここでは，「政府」＝国家と「民間」＝市場という二者が科学技術を担う主要なアクターである．ただ，冷戦末期に登場し，軍事優先でリベラルとはいえないレーガン・サッチャー時代から冷戦後のクリントン・ゴアの政権やブレアの労働党政権へ移行する過程で，情報通信技術にプッシュされつつグローバリズムが伸長する中で，「地域社会の繁栄」や政府でも民間でもない「第三のアクター」として「公共」というテーマが登場したことは知られる通りである．この「公共」や「地域」をいかに理解し，可視化・現実化するかという問題は，各国の政府・官僚機構の特徴の分析とあわせて，科学技術社会論の重要な検討課題である．それが国家の役割の下請け代行者にとどまるか，国家と離れた公共圏の活動の拡大であるのかが重要である．

さらに付言すべきことは，ポスト冷戦初期に期待された可能性が，その後の経過によって大きく裏切られたことである．すなわち，ブッシュ・ジュニアの政権の単独行動主義，2001年9.11テロ以降の混乱と中近東での戦乱があり，さらに最近のトランプ政権に代表される「非リベラル・デモクラシー政権」（Fukuyama 2016）に見られる1930年代への回帰が疑われる状況がある．この状況に置かれた科学技術の批判も今後の重要課題であろう．従来の社会学中心のパラダイムで即応できるかどうかは疑問である．

5. 科学技術社会論の課題について：結び

1980–90年代の日本には，科学技術社会論の学会はまだ存在しなかったが，1930代に遡る科学技術論は存在した．その中では科学技術に批判的立場をとるものは例外的で，多くは科学技術の進歩を擁護し，それを妨げる要因として日本社会の後進性・封建制を批判するものが多かった．廣重の『科学の社会史』(1973)は，戦前期に遡って日本を「国家独占資本主義」の形成過程にあったものとし，その体制下における戦後の「科学と科学者の疎外状況」を論じた点で例外的である．そのほか，「核問題」，「環境問題」等に基づき科学技術に批判的な立場をとる研究者が活動してきたが，全体として見れば少数派であった．

さらに，1992–3年の「大学設置基準大綱化」による教養教育の縮小が影響を与えつつあった．数少ない科学技術論，科学史のポストはさらに縮小し，その分野の教員の多くが理工系学部に分属することになる．その状況下では，科学論者は科学者・技術者に親和的にならざるを得ないであろう．

この時期，欧米の科学社会学の動向の紹介や精緻化の試みは広く行われ，マートンと広重の研究を取り入れた構想が見られたが(松本1998)，日本の科学者共同体を対象とする具体的事例の分析・研究は，核問題等を除けばほとんどない．筑波の高エネ研と千里のライフサイエンス研究機関集積の参与観察はアメリカ人による(Traweek 1988; Coleman 1999)．あたかも科学者に対する「遠慮」が科学論の体質になっていたかのようである．同様なことは科学史にも言える．「科学史は科学の発展に役立つものでなければならぬ」というのが大多数の科学者の暗黙の了解であり，それを最も強く主張したのが武谷三男であった[7]．それに対し，「科学史は科学のためにあるのではない」「歴史による現実の批判である」[8]というのが広重の主張であり，筆者も同調したのであった．「科学者との間合い」は重要な評価軸である．

ところで，前節で注意したように，日本社会全体として，1980年代は「バブルの時代」であり，「冷戦」に対する認識が希薄で，ポスト冷戦の意義も正確に展望，評価できなかったと思われる．続く1990年代は，バブル崩壊後の日本経済の停滞からの脱却が課題であり，その際に科学技術の振興が一つの回答をもたらすという「科学技術立国」路線が現れる．これは，戦前期から昭和前期に続いた総力戦体制の「看板の掛け替え」のようなものであったが，多くの科学者もその路線を肯定し，国家のコントロールの強化は当然視されてきたように思われる．

改めて社会認識の枠組みのそれぞれについて当時から現在に至る時期の特徴をまとめてみよう．

5.1 資本・産業構造

農業と製造業は一国の経済活動にとって依然重要であるが，GDPと雇用にしめる割合は低下した．また，全分野にわたり研究開発とICTの運用とくにソフトウェアの役割が拡大した．その結果は，雇用の全体としての低下に関わらず，技術的専門職が増加しつつあるという事実である．製造業では，多種多様な高度部品や高機能材料の加工組み立て分野が進出し，先進国間だけでなく後発国を含めた地域間，国家間をカバーする複雑な分業体制が支える．このネットワークは，金融の肥大化とともに経済のグローバル化の重要な因子である．かつての貿易(＝資源・素材と完成品中心の物財の移動)を基礎として組み立てられた国際経済は，金とのリンクが外れた管理通貨の著しい増加と大量移動，多様な中間財貿易，大量の移民(＝労働力の国家間移動)によって大きく改変された．複雑な中間財流通のネットワークは，問屋制や商社，流通業，企業の営業部門などで働く膨大なホワイトカラー労働力によって支えられてきたが，現在，ICT-AIによるカバーの範囲の拡大と

ホワイトカラー労働の将来像が話題となっている.

5.2 国家

20世紀前半に形成された「総力戦体制」によって存在感を強め,さらに行政行為の複雑化により,国家機構の中に多数の科学技術者を含む巨大で精緻な官僚機構が形成されたことについてはすでに述べた.加えて,金融を含む経済活動のグローバルなネットワークの拡大に対応して,国家間の密接な関係を保持する多様な試みが生まれ,国家の枠を超えた国際組織や条約体制が整備されてきた.その中には,貿易ルール,工業標準(ISOなど),環境規制なども含まれる.それに対するバックラッシュの一つが国際ルールをあえて軽視し国家のアイデンティティーを固守しようとする最近の一部の傾向である.その中には,ICT-AIの利用による国民の行動の監視・支配という「1984年現象」が含まれる[9].

5.3 市民社会

多様化と肥大化するメディア環境の変化によって知的言論空間は拡散する.その過程でメディア企業に対する資本の影響も増大し,ヘーゲル・マルクスが主張した「欲望の体系」としての側面が顕在化する.そのようなマスメディアとITメディアのもとでの公共圏のあり方は模索の段階である.また,西欧において国家とは無関係に成立し,近代初期には「市民社会」=「公共圏」の一角をなしていた「高等教育・研究機関」には,国家,産業界など多くのアクターが関わるようになる.それでも北米,ヨーロッパでは長い歴史的経緯によって,依然として公共圏にあるということができる.しかし,日本を含む非西欧圏では発足直後から国家の関与が大きく,量的拡大にも関わらずアカデミアとしての独自の存在感は後退し続けていると言わざるを得ない.

5.4 共同体

急速な構造変化によって,農村における地域共同体から都市部の労働組合に至る既存の組織は,消滅した訳ではないが,構成員の帰属意識は減退し,影響力は低下している.家族の形態も多様化し血族的共同体も脆弱化した.他方,NGO,NPOなど,新たな非営利組織が活動を始めている.しかし,連帯の動きは一部に見られるに過ぎない.ICTメディアによるサイバー・コミュニティの可能性は模索の段階であり,その役割については疑問が絶えない.

以上の様な状況が見られる中で,マルクスの資本主義経済に関する予測——少数の富者と大多数の貧困者への二極分解——は見事に実現したようである.しかも共同体の脆弱化により,貧困者の頼るべき場は縮小している.

古典的社会理論が必ずしも有効性を発揮しないように見える中で,ポストモダン的な多様な試みが現れている.「大衆社会論」はひとときの論壇のテーマであり,現在のポピュリズム論議にも一部ひきつがれている.その中で,中山によって提唱された「官」「産」「学」「民」は,国家における官僚の突出,資本の存在感拡大,市民社会や共同体の存在感の希薄化などが「科学者共同体」の拡大と分断という現実を反映しているが故に,科学技術の社会史的記述の枠組みとして有効性を発揮してきた.

以上の一般的な状況に照らしたとき,日本の現実とあるべき社会像の模索の動向はどの様なものであろうか.

近年の日本で「改革」の名によって語られるのは,「市民社会」=「公共圏」を軽視し,「共同体」=「民

衆の自主的連帯」を無視し，「個人の自立」を強調することで国民あるいは住民を相互に競争させ分断することで権力による支配を強化しようとするプログラムである．その意味では，国家の強権による支配と新自由主義的改革は整合的であるという以上に「親和的」な状況にある[10]．

この傾向は，EUやアメリカのオバマ政権に見られたようなリベラリズムとは一線を画し，むしろプーチンのロシアやトランプ政権が指向する非リベラル・デモクラシーに近い（Fukuyama 2016）．

科学技術の分野においては，国主導の体制が強化され，産学連携における企業側のヘゲモニーが強調され，大学のガバナンスにおいても企業型統治が推奨され，アカデミアの自主性・公共性が後退する．とくに日本では，アメリカのように国家とは別個の目的意識をもった大型財団が存在せず，大学が独自に運用する基金もほとんどない．EU諸国のように高等教育に公共性を担保する低学費政策もない．高等教育や芸術・文化の公共性を担保する国家負担も少ない．高等教育は国家にとって有用とみられる工学等の分野を除き私事とみなされ，現代社会における公共的側面が事実上無視されている．

知識集約化を強めた経済活動の中で働く技術者・専門職の人々は，アカデミアの世界で活動する科学者と同様に，かつては自立した専門職としてギルド的連帯のもとにあったが，今日ではその数が著しく増え，非正規雇用者，未組織労働者の大群を含む存在となっている．

この状況に対するオータナティブとして，19–20世紀の「社会民主主義的福祉政策」を掲げた「大きな政府」という北欧型プログラムのほか，熟議民主主義に基づく新しい「公共圏」＝「市民社会」を目指すハバーマス的プログラムが提起されている（Habermas 1990）．また，「共同体」（コミュン）の現代的再生という問題意識にもどるならば，ひとまず，知的専門職やサービス従事者を含む働く人々の組織化，農村を含む地域共同体の近代的復活，多様な非営利団体の連帯などが目標になるであろう．

ここで，冒頭に述べたメタ的思考に基づく科学技術社会論の問題に立ちもどろう．

哲学的（正確にはヘーゲル的）に表現するならば，人間が獲得してきた科学的知識や技術的手法の数々は，人間に固有の能力の「対象化された存在」＝「疎外態」である．そして，疎外された存在は元の人間に対して「疎遠な力」として働く．例えば，人間の身体的能力の一部の疎外態としての道具や機械は，部分的に人間をはるかに超える能力を発揮するが，様々な形態をもって人間に対する「疎遠な力」を及ぼす．商品・資本の交換・流通は人々を相互に結びつけ，「社会」を構成し発展させる重要なメディアの役割を果たすが，同時に，疎外態である商品・資本は疎遠な力として人々を分断し，互いに競争させ孤立させる力として働く（「世界を一つにまとめる」グローバル経済が社会的分断をもたらしつつあるのもその一例である）．それに対抗すべく，先人たちは，国家による包摂，知的公共圏における理性の働き，共同体による人間的連帯を構想したのであった．

現在，我々が直面しているのは，商品・資本として対象化されない人間の多様なコミュニケーション能力や知的能力の一部（むしろ相当部分）が物的な疎外態として対象化され，人々を結びつけるメディアの機能を代替しつつある状況である．もちろん，それを可能にしているのは，計算科学，情報科学，通信工学，人工知能などの分野の著しい発展であり，さらにそれを支える物性物理学・材料科学である．いわば，これらの科学技術分野は，人間社会を成立させているコミュニケーション・メディアという人間の固有の能力の疎外態であり，その存在自体が持つ普遍性のゆえに，他の科学技術分野にも広く浸透しつつある．

一方，その発展に伴う「疎遠な力」も次第に表面化しつつある．サイバー空間の拡大の中で発生

する新たな犯罪の拡大，SNSの普及によって拡散するalt-factや社会の分断などが直近の話題であるが，本節のはじめにまとめた，資本，国家，公共圏，共同体の現況の中にもその反映がみられることは明らかである.

　科学技術社会論が活躍すべき多くの課題の一つが迫りつつあることを注意して，この稿の結びとしたい.

■注

1）この時期の日本における国家と資本の動向と科学技術政策，科学者の活動などを扱ったのが廣重の『科学の社会史』（1973）である．廣重は昭和前期，戦時，戦後の1970年初頭に至る高度成長期を一貫したものとして捉え，全体を国家独占資本主義の展開としていた．この認識は昭和前期の日本の体制を「絶対主義」と規定し，学界を含む戦後民主化の目標を封建制・前近代性の克服とした当時の進歩派の多数意見とは異なるものであった．ただ，廣重は1972年末以降健康を害し，石油危機後の構造転換や情報通信技術の浸透を扱うことができなかった．また，大淀昇一の一連の著作が官僚機構の内部における科学技術者の活発な活動を描き出している（大淀2009）.

2）トヨタ自動車の下請けグループにおけるデンソー，愛知製鋼など事例は多い.

3）筆者は，1991–92年にVisiting Scholarとしてテキサス大学オースティン校に滞在し，ソ連解体と冷戦終結前後の出来事を海外で体験する機会に恵まれた.

4）この時期の西海岸における動向の一端は（Turner 2006）に詳しい．なお，桑原（2011）もこの点に触れている．日本のテクノポリス政策（1984）は，通産省によって進められ多くの自治体がこぞって応募したにもかかわらず，ほとんど成果を産まなかった.

5）例えば，テキサス大学オースティン校では以下の様なセミナーが開かれた.
Technology and the New Economic Order, IC2 Institute Technical Issues Forum for Senior Service College Fellows Program, Fall 1992.

6）中心人物のソーカル（Alan Sokal）も彼に好意的だったワインバーグ（Steve Weinberg）も素粒子物理学者である．ハイテク振興時代の立役者であった物性物理や情報学の関係者は概ね無関係であった.

7）武谷三段階論はその典型である．武谷は1950年代の素粒子論を，「実体論的段階の知見を整理しつつ本質論を探求する状況」と規定した．科学史上の知見から導かれた「法則」が当面の研究にも役立つと主張したわけである.

8）広重の論文集『科学と歴史』（広重1965）を参照．なお，「歴史は過去による現実の批判である」という文言はクラウザーの史論，『19世紀の英国科学者』（Crowther 1935）の序文に見られる．同書は，有名なヘッセン報告（Hessen 1931）を受けて書かれた．ヘッセンが重商主義社会における科学を扱ったのに対し，本書は工業社会における科学を同様の手法で扱ったのだ，というのが著者の主張である.

9）トランプ政権発足直後のアメリカでオーウェルの旧著が再販されベストセラーとなったことは記憶に新しい.

10）労働組合，住民組織，文化団体などの自主的活動を敵視して圧迫，あるいは廃止に追い込み，「個人の自立」を標榜して住民間の連帯を妨げることで独裁的権力を振るう，といった自治体統治が「改革」の名の下に実施されてきた.

■文献

Ben-David, J. 1978: "Emergence of National Traditions of Sociology of Science," Gaston, J. (ed.), *The Sociology of Science*, Jossey-Bass.

Cole, J. and Cole, S. 1973: *Social Stratification in Science*, The University of Chicago Press.

Cole, J. and Zuckermann, H. 1975: "The Emergence of a Specialty: The Self-exemplifying Case of the

Sociology of Science," *The Idea of Social Structure: Papers in Honor of Robert Merton*, Harcourt Brace Jovanovich.

Coleman, S. 1999: *Japanese Science: From the Inside*, Routledge；岩舘葉子訳『検証なぜ日本の科学者は報われないのか』文一総合出版，2002.

Crowther, J. C. 1935: *British Scientists of the Nineteenth Century*, Kegan Paul.

藤垣裕子（編）2005：『科学技術社会論の技法』東京大学出版会.

Fukuyama, F. 2016: "The Dangers of Disruption," *New York Times*, Dec. 6 2016.

Habermas, J. 1990: *Strukturwandel der Oeffentlichkeit*, Suhrkamp；細谷貞雄，山田正行訳『公共性の構造転換』未来社，1994.

Hacking, I. 1999: *The Social Construction of What?*, Harvard University Press；出口康夫，久米暁訳『何が社会的に構成されるのか』岩波書店，2006（部分訳）.

Hessen, B. 1931 (1971): "The Social and Economic Roots of Newton's 'Principia'," in Bukharin et al. (ed.) *Science at the Cross Roads*, F. Cass；秋間実ほか訳『ニュートン力学の形成：『プリンキピア』の社会的経済的根源』法政大学出版局，1986.

広重徹 1965：『科学と歴史』みすず書房.

廣重徹 1973：『科学の社会史』中央公論社.

Kuhn, T. S. 2000: *The Road since Structure*, The University of Chicago Press；佐々木力訳『構造以来の道』みすず書房，2008.

桑原雅子 2011：「ジェンダーと市民活動」，吉岡斉編『新通史・日本の科学技術』第3巻，原書房，312–25.

松本三和夫 1998：『科学技術社会学の理論』木鐸社.

Merton, R. K. 1970: *Science, Technology, and Society in Seventeenth Century England*, Harper and Row.

Merton, R. K. 1973: *The Sociology of Science*, The University of Chicago Press.

Mulkay, M. 1980: "Sociology of Science in the West," *Current Sociology*, 1980 Part I, 1–184.

大塚久雄 1955：『共同体の基礎理論』岩波書店.

大淀昇一 2009：『近代日本の工業立国化と国民形成：技術者運動における工業教育問題の展開』すずさわ書店.

Price, D. J. de S. 1963: *Little Science, Big Science*, Columbia University Press；島尾永康訳『リトル・サイエンス　ビッグ・サイエンス』創元社，1970.

Traweek, S. 1988: *Beamtimes and Lifetimes: The World of High Energy Physicists*, Harvard University Press.

Turner, Fred 2006: *From Counterculture to Cyberculture: Stewart Brand, the Whole Earth Network, and the Rise of Digital Utopianism*, University of Chicago Press.

Research Note

Consider 'the Society' in Science-Technology-Society STS

GOTO Kunio[*]

Abstract

In Science-Technology-Society STS deals with the relationship between the science and technology, and society. This relationship does not restricted to the external, but mutually internal ones. In other words, STS is a critical meta-study of science and technology by means of method of social sciences.

The analysis is developed with utilization of the frameworks of traditional social theory: capital, nation state, civil society (= public sphere), and community.

In these frameworks, continued remarkable changes are found, especially in the first half of the 20th century, so-called the era of total war system in advanced countries.

STS, is a newly established discipline in 1970s in the United States and Europe, It began as a branch of sociological study of scientific community. In the post-Cold War era, the discipline transformed into a critical study of science and technology, which had been promoted by Government with big military spending.

Privatization, entrepreneurship, and local community were the important key-words. Main actors were government and market. Other important actors, public sphere and community, were rather neglected, especially in Japan. Critical feature of STS should be recovered by taking into account the neglected actors.

Keywords: Science-Technology-Society STS, Capital, Nation State, Public Sphere or Civil Society, Community

---

Received: September 5, 2017; Accepted in final form: May 12, 2018
[*] Gakujutsu Kenkyu Network; k-goto@andrew.ac.jp

短報

日本のSTSと科学批判

戦後科学論からポスト3・11へ

塚原　東吾*

要　旨

　日本のSTSは，公害問題についての宇井純や原田正純，もしくは反原発運動の高木仁三郎らの系譜を受け継ぐという想定があるが，これはある種の思い込みに終わっているのかもしれない．実際，日本のSTSは今や体制や制度への批判ではなく，科学技術と社会の界面をスムースに接合させる機能を自ら担っている．そのため本稿では，日本のSTSで"科学批判"と呼ばれる潮流の衰退が進んでいる現状について，まずはおおまかな図式を示してみる．

　またこの変容を考えるため金森修の所論を，戦後日本の科学批判の歴史にそって検討する．さらに日本でSTSの出現に至った2つの重要な潮流，すなわち一つ目は廣重徹に濫觴を持ち中山茂が本格展開した思潮（この流れは80年代に吉岡斉を生み出す）と同時に，村上陽一郎のパラダイムがある種の転換（「村上ターン」）を迎えたことが，戦後科学論の分岐点として，STSを制度化の背景になっていたことを論じる．

1．日本のSTSにおける"科学批判"の衰退

　本稿では，日本のSTSがある独自の道のりを進んできている現状について考察を加えたい．そのため特に，日本のSTSでは"科学批判"と呼ばれる潮流の衰退が進んだのはなぜかを考えてみる．またそうした試みが日本ではSTS学会の外部で行われているようにも見える．このことを戦後日本の科学技術と社会をめぐる思想を振り返りながら，どこに分岐点があったのか，何が連続していてどこでどのような不連続面が見られたのかを探ってみるための考察を始めるのが本稿の目的である[1]．

　ここでいう"科学批判"とは，思想的・社会的な厚みのあるアプローチから科学技術と社会のあり方に迫る試みや，人間生活や医療・労働・政策の深層まで透徹した現代科学技術の文化的・歴史的・政治的な意味についての批判的な検証を行う知的営為を指す．実際，日本のSTSは今や体制や制度への批判的検討ではなく，科学技術と社会の界面をスムースに接合させる機能を自ら担っているように見られている．科学技術が社会でどのような位置にあるかを論じること，科学技術の社会に

2017年9月30日受付　2018年6月6日掲載決定
＊神戸大学大学院・国際文化学研究科，教授，BYZ06433@nifty.com

おける役割を検証したり判断したりすることについて，かつての宇井純や高木仁三郎，そして宮本憲一や柴谷篤弘らの言説が持っていたほどの信望をSTSは集めていないようだし，体制維持派に異議申し立てを行うわけでもないマイルドなスタンスをとっているように受けとられている．例えば，長崎・小松（2015）では，「私は科学社会学がマートン以来復興したことに関心をもってきました．ところが不思議なのは原発事故が起こった時に，STSの人たちがまともな批判的言説をもって世論に登場することがほとんど見られなかった」という長崎の見解に対し，小松が「私見では，そもそもSTSという新興の学問分野は体制的な大枠を不問の前提としており，そのなかで調整的な議論を行うものです．もともとそうである以上，原発事故のように体制の根幹が揺らぎ科学技術の根本問題が露呈しても批判には向かわない」と述べている．

また残念ながらSTS内部でも，ある危機的状況を迎えた際に，政策アドヴァイザーとしてそれほどの役に立っているようには思えない状況があったことを率直に述べているケースもある．（たとえば小林2016など．）

さらにそのようななかでのSTSのあり方，また科学技術そのものへの立ち位置については，吉岡斉が辛辣にして寸鉄を穿つようなまとめをしている．吉岡によれば，批判的科学者全体のなかでの科学技術社会論者（STS論者）の貢献の領域と度合いがきわめて限定的になるのは，（1）STS論者は社会的論争の当事者となることを避けたがる，（2）STS論者は論争当事者となることができるほどの専門的な知識・情報がなく，それを獲得しようともしない，（3）STS論者は科学者に遠慮している．科学者との論争を避ける．科学者と一般公衆との仲介者たらんとする．（4）STS論者は政府に歯向かわないためであるという（吉岡2016）．吉岡が指摘する上記4つの点は，学問に志を立てた者の膝を容赦なく砕くものであるというだけではなく，二度と立てなくさせるほどの衝撃力がある．

もちろんSTSのあり方についての批判は，STS内部からもあった．例えば，木原は2010年ごろから新自由主義と関連させたSTS批判を精力的に行っている（木原2011a，2011bなど）．また学会長も務めた中島秀人も，「(STSNJ)が学会化してしまうと体制化してしまって，……みんなが与党になっちゃうと，その学問は死んでしまう」（江間2009）と，やはり東日本大震災・福島第一原発事故（以下3・11）以前からSTSが「オール与党」となってしまうことの問題性に言及するなど洞察力に富む指摘をしている．

このような日本のSTSの現状について，おおまかな図式的理解を示しておきたい．

現在の日本のSTSで主流とも言える思潮は，現状は肯定も否定もせずまずはそこでの問題を所与として受容することから入り，ミッション・オリエンテッドで問題解決型のアプローチをとり，科学技術と社会のスムースな接合を目指すものだと考えていいだろう．これは「政策推進のために問題解決策を見いだすための調整・仲介を行うSTS」と言える．科学技術については一般に功利主義的な立場を擁護し，最大多数の最大幸福という「浅く薄い科学観」に基づく．ここでいう「浅く薄い」は，必ずしも否定的な言葉ではない．それは「広い」（広く共有されている）ものに立脚したことを目指す，つまり公衆を意識しているという意味でもある．そのためキャッチワード的には現実主義を自称し，社会改良主義的な仲介・融和を目指す．

それに対して日本のSTSで弱体化しつつある"科学批判"とは，「過去」の問題にこだわりを持ちつつ，「未来」については憂慮をもって構想し，科学技術が由来となって発生する問題点を拾い出すことを意識する．それは「政策的な展開に疑義を持ち，科学技術そのものの質を問い直すSTS」であると言えるだろう．そのため往々にして"科学批判"を標榜し，デカルト的な方法的懐疑をもった「厚みのある深い科学観」を掘り出すことに尽力する．ここで再び注意しておきたいの

は，「厚みのある深い」とは，必ずしも優位性を示す言葉ではない．時にはあまり広く共有される
ものではなく，また重く限定された領域だけで深掘りされがちであるという意味も含む．一般に歴
史主義的であり，批判的改革の提唱を目指していて，科学技術に潜んでいる権力性を指摘するホイッ
スル・ブローアー(警告を発する者)の役割を自認していると言える．

このような総括的な対比については，中山茂が1968年の学生紛争のさなかで戦後民主主義的な
科学観とは異なる，新たなタイプの"科学批判"が登場したことを，戦後科学観と新登場の"科学
批判"を類型的にマトリックスで表していたのだが(中山1980)，それになぞらえて，以下にこの
対比を一覧表で示してみたい．

表1　日本のSTSと"科学批判"の傾向性

	日本のSTS主流派	科学批判派
動機	現状の肯定(受容と前進)	過去にこだわり，未来を憂う
目的	科学技術と社会のスムースな接合	問題点を拾い上げ指摘すること
方向性	政策推進	政策批判
戦術・戦略	問題解決(ミッション・オリエンテッド)	問題の指摘(ホイッスル・ブローアー)
手法	調整・仲介(妥協点の模索)	立場性の明確化・責任所在の特定
科学観	浅く薄い(広くて軽い：大衆的な共有可能)	厚く深い(狭くて重い：インテリ志向)
社会理論	功利主義	権力性の指摘(指弾)
社会的責任	義務論	権利論
スタイル(話法)	現実主義	歴史主義
理論	トランス・サイエンス	社会運動論
処世術	社会適合，同調性と順応性	同志的，「連帯を求めて孤立を畏れず」
スタンス	中道指向(左派・右派は問わない)	レフティー
ポスト	企業との協力可，NPO・社会起業的	アカデミア狙い，批判的ジャーナリズム
お友だち関係	衆を恃む，SNS的連帯	一匹狼，フリーランスを厭わず
政治性	社会改良派，修正主義的改善派	ラジカリズム，構造改革派

もちろん，これはどちらかに極端に二元化できるものではない．あくまで傾向性として，現在の
日本のSTSを見直す思考実験のための枠組みの提示である．全体として後者(科学批判派)が，前
者(STS主流派)の方向にシフトしてきているという，緩やかだが堅調な流れが認められる．ある種
80年代的な左翼への批判でもあるだろし，この流れの深層にネオリベの影や，ポスト冷戦的なグ
ローバリズムを読み込んでもいいかもしれない．だがこうしてみると，現状でSTSに見られる兆
候は，この後者の"科学批判"の力がかなり弱まってしまっていること，吉岡が指摘するように，
アカデミックな意味での本質的な批判性さえ欠落する危機に瀕していることであるだろう．これで
よいのだろうか．つまり，日本のSTSが"科学批判"のエッセンスを時代のなかに置き去ってしまっ
ていることを，どう考えたらいいのだろうか？

2. 戦後科学論の歴史的回顧とSTS：金森修が言い遺したこと，そして言い残したこと

これを考えるための第一の補助線は，金森修が言い遺したことのなかにある．そもそも日本の
STSの問題点を，"科学批判"の方向から本格的に指導したのは金森修による．それはポスト3・
11という状況性に後押しされたものだった．3・11こそ，「科学技術と社会」の関係が強くあぶり
だされた現代史の転換点であったというのが金森の認識だが，その時，STSはあまりにも無力に見

えた．一体，科学技術と社会の関係を検証することを標榜しているのに，巨大地震がおこり（その予測や防災についても科学技術の問題だから被害はひとえに天災だとは言えない），科学技術についての典型的な「人災」ともいえる原発事故が起こっているのに，STSは何をやっているのだろう，何にもできていないじゃあないか，あまりに影が薄く見える．それだけではなくて，言い訳や隠蔽の側にいるようにさえ見えるではないかというのだ．

金森はいう．「STS学会には，もう少し頑張ってもらいたい．もちろん，繰り返すが，実践的試行の数々には，それなりの敬意を払う．だが，後一歩前に進むためには，理論的反省と理論的深化が不可欠であろう．さもなければ，SSKなどの，サイエンス・ウォーズを起こしえたほどに〈アブの五月蝿さ〉や〈毒気〉を備えていた先行者たちにも匹敵しえない，ただのお祭り騒ぎに終始するだけになる．そして，数多くの実践も反復と陳腐化の果てにやがて惰性に流れるようになる時，STSは産業主導的色彩の強い国家意思への〈自発的隷従〉がわざわざ制度化されたもの，科学者ほどの実質的生産性はないが，その周辺で「科学はやはり大事だよ」と凡庸なメッセージを連呼し続ける，国家からみれば便利で可愛い宣伝屋に堕するだけだろう．別に科学が大事でないとは思わない．しかし科学論学者のやるべきことは，そんなこととは若干違う位相や主題設定の中にあるといっているだけだ．〈科学の合理的批判〉が持つ重要性は，今後ますます大きくなるはずである．」（金森2014）

科学思想，そして“科学批判”の歴史について，金森は多くを書き遺している．なかでも日本での科学技術批判，科学思想史と呼べる領域については，モニュメンタルともいえるほど多くの著作をものにして，また包括的なレビュー（金森2011）を残している．さらに死期を悟った後の著作（たとえば金森2015）では，「科学批判の諸相」について，廣重・中山・宇井・高木仁三郎といった“科学批判”の主要な流れを論じている[2]．残念ながらこれらは，金森が日本のSTSに向けて言い遺した最後のもののひとつとなった．

金森は人間の歴史が培ってきた文化の一環として科学を見る．その意味で，浅薄な文明批評や反科学には与しない．だが科学者の位置づけが大きく変容してきたことに「危機感」を隠さない．科学とは本来ならば「公益性」を持つものであり，広く人間社会や文化に貢献するものであったことを主張する．問題は，すでに科学者とは，狭くその「科学者の共同体（サイエンティフィック・コミュニティ）」にのみ奉仕するものとなってしまっていること，科学者は全体の奉仕者ではなく，ましてや真理の追求者などでもなく，すでに自己保身と権益の分配に与る側になってしまっていて，その利権配分に身を削るだけの者たちに成り下がっているという．これが金森の言う「科学の危機」である．そこで科学技術と社会の関係に思いを致すわれわれに必要なのは何か．金森が主張したのは〈批判的科学論〉を継承した「科学批判学」である（金森2015）．

STSと金森の間柄についてはさらに複雑な事情がある．2000年代の中頃に，金森はSTSを去っている．STS学会も退会している．『サイエンス・ウォーズ』（2000）の刊行でも知られるように，金森は創立の際のSTS学会では理事を務め積極的に参加していた．退会理由は，表向きには思想史や哲学を本格的にやりたいということだったが，そこには金森なりのSTSへの失望感や批判があったことは事実である．個人的な事情だが，金森がSTS学会を退会する際，かなり議論をしたことを思い出す．金森との議論の一例として，金森・小松美彦・塚原の鼎談（2001）が『週刊読書人』に残っている．この段階では，STSを積極的に弁護する側に立っていた塚原に対して，金森は危惧を表明しながらもエンカレッジを忘れていないが，小松が発していたのは厳しい警告であった．だが金森による日本のSTSへの批判が3・11で再度噴出することは上の引用にあるように明瞭である．

そこでここからは，戦後日本の科学技術批判の歴史について，2016年に上梓した金森修との共

編著『科学技術をめぐる抗争』(金森・塚原 2016)(以下『抗争』)を手掛かりに，金森が言い遺したことを瞥見しておきたい．

終戦直後の復興の掛け声のなかで，科学技術は重要な議論の軸となっていた．戦争に負けたのは科学技術で負けたのである．だから，早急に科学技術による復興を進めるべきであるという仁科芳雄による議論が，この時代では，いわば主流派であった．「科学技術立国論」でもあり，現代でも綿々と続くような，経済開発優先の流れを，科学技術で支えようという発想である．その対抗軸には，社会主義と科学の関係に希望を見ていたり，日本的なファシズムやアメリカを断罪したりするために科学(的な理想像)を用いる，坂田昌一や武谷三男らの主張もあった．また原爆による被害のなかで，逆に原爆は神に与えられた恩寵であったのだととらえ，原子力を含む科学技術に日本の未来を託すべきだという，祈りや情念にも似た長崎の永井隆の詠嘆が，多くの共感を呼んでいたことも忘れられない．このようにさまざまな思潮が交錯していたのが，戦後日本の出発点であったが，いずれにしろ，科学技術を頼るべきよすがとして捉えていた．

しかしその後，朝鮮戦争や日米安保体制の確立，そして高度経済成長などを経て，科学技術をどうとらえるかについては，さまざまな分野を巻き込んだかまびすしい論争が沸き起こる．

なかでも水俣をめぐる科学技術や医学の問題について，宇井純や原田正純をはじめとする論者たちの主張は大きな影響力を持った．なかでも，石牟礼道子の浄瑠璃語りにさえ思える文章(だがその実，ある種の科学的合理性に裏打ちされた秀逸なルポルタージュでもあることが，科学思想史の面からは重要である)に，穿たれるような衝撃を受けた若者たちが多くいたという．

そのようななかで，1970 年にはいわゆる公害国会を迎え，科学技術の社会的制御は，環境庁(後に環境省)の設立に繋がるものとなり，規制科学が本格的に制度化することになる．大学紛争の 68 年前後には，"科学批判"はラジカルな文明批判の色合いを帯びるようにさえなる．これらに並行して学問的には，廣重徹による制度化論(科学の体制化論)や，中山茂によるパラダイム概念を駆使した同時代的分析が生まれた．彼らの仕事は日本における STS の萌芽であり，その確実な基盤を形成したといえる．

廣重・中山が築いた流れは 80 年代にいたって吉岡斉による科学社会学の提唱に継承される．分子生物学の面から「わたしにとって科学とは何か」を論じた柴谷篤弘や，機械論哲学の意味を突き詰めた坂本賢三，さらに現代的な労働問題を技術論から検証していった中岡哲郎や，東アジアの科学思想の深みから伝統的知性と現代物理学との共通性にたどり着いた山田慶児など，このころのさまざまな思潮を STS の源流として辿ることが可能だろう．

金森がすでに病床にあったため，この『抗争』をまとめるうえで，金森の構想に筆者が付け加えた点もいくつかある．戦後日本の科学技術をめぐる思想史の全体像について(金森の言葉でいうなら「肖像」)を「思想」的なもので切るのではなく，筆者は「歴史」の推移で，つまり事件や〈出来事〉の流れのなかで見たてた．さらに『抗争』には金森自身の文章を入れ，STS の現代史(むしろ現在性)について，特に平川秀幸の所論と金森の議論を対比させる形でこの本を終えてみた．この 2 人のコントラストを，戦後の長い論争の果てにある小松の生権力論や高橋さきののジェンダーという視点，さらに東アジア科学史の観点や，労働論などの文脈を筆者は特に意識して〈解説〉を書いた．

筆者が『抗争』の解説に込めたのは，このような金森の議論を〈ポスト 3・11 ワールド〉で，再定位してみたいという思いだった．これが成功していたかどうかはまだわからない．哲学者の山口裕之は，「いわば本書は，科学技術をめぐる政府との抗争における，我々の側の敗戦の記録である．今なぜ敗戦の記録を読み直すのか．それは，次には負けないためである」(山口 2017)と評している．ここで山口言うところの「政府」とは，ある種ミシェル・フーコー的な「権力一般」のことである

日本の STS と科学批判　31

と思えるが，このように読んでいる人物がいるとしたら，フーコー的な権力と対峙することこそを知性の謂いとしていた金森の遺志は正しく汲まれていたと考えてもいいのだろう．

そこでここからは金森の言い「遺した」ことを辿るだけではなく，言い「残した」ことを拾って歩いてみたい．

3. ポスト70年代の"科学批判"とSTS

「言い残したこと」として筆者がまず思い当たるのは，70年代-80年代を思想的な起点にして，その後制度化を進め，90年代-2000年代には日本のSTSの出現に至った潮流をめぐる事情である．これを同時代的な観点から考察してみたい．

日本のSTSは，公害問題に深くコミットした宇井純や原田正純，もしくは反原発運動に身を賭した高木仁三郎らの系譜を受け継ぐものであるという想定がある．たぶん，金森もこれは想定していたのだろう．日本において科学技術を問題化してきた背景には，このような社会的問題に真摯に取り組んだ活動家ともいえる知識人たちの連綿たる努力がある．だから日本で科学技術と社会の問題を考えるうえでは，宇井や高木はデファクトに織り込み済みである（はずだ）という考えである．

だがこれはある種の思い込みに終わっているのかもしれないというのが，筆者の実感である．若手のアカデミックスのなかで公害運動の歴史や平和運動の到達点という戦後史の痕跡は，丁寧かつ根こそぎ削除されているかのように見えるからだ．宇井の「中和」概念や，武谷三男の「がまん量」という考え方など，STSでは必須であることとして共有されているはずだと思われているコンセプト群なども消え去っているかのように見えていて驚くことが多い．それに加えてSTSには一般に「歴史問題の忌避」という現象も観測される．これは本稿で最初に論じたような"科学批判"から"日本のSTS"への動きの重要な兆候なのだろう．

だが驚いてばかりもいられない．もしも想定が覆されるなら，それはなぜか，またどのような機序があって覆されているのかを問わないといけない．

そこで90年代以降日本で制度化されてきたSTS，特にSTS学会で検討されている日本のSTSは，それらの批判的で運動的な伝統とは，若干の距離があるのはなぜだろう，そしてそれは何をきっかけに，いつごろからそうなったのだろうかと問うてみたい．このような問いにもとづいて，歴史を振り返ってみると，日本のSTSの起源について，いくつかの連続性と不連続性を指摘することが可能だと考えている．

ここで着目すべきは，70年代の"科学批判"以降，STSの起源と考えていいような2つの重要な潮流が出現していることである[3]．

一つ目は，科学の制度論・体制化論であり，前述の廣重徹に濫觴を持ち，中山茂が本格展開した，科学技術史を制度化という観点から検証する思潮である．これはそもそも体制批判としての科学技術の問題化を含むし，また専門家主義の批判ともダイレクトに関連しているので，市民運動系の思潮（宇井純や高木仁三郎など）との親和性も高い．もっとも中山自身は，運動それ自体には冷静に対応した人物であった．運動そのものには"いかれない"でいたが，社会の動きそのものには興味津々で，いたるところで接近戦（今でいうならパーティシパント・オブザベーション）を試みる人物であったようだ．また日本でもっとも早くSTSをセンター名として制度的に採用したのは，中山が東大から移籍した先の神奈川大学である．ここで中山は同僚として，当時長崎大学にいた常石敬一を採用している．常石は戦争責任や医学の国家犯罪を鋭く追い詰めていたことでよく知られている．このことを見るなら，中山は社会運動や政治問題について自らは冷静なスタンスを保ち，ま

たSTSの制度化に一役買いながらも，大胆かつ果敢に科学と権力の関係に切り込むスタイルがあった者たちに深いシンパシーを見せていたことが指摘できる．

ここで注記しておきたいのは，日本に本当の意味でのSTSのハイ・チャーチ[4]があるとするなら，それは中山や常石の仕事がまさにそれであったのだろうということである．STSの基本文献として，中山の編纂したいわゆる『通史』シリーズ[5]が，科学技術と社会を考える際に世界的な意味でのスタンダードを示している．このこともさることながら，常石の一連の仕事には，戦慄さえ覚えるようなレベルの深みがあり，鋭い倫理性を持つものであって，STSを志す者にとっては必読文献である．近年では忘れられている観もあるこれらの著作だが，これらの仕事は運動系のロー・チャーチにシンパシーを持ちながら，アカデミックなハイ・チャーチでもゆるぎない高い業績を積み上げた，日本独自のSTS的業績として高く評価しなければならない．

そしてこの中山の築いた流れは80年代に吉岡斉を生み出す．吉岡の出現は80年代の事件であり，若くから活躍していたその吉岡に牽引されるようにして，その後に同世代の松本三和夫の登場が続くと考えていいだろう．中山スクールが吉岡の活躍を準備して，さらにその後松本が登場したことによって科学社会学の制度化が軌道に乗る．この一連の学統の系譜は，戦後科学論にとって，大きな一つの曲がり角になっていたともいえる．

だが同時に，80年代にはもう一つ，村上陽一郎のパラダイムがある種の転換を迎えたことがあげられる．村上の作り出した思想潮流は，STSを制度化させる重要な背景になっているともいえる．そもそも思想史として科学史を読み込んだ村上が，80年代から90年代にかけて科学社会学的なものに転回したこと，STS的なアプローチをとって社会と科学の界面を仲介し，そのつなぎ役になることを提唱していたことがSTSの重要な起源となっていると考えていいだろう．村上の"転回"（以下，これは「村上ターン」と表記）については，柿原（2016）が跡づけている[6]．

さらに研究者を輩出する機構としての「村上スクール」も見落とせない．これは必ずしも子弟関係のみを意味せず，より広い人脈を生み出すものとなり，科学地理学的な「サイト」でいうなら，東京大学駒場キャンパス，東京大学先端科学技術研究センター周辺と国際基督教大学（ICU）である．初期から中期の村上のアカデミア上での動線が東大駒場・上智だったことに較べると，このころの村上は東大という拠点を保持しながら駒場の科学史から工学部・先端研に移り，またICUに可動域が遷移して，村上スクールの表面積が拡大している．このことがSTS的なターンの契機になっているという制度論的な解釈も成り立つだろう[7]．

そして村上ターンに大きな影響を受けたと考えられ，村上のスタイルに着想を得たともいえる中島秀人が運動的に若手を糾合してSTS Network Japan（以下，STSNJ）を運営し始める．そこには小林信一らが合流し，さらに人脈的にも膨らみをもったSTSNJが展開してゆき，これがSTS学会の形成に至る．さらにSTS学会を作るうえで制度設計に辣腕を発揮し，実際に初代会長としてSTS学会のテイクオフを担っていたのが小林傳司である．この方向性は，その後のいわゆる"科学コミュニケーション"の濫觴となる．村上はこの背景に聳えている．この組織化で中心となっていた中島・小林（傳）のいずれもが村上が教えていた東大駒場の科学史・科学哲学の出身であり，また多くの者が何らかのかたちで駒場と関係していたことをみれば，いわゆる「科哲」がSTSのオリジンの一つであるといえるだろう．そこに村上が移籍した先端研人脈と，さらに退官後に移動した先での平川秀幸をはじめとするICUの流れが合流するというシナリオが見えてくる．ただしこの流れの主流となる思潮は，宇井や高木をはじめとする運動系とはある種の距離を持ちながら，アカデミアへの批判性を持つような（当時の中心はSTSNJでもあり，自称ロー・チャーチのグループである）微妙な立ち位置を保った集団であった．

一方，中山が継承していた"科学批判"の伝統はSTSの組織化とは徐々に乖離してゆき，戦後日本科学技術史グループは（いわゆる『通史』シリーズ）の編纂事業に集中してゆく．それに代わるようにして，村上スクールが90年代以降のSTS学会の中心になっていくというのが，筆者の見立てである．

　これまで日本のSTSについて，アカデミック派と社会運動派の離齬に言及する形で語られて来た，いわゆるハイチャーチ・ローチャーチ問題の日本的バージョンがここに出現したのである．つまり，本来は社会運動に近かったはずの中山グループは，STSの組織化や制度化にはある種置き去りにされたまま，ハイ・チャーチ的アカデミック活動に邁進する．その間，いわば自称ロー・チャーチを名乗る集団であったSTSNJが中島秀人によって領導され，そこからSTS学会が生み出され，制度化の基礎固めを行った．その際ハイ・チャーチ（アカデミック論文生産性の向上を目指すジャーナル共同体）はSTS学会にとってはむしろ外部で，たとえば『通史』グループや松本三和夫に領導された科学社会学会，さらには小松美彦によるメタ・バイオエシックスの提唱に関わるグループなどが形成されるという複雑なパラ・アカデミック構造が出現したのが，日本のSTSをめぐる社会的事情である．

　こうした構造は，1990年代-2000年代的な思潮の変遷でさらに複雑化する．それはこの時期には，ハイ・チャーチとロー・チャーチの関係性に，よりツイストした状況性が出現しているからである．ある種ハイ・チャーチを目指したグループ（たとえば金森修・小松美彦や松本三和夫ら）がむしろ批判的な立場を堅持増幅して運動志向とも言える論陣を張りだして，"科学批判"色を出しているのに対して，ロー・チャーチだったグループが"科学コミュニケーション"を志向して啓蒙主義的な仲介スタンスを選択し，体制補完・科学主義的な傾向を支える形になってきたことである．それは3・11以降，ますます顕著になってきている．

　以上，いくつかの特徴をもとに，現在のSTSの概観を試みたが，これは決めつけによる断定をめざしたものではないことは確認しておきたい．このような見取り図と総括を通じて，日本のSTSのより一層の飛躍を期待したいと考えている．「科学技術と社会」についての学問を自称するなら，いささか無粋であろうとも，科学技術と社会の問題についての相互の立ち位置を確認することから始めるというのは，悪いこととは思わない．今までの筆者のとってきた記述的（エンピリカル）・実証的（ポジティブ）なスタイルとはどうも違うようだと違和感を抱かれたとしても，本稿がとる立場の直截さにはご理解を願いたい．

4. むすび：ポスト3・11における日本のSTS

　「村上ターン」が導いたそのもっとも中心的となる傾向は，科学コミュニケーションの推進や，「仲介主義」であったと考えられる．それは，トランス・サイエンスという概念を基軸にしていたのだが，これについて論じるにはすでに紙幅が尽きている[8]．

　辛口の評論となってしまったかもしれないが，筆者自身，アカデミック・スタイルとしては科学史に軸足を置いており，もともとは中山流のフットワークのよいハイ・チャーチの背中を追ってきた．その意味では戦後科学論の継承を目指す旧世代の残党であったのだが，STSNJの前線指揮官であった中島秀人のロー・チャーチ再興の掛け声に乗り，時代に遅れまいと「村上ターン」に合流した者である．STS学会の創設から10年間にわたって理事の任にあり，主流派を積極的にサポートして学会活動にはそれなりの貢献を行ってきたという自負もあるし，2007年には東アジアの研究仲間を糾合して『東アジアSTSジャーナル（*East Asian Science, Technology and Society: an*

International Journal)』を創刊し，副編集長として，毎年4冊(季刊)，10年以上これを刊行してきた．このことで(これは英語メディアではあるが)日本を含む東アジアでのSTSジャーナルコミュニティでの議論のサイトをなんとか担って来たことについては誇らしく思っていいことだと考えているし，現在でも日本のSTS学会では役員(監事)を務めている．だがつまり，これは制度的にみるなら，筆者自身も日本のSTSの消長については責任があり批判されるべき対象である．そうではあってもこの間，3・11以前から科学コミュニケーションなどの仲介主義的なアプローチには批判的な立場をとってきた(塚原2008)．そのため立場的には微妙だったのだが，STS学会が誕生した際には，学問が総与党化するという危惧を指摘した中島秀人とは特に共感するところが多かったため，その後は"科学批判"の白髪遺臣を糾合し，学会内部からの軌道修正をしようと努力をしてきたつもりである．

　だからこそ，今は金森が痛切に書き記したように，「第一，われわれは〈ポスト3・11ワールド〉に生きている」という新たな状況の中で，STSをめぐる立場性についての真剣な再考が必要であると考えている．この〈ポスト3・11ワールド〉では，これまでの発想が通じなくなっている．ますます出口が見えなくなっているようなフクシマをめぐる昨今の状況や，不気味なまでに矛盾に満ちた再稼働にかかる輻輳的な政治的動き，さらには「核」についての新たな情勢は言うまでもなく，「軍拡」がデフォルトにさえ思えるような言説状況を見るにつけ，深く考えさせられることばかりである．〈ポスト3・11ワールド〉とは，大学における軍事研究が日常化する世界への電車道でもあったのだ．科学技術社会論が本当の意味で検討しなくてはならないことは，いまや本稿執筆中に急逝した吉岡斉が最期に示唆した(吉岡2017)ように「軍縮」についての本格的な議論でもあるはずだ．問わず語らず状態での利権配分というのが，一定の研究領域では真っ当な学会活動であるのかもしれないが，それは金森が最も戒めたことだろう．

　金森なら，STS学会はさっさと見限って，科学技術と社会をもっとまともに考えているグループに接近し，より権力に対して正面から対峙して，深みのある対抗的な知識生産をすべきだ，キミはそちらで社会的責任を果たせと，2001年頃のように，また筆者を説教するのだろうかという一抹の不安が残る．

　それでもここでは，今一歩，STS学会に踏みとどまってみたい．学会誌上に管見なりと雖も何がしかの見解を投稿して議論を喚起することで，主流派であった(いまでもある)責任を果たすことにまだ僅かの希望があると考えている．そのことでSTS学会の軌道修正や学会活動の活性化に力を尽くしてみたいとするならそれは楽観的にすぎるだろうか．今は廣重・中山の衣鉢を維持しながらも内部の批判派として持ち堪えること，そしてSTS学会からは外縁に見える腐海辺境の現場に身を曝して貴重な仕事を生み出す人々をSTS学会に呼び込むようなユパ・ミラルダ的な努力をしろ，それが君の立場を最大限に生かす「批判的科学論」への貢献であるのだと，金森がそのようなエールを(勝手な思い込みだが)草葉の陰から送ってくれているというほうに，しばらくは賭けてみたいと思っている．

■注

1) 本稿では「分岐点」や「連続性」・「不連続面」がどこでどのように見られたのかについてそのようないわば「定量的」な分析の前に，どこが分岐点であったのかを探るために，いうならば「定性的」な観察を行い，この課題についての考察を始めることを目的にしたい．

2) ただ金森は，すでにこれらの著作を執筆するころには重篤な病を得ていたことを自覚していた．その

ため筆者は,『抗争』の編集と執筆を2015年の2月に正式に託されていた. この段階での金森の素案では, テーマ別(ディシプリン別)の設定だったが, それを時代順(歴史的)に再編成することで金森の了承を得て, (金森は当初, より思想的なアプローチをとろうとしていたのだが, 筆者はそれを歴史的・科学技術の戦後社会史的なものに再構成した), 各章のカバーや論文の紹介, 解説などを含め, 最終的な執筆と編集上の調整は全て筆者が行うことを決めた.

ただそれでも筆者は, 3・11以降の状況に焦りや怒りを隠さず, 体調もままならないなかで学問への情熱を強く保ち続けた金森との共編にこだわった. そのため編集と執筆では, 可能な限り金森の意図を汲むことに努力した. 合計で21編収録されている著作・論文のうち, 金森が推薦していたものから11編を採用した. (同じ著者から別の文章を選んだ場合や, シリーズ編集の都合上, コラムにしたものなどもある.)いうまでもなく筆者が『抗争』に寄稿した解説,「科学技術の70年:311後を生きるために」は, 金森のレビュー(2011)と著作(2015)を強く意識して書かれたものである. この間, 金森の容態は一進一退を繰り返したが徐々に芳しくない方向に向かっていたため, 執筆と編集は急がれた. 2016年4月には筆者の(ほぼ最終版の)原稿を見せており, 病床から「君に頼んでよかった」という言葉を頂き, ほっとしたのを思い出す. 本書を共編とする了承を得て, 原稿の確認も何とかできてはいたのだが, 『抗争』が7月に刊行される約2か月前の5月26日に, 金森は逝去してしまった. 刊行された本を見せられなかったことが, いまだに残念でならない.

3) 以下の歴史的・思想史的な枠組みについての議論は日本科学史学会2017年年会(香川大学)で示したものがベースになっている.(塚原2016b)

4) STSの中で, いわゆる「運動」と「学問」の二極化の問題は, スティーブ・フラーによって,「ハイ・チャーチvsロー・チャーチ問題」として, フレームされてきたものである. イギリスの教会の方針をめぐる議論のなかで出てきた枠組みだが, 運動や市民の立場に立つ側を「ロー・チャーチ」, 学問的な対象として問題を扱い, アカデミックなプロダクト(論文生産)を目指して具体的なコミットメントから距離をとる側を「ハイ・チャーチ」とした比喩である. 後で論じるが, 日本ではそのハイとローの関係が, 微妙にツイストしていることが問題であると考えている.

5) 中山が中心となり, 後藤邦夫・吉岡斉が共同で編集を務める『戦後日本科学技術史』のシリーズは, 通称「通史」と呼ばれている. そもそもは中山によるトヨタ財団からのプロジェクトであり, 現在も継続中のスタンダード・ワークである. 日本のSTSを考えるうえでの基本文献であり, 英語版にはモリス・ローラをはじめとする世界から第一線の日本科学技術の専門家たちが関与している.

6) 柿原はこの「村上ターン」という言葉を使っているわけではないが, 村上のSTSへの転回(ターン)は, 80年代後半の先端研への異動がきっかけのひとつであったとする本人の証言も引用・紹介している.(柿原2016)このことを時系列にそって検証した柿原によると, 村上の著書を指標にすると厳密には90年代半ばにターンがあったと考えられ, 中島秀人によるSTSNJの活動期と重なることで, 絶妙に平仄が合っている. ただ柿原の強調点は, このような日本のSTSの形成と村上ターンの同調にあるのではない. むしろ柿原が主張しているのは, 村上の科学社会学への関心という補助線を引けば, 村上の関心の持ち方(注目する問題領域)が, そのターンの前後で連続性があるということである. だが同時に, そのような偏りは日本のSTSの問題点ではないか, ということも柿原は論じている.

7) 村上の立場と日本のSTSへの影響・役割などについては, さらなる検証が必要だろう. 科学史家の現代社会への関心それ自体は否定すべくもないが, 敢えて悪く言えば, 軸足は依然として過去の形而上学(科学の歴史的な検討)にあり, それも村上の場合にはヨーロッパ中心的で「外在的」なものであるため, STS的な問題については「半業的」であることは避けられないのかもしれない. また社会問題への取り組みについては, 活動家風を吹かせるというよりは素人談義的(であり外在的・プチブル的な立場からの評論家的)とならざるを得ないとも言える. しかも原発などを含む,「係争中の社会問題」を研究対象として扱うのは危ないというのは, サイエンス・カフェやコンセンサス会議などの熟議型と呼ばれる科学コミュニケーションがとる一般的なスタンスであり, 村上が持つ絶妙な社会的・政治的バランス感覚と見事に調和する点でもある. ここから察するに当事者となることを避ける傾向にある, 政治とは対峙しない, という吉岡の指摘は村上の政治性や立場性に向けられたものであるというように考えてもいいだろう. あるいは村上そのものがエスタブリッシュメント志向であることは, 2000年代に入って

から連続的に刊行されている，「教養のすすめ」などの一連の著作から，言うまでもないことであると思われるし，批判をしても詮無きことだろう．STSがそのような村上に大きな影響を受けていることもまた明らかであると考えても差し支えないかもしれない．それでも筆者は，村上の果たした歴史的な意義を大きく，そして高く評価する者であり，筆者自身強い影響下にあったことは以下の文章で白状している．（塚原2016b）

8）このような2000年代の科学コミュニケーションと「仲介主義」を支えたのは，「科学と社会の二元論」と，トランス・サイエンスの概念であると考えられる．科学技術と社会をめぐる問題を仲介するというなら，社会の意味が問われなければならない．たとえば綾部（2015）は「社会のための科学技術」といっても，誰のどういった目的のためのものであるかを考なくてはならないことを強調している．実際に科学のコントロールの主導権を手中に収め続けたのは，市民ではなく資本や国家である．だから政府や産業界を中心とした科学技術のコントロールがなされている．そのため「社会のための科学技術」をめざせば，「資本や国家といった支配的な勢力のための科学技術を助長するだけになりかねない」と綾部は警告している．綾部はそのうえで，トランス・サイエンス論はそもそも「科学と社会を二分するという前提」があり，その場合想定される「社会」は，支配的な勢力のコントロールを促すものでもある．さらに悪いことに，資本や国家にとって「有用とみなされない科学」は支配的勢力による社会的圧力を強く受けることとなる一方，「有用とみなされた科学」には，強力な支援すらなされると主張する．綾部の主張と重複する部分もあるが，筆者はトランス・サイエンス概念がアメリカ型の原子力行政や日本型のいわゆる「リスク・コミュニケーション」という啓蒙主義的ツールに利用されやすいことを指摘してきた（塚原2016a，特に注13）．科学は，特に体制化している場合には，ことさらに不確実性や因果性の不備を言い立て，問題の解決を遅らせようとする．それは水俣での因果性についての議論のなかで，宇井が「中和作用」という名指しを行い，科学の持つ本質的な問題であるとされており，すでにわれわれは教訓を得ていたはずだ．〈ポスト3・11〉という状況性のなかでは，STSはトランス・サイエンス概念を超えて，ポスト・ノーマル・サイエンスなどの新たな概念枠に本格的に取り組むべきであるだろう．

■参考文献

綾部広則 2015：「『科学と社会』についての覚え書」内田隆三編『現代社会と人間への問い：いかにして現代を流動化するのか？』せりか書房，213-27.

江間有沙 2009：「20周年企画：STS Network Japanの20年」『STS NETWORK JAPAN NEWSLETTER』20(1)，6-9.

柿原泰，加藤茂生，川田勝編 2016：『村上陽一郎の科学論：批判と応答』新曜社.

柿原泰 2016：「村上科学論の社会論的転回をめぐって」柿原泰，加藤茂生，川田勝編 2016，321-35.

金森修 2011：「〈科学思想史〉の来歴と肖像」金森修編『昭和前期の科学思想史』勁草書房，1-103.

金森修 2014：『サイエンス・ウォーズ〈新装版〉』東京大学出版会.

金森修 2015：『科学の危機』集英社.

金森修，小松美彦，塚原東吾 2001：「鼎談，科学論の現在：『サイエンス・ウォーズ』を経て」『週刊読書人』2001年11月9日号，1-2.

金森修，塚原東吾編 2016：『科学技術をめぐる抗争』岩波書店.

木原英逸 2011a：「科学技術『社会』論の新自由主義的偏向：科学技術論の再建に向けて」『現代思想』39(18)，121-35.

木原英逸 2011b：「新自由主義改革と日本のSTS：そのイデオロギー的親和性」吉岡斉編『新通史・日本の科学技術1995-2011』第3巻，原書房，289-306.

小林傳司 2016：「3.11と第4期科学技術基本計画の見直し」『科学技術社会論研究』12，125-38.

長崎浩，小松美彦 2015：「対談〈東大闘争と科学技術批判〉」『週刊読書人』3112号（2015年10月23日号），1-2.

中山茂 1980：「科学のパラダイムは変わった」『季刊クライシス』4，（金森修，塚原東吾編 2016に再録，

119–32).

塚原東吾 2008：「万能細胞，科学コミュニケーション，リスク：新自由主義的な自己統治への道標か？」『現代思想』36(8)，170–93.

塚原東吾 2016a：「ポスト・ノーマル・サイエンスの射程から見た武谷三男と廣重徹」『現代思想』44(12)，172–91.

塚原東吾 2016b：「村上陽一郎の日本科学史：出発点と転回，そして限界」柿原泰，加藤茂生，川田勝編 2016，202–38.

塚原東吾 2017：「1980 年代の科学論：なにが日本の STS の起源だったのか？」『日本科学史学会第 64 回年会・総会研究発表講演要旨集』58.

山口裕之 2017：「書評：『科学技術をめぐる抗争』」『フランス哲学・思想研究』22，330–3.

吉岡斉 2016：「福島原発事故に際して批判的科学者が果たした役割」『科学技術社会論学会第 15 回年会予稿集』54.

吉岡斉 2017：「日本の包括的軍縮に向けて」『学術の動向』22(7)，25–31.

Research Note　■Journal of Science and Technology Studies, No. 15（2018）■

Japanese STS and Science Criticism: From Post-war Theories of Science to the Era of Post 3・11

TSUKAHARA Togo *

Abstract

Japanese STS is assumed to be the successors of 1970's environment movement motivated by Minamata disease and criticized by Jun Ui, and also those of anti-nuclear activists like Jinzaburo Takagi. But from my personal experience, such a supposition is not taken for granted, because main stream of Japanese STS is now aiming at mediation between science and society, not at criticism, but at arbitrate conflicts. So they are now more compromising to politics and economy. In order to analyze this discrepancy of different assumptions, I would like to look into a history of Japanese STS: Firstly about two origins of Japanese STS by Shigeru Nakayama and Yoichiro Murakami, and their different nature, in order to explicate complicated structure of low-church activist movement and high-church academic style in Japanese STS; then its transformation in the process of institutionalisation in the 1990s to 2000s, with reference to the critical comments made by the contemporaries, late Osamu Kanamori and Hitoshi Yoshioka. To our regret, both of them have passed away recently, so that this paper is intended as an obituary tribute to their critical discourse on Japanese STS, as well.

Keywords: Japanese STS, East Asian STS, Criticism against Science, Osamu Kanamori, Shigeru Nakayama

Received: September 30, 2017; Accepted in final form: June 6, 2018
＊Graduate School of Intercultural Studies, Kobe University; BYZ06433@nifty.com

日本のSTSと科学批判　39

短報

科学技術批判のための現代史研究[*1]

吉岡　斉[*2]

はじめに

　この小論の目的は，筆者が今日まで約 40 年にわたり進めてきた科学技術批判のための現代史研究(本稿では「批判的現代科学技術史研究」という略称も用いる)の特徴を示した上で，それと今日の日本の科学技術社会論研究(STS 研究)の「コアアプローチ」の特徴とを比較分析し，その問題点について検討することである．なお本稿において科学技術という用語は科学・技術の省略形として用いる．

　科学技術社会論は元来，科学技術活動の社会的位相について多様な方法で研究・実務を行う，マルチディシプリナリーなフィールドであり，筆者自身の進めてきた科学技術批判のための現代史研究もその圏内に入る．それゆえ筆者は初期から科学技術社会論学会の会員として活動してきた．しかし会員の大半は再三にわたる勧誘にもかかわらず，「批判的現代史研究アプローチ」の担い手となろうとしてこなかった．そこから推察して，このアプローチは当学会において，「傍流」のひとつにとどまっている．

　それでは日本の科学技術社会論に「主流」「コア」は存在するのだろうか．筆者には「主流」「コア」をなす特定勢力が存在するようには見えないが，多くの科学技術社会論の研究者・実務家に当てはまる最大公約数的な共通点を，コアアプローチとして抽出できるように思われる．

　本稿の前半部では筆者が取り組んできた批判的現代科学技術史研究アプローチの特徴について述べ，それを受けて後半部で，科学技術社会論(STS)コアアプローチの特徴を，批判的現代科学技術史研究アプローチのそれと比較対照させて述べる．

2018 年 3 月 14 日受付　2018 年 5 月 12 日掲載決定
[*1]〔編注〕本稿は，生前吉岡斉氏が書かれた未発表の原稿を編集委員会の責任(柿原泰および綾部広則が担当)で再編集したものである．吉岡氏は，編集委員会の依頼を受けて吉岡斉「科学技術批判のための現代史研究」(2017 年 8 月 15 日付，以下，原稿(1))を執筆していたが，執筆途中で病を得，2018 年 1 月 14 日に帰らぬ人となった．ただし，その議論の大枠は，日本科学史学会(第 64 回年会)でのシンポジウム向けに書かれた原稿「科学論・技術論の現代史：日本の STS の歴史的定位のために」(2017 年 6 月 4 日付．以下，原稿(2))で語られていた(原稿(1)の内容が原稿(2)の中でも語られていた)ため，ご遺族の了承のもと，執筆途中の原稿(1)に，原稿(2)を加えて編集したものが本稿である．2 節以降が筋書きのような記述になっているが，これは原稿(2)が報告用のメモとして作成されたという事情による．ご諒解いただければ幸いである．
[*2]九州大学大学院比較社会文化研究院，教授(執筆時)

1. 科学技術批判における現代史研究の位置と役割

　科学技術批判の歴史は，科学技術の歴史と共にある．それは古くからさまざまの流儀で行われてきたが，ここでは科学技術活動とその産物の社会的機能への批判に対象を絞る．科学技術の社会的影響力が拡大するにつれて，そのネガティブな社会的機能も目立つようになった．そして核兵器の実用化により第2次世界大戦後は，科学技術が戦争や災害の損害を巨大化させるだけでなく，人類文明滅亡の手段ともなりうる潜在力をもつことが，広く認識されるようになった．他の科学技術分野についても，大きな惨禍をもたらしうることが広く注目されるようになった．そうした事情を背景として，社会的機能に焦点をあてた科学技術批判が普及し今日に至る．

　もちろん科学技術批判においては，科学者・技術者を主たる批判の対象とするのではなく，科学技術に関連する事業や政策を担う勢力（政府，産業界等）に対する批判に，主眼が置かれることは言うまでもない．科学者・技術者は核兵器開発のような大型事業の指導者ではなく使用人である場合が多く，一般的には意思決定に際して脇役にとどまる．科学技術活動がネガティブな社会的機能をもたらす因果的連鎖の主役は政府や産業界であるため，いきおい科学技術批判は多かれ少なかれ「反体制」的性格を帯びやすい．

　さて戦後日本において批判的現代科学技術史研究が台頭したのは1960年代であり，それを主導したのは廣重徹（1928～1975）ら科学史・技術史研究者たちであった．この時代には星野芳郎（1922～2007）をリーダーとする現代技術史研究会のように，技術の現場に根差しつつ近代日本資本主義についての一定の歴史的視点をもって，日本社会の民主化・近代化を進めようとする団体が存在した．その一方で歴史学的手法を拠り所として「学問的」な科学史・技術史を構築しようとする動きもあった．

　廣重らは後者の視点に立って，近代日本の科学技術の社会史の標準的な筋書きを，政治経済体制の動きに力点を置いて描こうとした．しかし廣重は1975年に早世し，『科学の社会史』（廣重1973）がこの分野での遺作となった．その後，個人による近代日本又は戦後日本の科学技術の社会史に関する通史的作品は書かれていない．

　廣重ら科学史研究者による科学技術批判が，科学技術に関わる具体的な社会問題の解明において特段の成果をあげなかったのは，彼らがそうした課題に取り組む能力を欠いていたためでは必ずしもない．彼らが重視したのは，科学技術活動が近代日本の国家体制の枢要な構成要素として発展してきた歴史的過程を，大局的に描き出すことであった．科学技術に関わる具体的問題の多くは，そうした権力との癒着を背景として発生しているが，科学史研究者がそうした具体的問題の解明に第一線で関与することはなかった．

　1960年代末からの批判的現代科学技術史研究の台頭は，日本に限らず世界共通の動きであり，世界的に科学技術批判の問題意識に根差したアカデミックな作品が発表されるようになった．代表的な作品のひとつに，J. R. ラベッツ著『批判的科学』（1977）がある．

　そこでは科学の類型としてアカデミズム科学，産業化科学，批判的科学の3類型を設定している．そして批判的科学の将来の発展に強い期待を寄せている．「孤立した個々の人たちが余暇を犠牲にし，通常の研究を中断してまで，現実的問題に批判的に取り組んでいるのではない．いまや新しい種類の科学，すなわち批判的科学を行う学派が出現しているのである．この学派では，プラクティカルな研究プロジェクトの一環として質の高い共同研究がなされ，暴走するテクノロジーが人間や自然にもたらすさまざまな危害を発見し，分析し，批判を行っている」（ラベッツ1977, 296-7）．

ただしラベッツは後年，この3類型について言及しなくなった．その代わりにノーマルサイエンスとポストノーマルサイエンスという2分法を用い，1970年代までとは異なる視点から議論するようになった．

いずれにせよ日本でも世界でも1970年代に入るまでに，科学技術批判を学問として進める動きが定着しつつあった．そして学問的に科学技術批判を行う専門分野として，1970年代当時最も目立っていたのは，科学技術史であった．筆者自身にとって，科学技術批判を深めるには2つの道があると思われた．第1の道は，科学者となり当該分野での科学技術批判を進めることである（当時は技術者という選択肢は考えていなかった）．第2の道は，科学技術活動を研究対象とし，人文学・社会科学を研究方法とし，学問的に科学技術批判を行うことである．筆者は結局，後者の道を選んだ．そして大学院進学の際に物理学から科学史へと分野転換することとした．

科学技術批判の社会的意義として筆者が認識していたのは，理性的判断が尊重される社会を実現すること，とりわけ科学技術に関連して理性的判断が尊重される社会を実現することであった．科学技術は専門的判断において理性が重視されるが，社会活動としては理性的判断とかけ離れたものである．たとえば核兵器開発では，相互確証破壊MAD（mutual assured destruction）と呼ばれる理性的判断とは対極にある名称の戦略とそれを支える科学技術体系の発展をもたらしている．そのメカニズムを解明したいというのが筆者の初心であった．そうした非合理的な科学技術推進メカニズムを駆動しているのは基本的に政治経済体制であるが，科学者・技術者もそのメカニズムに参入することにより，研究開発資金などの職業的利益を獲得しようと活動するものである．そしてその際に科学者・技術者が頻繁に用いるのが，自分の分野の将来性を非合理なまでに誇大に描き，かつナショナリズムに寄り添う論法である．

このアプローチでは，歴史研究者としての専門性が要求される．その専門性の要素を特定することは自然科学と比べて難しいが，対象との距離のとり方，時代の流れ全体を大きくとらえる視点，細部の把握の丁寧さ，史料を尊重し史料批判をしっかり行うことなどが重要である．のみならず科学技術史研究者には，対象とする科学・技術分野の専門的内容についても，その分野に従事する人々との専門的コミュニケーションが成り立つ程度の専門知識も要求される．そうした資質を一定程度身につけた者が優れた作品をまとめることができる．それには高い筆力も必要である．そうした優れた作品群を積み重ねていくことによって，このアプローチは学問としての一定程度の信頼を獲得できる．政府からも科学界からも独立した地位を獲得することによって，それらの組織の活動に対して遠慮なしに批判的吟味を行う立場が確保される．

2. 核エネルギー利用の現代史・政策論への取り組み

2.1 筆者の現代史・政策論研究の特徴

筆者は主として次の2つの領域で，仕事を重ねてきた．
（1）日本の科学技術全体の現代史，現在史，政策論
（2）核エネルギー研究開発利用の現代史，現在史，政策論

その特徴は，「政策論」および「現在史」を，明示的に研究に組み込んできたことにある．（通常の現代史研究者とは異なる．）

「現在史」は，歴史的評価が定まっていない時代を扱うため，あとで大幅に修正される可能性が高い．それでも「現在史」は，（中長期的な）「政策論」を構想する上で有用なツールで，歴史の証言としても意味がある．もちろん主観的願望をコントロールする必要がある．

「政策論」に筆者が深入りするようになったのは 1997 年頃である．原子力委員会高速増殖炉懇談会の委員に任命されたのが大きな転機となった．それ以降，審議会委員の経験を重ねてきた．主要なものを表1に示す．それまでは「政策論」の第一線に立つ覚悟はなかった．政策論への深入りは，私の研究においても大きな転機となった．これによって筆者の仕事は，現代史・現在史・政策論の「三位一体」となった．

表1　これまでの審議会委員の経験(主要なもの)

原子力委員会高速増殖炉懇談会(1997 年)
原子力委員会長期計画策定会議(1999 年〜 2000 年)
原子力委員会新計画策定会議(2004 年〜 05 年)
総合資源エネルギー調査会基本計画部会(2003 年)
総合資源エネルギー調査会需給部会(2004 年〜 05 年)
東京電力福島原発事故調査・検証委員会(2011 年〜 12 年)
総合資源エネルギー調査会原子力小委員会(2014 年〜)
(政府系以外のものとして)
原子力市民委員会座長代理(2013 年 4 月〜)，座長(2014 年 9 月〜)

2.2　政策論の満たすべき条件

政策論的アプローチの満たすべき条件としては，以下の3点が重要である．

(1) 公共利益の観点に立つ．つまり組織メンバーの信条ではなく，あるいは誰かの利益の「代弁」という形ではなく，社会全体とっての利害得失を総合評価して，政策案を示す．（従って被害者サイドに無条件には立たず，「二元的対立図式」による分類を拒否する．これは従来の反原発・脱原発運動と大きく異なる．）

(2) 政府の政策を批判するだけでなく，必ず代案を示す．市民に負担を強いる政策(福島県とその周辺の廃棄物処分等)についても代案を示す．さらに政府の政策のうち悪くないものについては是々非々の姿勢で評価する．

(3) 多くの者が同意できる前提から出発し，演繹的に結論に導いていく．たとえば直接的な論争の場面では，賛否を問わず準拠できる政策評価の共通の枠組みを提案し，それにしたがって議論し，最後に結論(政策選択)で袂を分かつ．

2.3　公共利益とは何か

フォン・ヒッペルらの 1974 年の作品(Primack and Von Hippel 1974) では，public interest science(公共利益の科学)というキーワードが使われた．

1997 年に高速増殖炉懇談会に委員として参加したとき，正しい公共政策の評価基準として「公共利益(public interest)」を掲げた．公共利益を(加害者の弁解はもとより)被害者の要求よりも上位に置くことが，筆者のアプローチの特徴である．

何が公共利益かを判断するのは批判的科学者自身である．そして自らの判断について批判的科学者はあらゆる批判に答える責務がある．たしかに現実社会では「二項対立」的な紛争が生じやすく，その中で批判的科学者も濃淡の差はあれ，「どちらの側に就くか」の党派性を帯びることは避けがたいが，やせ我慢をしても独立の立場を堅持すべきである．被害者団体との関係は「不即不離」程度がよい．

2.4　原子力防災(一例として)

「(緊急時)原子力防災」は，政府事故調で調査研究を行って以来，筆者にとって重要テーマのひとつとなっている．そこで一例としてこれについて政策改革案を示すことにしたい(なお発表予定の，CCNE脱原子力政策大綱2017，などにより詳しく書かれる予定[1])．

1. 政府の原子力災害に対するナショナルな危機管理対処機能は，福島原発事故後もきわめて貧弱である．原子力防災部門を抜本的に強化すべきである．具体的には，原子力規制委員会のもとに原子力防災庁を設置し，権限・予算・人員の抜本的充実をはかるのは有力な方法である．また原子力防災対策と他種の災害対策とを，何らかの形で統合する必要がある．

2. 緊急事態応急対策拠点施設(オフサイトセンター)は，原発震災のような複合災害時においても機能障害に陥らないよう，その設置場所について抜本的に見直すべきである．またその機能は(多種の防災対策と同じく)，関係諸機関の間の情報共有・連絡調整に限定すべき．

3. ローカルな原子力防災計画に対し新たに「原子力防災基準」(仮称)を定め，それに基づく「原子力防災審査」(仮称)に合格することを，原子力施設運転の原子炉等規制法上の要件とすべきである．

4. 原子炉施設内における緊急時の原発従業員(電力会社社員，協力会社社員・作業員等)の防災・避難計画の作成を電力会社に義務づけ，原子力施設運転の原子炉等規制法上の要件とすべきである．

5. 放射線モニタリングと放射性物質拡散予測は，住民の安全を守るための重要な手段である．福島原発事故の反省に立って，できるだけ多様なモニタリングと拡散予測のシステムを整備すべきである．また得られたデータを迅速に国民・住民に公開すべきである．

6. 住民避難はできるだけ早期に行うのが鉄則である．予防的準備区域(PAZ：5キロ圏内)の住民を先に逃がし，緊急防護準備区域(UPZ：30キロ圏内)の住民は，高濃度に汚染されてから避難させるという方式は，無用の住民被曝増大を招くので即刻見直すべきである．

2.5　現代史と政策論の潜在的矛盾

以上6つの提言は，原子力発電の現代史・現在史にもとづいて導き出されている．つまり福島原発事故における原子力防災体制の重大な機能障害についての検証・評価にもとづいて書かれたものである．その意味で「三位一体」は維持されている．

現代史と政策論は，書き方が大きく異なる．現代史では「どうすべきか」を明示的に書かず，行間に滲ませるのがスタンダードである．それでも筆者の場合，それほど苦労せずに両者間の翻訳を行うことができる．これは政策論の内容が，現代史に翻訳可能な状態となっているためかもしれない．それとも現代史の内容が，政策論に翻訳可能な状態となっているためかもしれない．

3.　STSコアアプローチについて

3.1　専門家・非専門家関係論の狭さ

科学・技術の社会的側面に関する研究，つまり社会活動としての科学技術の研究のなかで，科学技術社会論(STS)の占める位置と広がりはどのようなものか．

STSは何でも飲み込む広い間口をもつように見えながら，そのコアアプローチは狭い．それは「科学技術と社会の関係論」にある．そこでは「科学技術」には「専門家」，「社会」には「非専門家」という人格があてがわれ，実質的には官・産・学サイドは「専門家」の側に，民サイドのみが「非

専門家」の側に分類される．その上で両者の間の「良い関係」を構築することが目標とされる．そして両者の仲立ちをする「媒介の専門家」が，科学技術社会論の研究者・実務家であるとされる．

「良い関係」が何であるかについては，論者によって一定の幅がある．「非専門家」の権利や民主主義を重視すべきという方向性の主張が，多数派を占めると思われる．その観点から，「専門家」（実質的には比較的自由な立場の科学者）に対して，「関係再考」のメッセージが発せられることが多い．（科学者には，工学者・医学者を含む．）

「非専門家」に発しても受信率がきわめて低くなり，また相手が社会運動家の場合には，信用してもらえないからだろう．

科学者（医学者・工学者を含む）が主要な聞き手であることが，いわゆる「トランスサイエンス論」の多用の背景にある．（トランスサイエンス論は内容的には自明であり，また具体的・現実的問題と格闘している人々には，問題の核心を突いているように見えない．）

また「専門家」サイドに分類されるはずの官・産セクター関係者に発しても，暖簾に腕押しとなるためだろう．

このように「科学技術と社会の関係論」と言っても，その守備範囲は実質的に著しく狭いものとなる．

3.2 新知見に乏しいワンパターンの分析

またSTSコアアプローチでは，「専門家と非専門家の関係論」における諸問題が分析対象となるため，科学技術に関わる社会的事象（たとえば福島原発事故）そのものの分析が手薄になる．その結果として科学技術に関わる社会的事象そのものについてのオリジナルな見解が開示されることは基本的になく，過去に起きた周知の社会的事象が素材として使われることが多い．（新知見がない．）

とくに福島原発事故のような非常事態に対して，STS論者は，非常事態の影響を受けている人々，又は受ける可能性のある人々に対して，どう行動すべきかの知識・情報を提供できない．（後知恵的にフレームワークを組み立てるのに数カ月以上を要する．）

また分析枠組みが，専門家と非専門家とのコミュニケーション障害の構造に絞られ，どのような社会的事象を論じても，同工異曲の分析が示されるので，素材を変えただけのワンパターンの作品となることが多い．

3.3 社会的事象の総合評価能力と実績

したがって，分析対象とする社会的事象（たとえば福島原発事故における放射能の放出・拡散過程）そのものについて，深い総合評価を行う能力と実績が，STS論者には必要である．

総合評価という行為によって，分析者の立場性が浮き彫りになるが，それは避けられない．またこの総合評価行為によって分析者は否応なく，問題の当事者となる．必要に応じて公共政策論争にも加わらなければならない．「媒介の専門家」では済まされない．政府に対しても必要に応じて説教しなければならない．

STS論者にとって，この評価能力・実績は，社会運動家に信用されるための必要条件でもある．社会運動家は，取り組んでいる社会的事象についての評価を（少なくとも一定程度）共有できる相手を信用する．また問題の解明に実績のある相手を信用する．

■編注

1）原子力市民委員会『原発ゼロ社会への道 2017：脱原子力政策の実現のために』は，2017 年 12 月に刊行された．その第 4 章に 4.7「原子力防災」（199–203 ページ）が収められている．

■文献

廣重徹 1973：『科学の社会史：近代日本の科学体制』中央公論社.

Primack, J. R. and Von Hippel, Frank 1974: *Advice and Dissent: Scientists in the Political Arena*, Basic Books.

ラベッツ，J. R. 1977：中山茂監訳『批判的科学：産業化科学の批判のために』秀潤社；Ravetz, J. R. *Scientific Knowledge and its Social Problems*, Oxford University Press, 1971.

短報　　　　　　　　　　　　　　　　　　　■科学技術社会論研究　第15号（2018）■

政治を語って政治を切り詰める

「科学技術社会論」における「政治」理解の狭さについて

木原　英逸*

要　旨

科学技術論STSにとって，科学／技術の民主（政治）的統治は中心的な問いであり続けてきた．しかし，この問いをどう理解し実践するかの点で，1990年代に立ち上がった日本のSTS「科学技術社会論」は，それまでの「科学論／技術論」との違いを強調して断絶へ向かう志向が強い．まず，「社会問題／社会運動の社会構築主義」の影響で，権力理解が「フレーミング」のような観念に偏った結果，財や力が大きく働く現実が見えにくくなった．また，マクロな社会構造に説明を求めない結果，誰もがその下に置かれている構造をともに変えるために連帯する政治が見失われている．見失ったに止まらず，代わって，ネットワーク社会の民主的自己統治である「ガバナンス」政治を，そしてそのなかで科学技術の「ガバナンス」を目指した結果，連帯する政治を切り崩してさえいる．ガバナンスの技法として考案された，影響を受ける者たちのデモクラシーである「討議民主政」に順い，すべてのステイク・ホルダー，すなわち影響を受ける者の声に応える責任として，「技術者倫理」や「科学者の社会的責任」を唱えてきたからである．「科学技術社会論」に見られる，こうした政治や民主政や倫理についての理解の偏り，狭さを指摘する．

　科学と技術と社会の間の相互関係を明らかにし，そこにより善い関係を実現しようとしてきた科学技術論（Science and Technology Studies, STS）にとって，「より善い関係」を科学そして技術の民主的統治と理解した上で，それをどう実現するかは中心的な問いのひとつであり続けてきた．であれば，STSで言う民主的統治すなわち民主政とはどのようなものか，そして，政治とはどのようなものか，その理解が問われなければならないだろう．その点に鈍感な研究は，思いがけない現実的機能を果たす可能性をもってしまうからである．

　本稿は，日本のSTSである「科学技術社会論」での議論をこの視点から検討する．ただ，「科学技術社会論」と言ってもその議論には幅があり，時に相反する多様性を抱えている．したがって，そこに大略どのような傾向が見られるか，必要な限りで「科学技術社会論」からいくつか特徴的な議論を抽出し検討を進めていく．ガバナンス（2節），フレーミング（3節），専門家-非専門家関係（4節），技術者倫理（5節），討議民主政（6節），科学者の社会的責任（7節）についての議論を取り上げる．そしてそこに，「構造」と「権力」，「利害の対立」と「合意」，「われわれの社会」をめぐっ

2018年3月5日受付　2018年6月6日掲載決定
＊国士舘大学政経学部，kihara@kokushikan.ac.jp

て理解の偏り，狭さが見られることを指摘したい．「利害の対立」のなかで「合意」を求め，「われわれの社会」の誰もの利益を求めて，社会の「構造」と「権力」関係を自ら変えていく努力，それが政治，なかんずく民主政治であるならば，これは日本のSTSにおける「政治」や「民主政」の理解に偏りや狭さがあるということだろう．そしてそれは，政治を通して公共の利益の実現を目指す科学や技術の「責任・倫理」の理解にも表れてくるだろう[1]．

1. 「科学技術社会論」はどこが狭隘か

　世のため人のため「社会のための科学技術」でなければならない．いま，こうした社会規範，すなわちイデオロギーが広がっている．そして「科学技術論」がその旗を振り，後を押している[24]．
　科学技術論が，社会のなかでの科学や技術のあり方，そして，その善きあり方について論じるとしても，視点は，思想，歴史，文化，政治，経済，社会など様々であり，また，それを妨げる理由もない．事実，これまで科学技術論の視点は多様であった．ところが，1990年代以来この方，欧州や北米，日本でも，社会のなかでの科学や技術をもっぱら狭く，「政策」，すなわち問題の解決策として見る傾向が科学技術論の中で強まっている（Collins and Evans 2002）．しかも，以下に見るように，何を問題とするかの理解，何を解決策，政策とするかの理解が，（1970〜）1980年代来のポストモダン思潮とそれを利用しそれに重なって強まってきた新自由主義思潮の下で変容し狭まるなかで，それが起こっている．科学技術論の理解が二重三重に狭まっている．いわゆる科学技術論の「政策論的転回」である．そしてこれを背景にして，「役に立つ科学技術」，「社会のための科学技術」というイデオロギーが広がっている．
　とくに日本では，「新しい」と名乗る科学技術論，すなわち「科学技術社会論」が1990年代半ばからこの転回のなかで立ち上がった結果，それまでの「科学論」や「技術論」との違いを強調して断絶へ向かう志向が強く，科学技術論の視点も課題設定もいっそう狭隘なものになっている[2]．
　では，日本のSTS「科学技術社会論」はどこが狭隘なのか．「科学技術社会論」が政策志向であるなら，よい政策，つまり問題解決に役立つよい処方箋を書くにはよい診断が必要だろう．ところが，その診断，つまり問題とその原因の理解に狭さがある．
　そうしたことの一端を藤垣（2005）に見ることができる．それは，草創期の日本のSTSが何を目指したのかをよく示している[3]．社会構成主義（アカデミズム）科学・技術論と連動した市民・社会運動として，科学・技術に関連した社会的意思決定の場を民主的に開く形で政治に関与する，新たなタイプのアカデミズム科学・技術論を目指す必要が言われている．日本の1970年代（まで）の科学論（や技術論）には市民運動論はあったが社会構成主義と連動しておらず，市民運動論（「市民のための科学」論）は，社会的政治的問題に科学的論拠で決済を下す，すなわち，「より科学的な」根拠を出した方が社会的意思決定での正統性を得て勝利するという，科学＝審判モデル（固い科学観）を無批判のままに受け入れていた．そして今も日本では市民運動論と社会構成主義は別々の文脈で語られ，連動していない（ことが多い），というのが藤垣の診断であった．診断は正しいと仮にしてみよう．科学＝審判モデルの下で，社会的意思決定の場は（行政官と）科学者・専門家に専有されてきた．決定の場を民主的に市民に開くには，社会構成主義の考え方を使って「科学的な」根拠とされているものを脱構築する必要がある．そうして社会的意思決定の権力を市民に取り戻す必要がある，「市民のための科学」を社会構成主義と連動させる必要がある，それが処方箋であった．これは，科学的である判断とない判断の境界の線引きを問い，科学知識とそれをもつ科学者・専門家集団の権力を問い直そうという，知識・観念権力と専門家-非専門家間の権力関係に焦点化した処方箋で

ある．しかし，科学＝審判モデルを民主化する重要な方法は他に（も）ある．科学的な根拠とその基準（科学的合理性）は，それをどう線引きするかにかかわらず，そもそも社会的意思決定の妥当性を判断する手段の一部にすぎない．科学＝審判モデルは見かけであり，科学・技術に関連した社会的意思決定も，科学的専門的な根拠のみならず，政治的，経済的，社会文化的根拠などに基づく判断，それを支える政治的，経済的，社会文化的権力構造のなかでなされている．こうした権力構造を明らかにし変えてゆく処方が重要だろう．そして，1970年代までの日本の科学論（や技術論）の市民運動論「市民のための科学」は，むしろこの方向で処方箋を書いていたのではないか（4節参照）．科学知識・専門知識の線引き修正に特化する方向に問題とその解決策を見た日本のSTSはそこに狭さがあった．そして今もあるのではないか．

であるとすれば，なぜ，狭くなってしまったのか．以下では，改めて，「政治に関与する新たなタイプのアカデミズム科学・技術論を目指す」または目指した日本のSTSが「政治」をどのように理解してきたかに立ち返り，この問いを検討していくことにする．

2．STSにとって公共の利益とはなにか

まず，日本のSTSは，何が政治の問題かの理解が狭いと言える．偏っていると言った方がよいかもしれない．政治に関与する自らの目的である公共の利益とは何かを十分に問わないからである．政治が目指す公共の利益とは何か，そうした目的が定まって初めてそれとの隔たりで解決すべき政治の問題も明らかになる．政策・方法も明らかになる．科学，そして技術はなおさら，本当に様々な目的のために行われている．だからこそ，科学や技術の目的を問い，政治に関与する目的を問うことがSTSの議論においても何より重要である．しかし，「社会のため」誰ものため公共の利益のための科学技術と言いながら，手段である政策のその目的は何なのか，政府・政治をつくる主権者たち誰ものための科学技術なのか，市場で取引する者（消費者や投資家）たち誰ものための科学技術なのか，またいずれでもないのかなど，十分に問われることがない（6節参照）[4]．

それは問う必要がないからだと，むしろそう言うべきかもしれない．日本の，に限らず，STSは，「政策・ポリシー」を政府と政治とそのシステムに限らず，企業や団体などの組織さらには市場システムや社会システムなどの「目的」を実現する手段，問題解決の手段を含むものと広く理解している．STSが（暗黙裡に）目指しているのは，これらすべての手段によって，言ってみれば「政産学民連携」によって実現されるとする公共の利益であり，そのための政策なのである（7節参照）．したがって，STSの中心的な問いは依然として科学と技術の民主（政治）的自己統治だが，もはやそれが人びとがつくる（各種）政府を介してなされるとは考えない．科学や技術が関わる社会問題もそうだが，「社会の複雑化・多様化・グローバル化が進み」「政府の統治能力だけでは，社会が直面する問題に対処しきれなくなってきた」，だから，政府だけでなく民間企業，専門家集団，NGO/NPO，ボランティア組織，住民組織，国民・市民個人等のアクター・主体が，対等な関係でつながりネットワークをつくり競い合いながら協働し社会問題に対処するなかで民主的自己統治が可能になるのだと考える．そしてそれを「ガバナンス」と称してきた．科学者や技術者（集団）も専門家（集団）としてそうしたアクターのひとつであり，政策をつくり社会問題に対処するが，その政策の決定を民主的なものにするにはどうするか，そして，科学と技術のガバナンスへ向けて各アクターが協働するための「科学技術コミュニケーション」をどうつくるか，科学や技術が関わるリスク問題に各アクターが協働して対処するための「リスク・コミュニケーション」をどうつくるのか，などと論じられてきた（平川 2010；小林 2005）[5]．

しかし，そうした水平的な協働関係をどうつくるかに政治の問題を見たことで，現実の政治をつくり出している垂直的な「権力」の働きが見えにくくなっている（4節参照）．しかも，以下で見るように，日本のSTSの「権力」理解にはいくつかの点で狭さがあり，そのため，この間，新自由主義思潮の下で政府から市場へ権力を移す試みが様々になされ，想定する協働関係においても，水平的な「契約」関係が拡大してマクロな構造が変えられていることが見えなくなっている．結果として，公共の利益をもっぱら市場が実現する（公共の）利益だとする強まる理解に抗えず，科学や技術の「ガバナンス」も「産業・市場のための科学技術」志向へと偏ってきている．「ガバナンス」の主体，すなわち，日本のSTSが目指す市民運動の主体である「市民」も，政治的市民から消費者市民へと偏り，STSが問題解決の手段とする（科学技術）コミュニケーションの理解も，市場で取引する誰ものためのコミュニケーションに偏りがちである6)．

　こうして，この国のSTSは，政策志向に転回するなかで市場志向の政策に流され，政治の目的への十分な問いを欠いたまま，時代に支配的な「ガバナンス」という政治理解，「ガバナンス」による，しかも市場化された「ガバナンス」による公共の利益の理解に流される事態に陥っている．「科学技術社会論」における「政治」の理解の偏り，狭さとして，まずこの点を指摘しなければならないだろう．

3. STSにとって権力とはなにか：観念権力への偏り

　政治の目的と問題をどこに見るかのこうした偏りと無関係ではないが，日本のSTSは，問題解決のための原因理解も狭い．政治において，誰もの利益の実現手段として科学や技術のあり方を問うなら，立場を同じくする成員に共通して利益または不利益をもたらす社会の制度，言い換えれば，異なる立場の成員には異なる利益不利益をもたらす制度，さらにはそれを支える「構造」への問いを避けることはできない．政治は，そうした構造のなかで誰もの利益，公共の利益を実現するための科学や技術のあり方を問わなければならない．しかし「科学技術社会論」には，誰もの利益の実現を妨げている問題の原因を，社会の制度や構造に見る視点が弱い7)．

　もちろん，社会の「構造」と言っても，それは，行為をすべて構造に還元して説明する構造決定論の言う「構造」ではない．あくまでも，人びとが公式および非公式な（制度の）規則に従うなかで規則を再帰的に作りながら，そして，財や（暴）力など利用できる諸資源を使って互いを動かしながら「行為」していることが生み出す人と人との間係として現れるものであり，そうした社会関係が所与として，事実として，客観的なものとして経験され観念されたものである．まただから，構造として現れたこの社会関係は，人の行為を制約するものでもありまた可能性を開くものでもある．つまり，人を動かす「権力」として経験・観念されるのである．

　「構造」は，行為主体が，行為手段である諸資源と意味解釈規則という，相互媒介的に働くその双方を「ともに」使用して（相互）行為するなかで，成立し再生産されるものである．この点を理解することが重要である8)．そして，構造と権力のつながりを踏まえれば，日本のSTSは，誰もの利益，公共の利益が容易に実現できないことの原因を，こうした権力のあり方に見ない傾向があると言える．だから，社会関係に現れそれを支え，またそれに支えられる権力のあり方を変えるために（も），社会のなかで科学や技術のあり方をどうするのが善いのか，その方向で自覚的に「処方箋」を書くことが少ない．

　ただ，日本のSTSも，「フレーミング」のような観念権力のあり方に問題の原因を見て，それを

変えるには科学や技術の担い手や受け手の「見方」をどうすればよいのか，と問うことには熱心であった(平川 2005)．しかしそれは，社会関係に現れ，問題の原因となっている構造と権力のあり方を支える2本の柱，意味解釈規則と(財や力などの)諸資源のうち，前者しか見ていない．それゆえ，政治が公共の利益を実現するには，諸資源を用いて相手を動かす主体間の相互権力や，集団が成員に及ぼす集合的権力のあり方も変える必要があるにもかかわらず，そうした点をSTSが自覚的に問うことは少なかった．誰もが知るように，政治権力や市場権力の場合に顕著だが，(観念される)権力を支えているのは知識や観念だけではなく，むしろ，物理的力・暴力や財力・資力がそうした権力を支え大きく働いている．意味・解釈偏重に陥っているSTSにはそれが見えにくい．だから，そうした力が強く働く「政治，経済社会」の問題解決にSTSができる貢献は極めて限られる．

　だからSTSは，そうした「政治，経済社会」の問題になる前の，これから社会に導入されていく段階の未来技術・先端技術(エマージェンシー・テクノロジー)を好んで問うことにもなる．そして，「新しい」ものを好んで追いがちな科学技術報道に応えて格好の話題を提供してきた．また，例えば，エネルギーや医療などの「政治，経済社会」の問題の解決策・政策として科学や技術のあり方を問うときも，科学技術を取り巻く財や力の配置を変え，社会制度や構造を変え，政治権力や市場権力を変えることよりも，科学技術を取り巻く情報コミュニケーションのあり方を変え，「フレーミング」のような観念権力を変えることを好んで問うてきた．そこでは，科学技術コミュニケーションやリスク・コミュニケーションが，どのような政治，経済社会の制度や構造のなかで行われそれを支えているのか，また支えられているのか，つまり，制度や構造がコミュニケーションの目的にどう影響しそれを規定しているのか，問われることも少なかった[9]．その結果(であり原因でもあるが)，解決策としてのコミュニケーションはもっぱら知識と情報のやり取りと理解され狭くなった．そして，財や力のやり取りも見えなくなっていった．どこに問題の原因を見るかが違えば，問題の解決策をどこに求めるか実践のあり方も違ってくるのである．

　ではなぜ，「科学技術社会論」は問題の原因を観念権力のあり方に見て「フレーミング」を問うてきたのか．なぜ，解決策としてのコミュニケーションを情報と意味のやり取りだと理解してきたのか．そこに，(日本の)STSが連動を志向した「社会構成主義」の影響を見ることができる．ただし，(日本の)STSでは「観念」のあり方への関心が強いので，1節で見たように，「社会構成主義」も「科学的な」根拠とされる概念や理論を脱構築する認識論として議論されることが多かった．しかし，リスク認知の議論にも見られるように，日本のSTSが目指す市民・社会運動が，問題の原因を人びとのもつ解釈枠組み「フレーミング」に問い，解決を「フレーミング」を変えることに見出す，そうした特徴をもつことに影響したのは，むしろ，1980年代から強まってくる「社会問題の社会構成主義(構築主義)」である(Spector and Kitsuse 1977)[10]．

　非行，失業，虐待，差別等々を「社会病理」と見て，社会がもつ共通の(諸)目標にとって負の機能を果たす(害を及ぼす)そうした出来事が在る，だから「社会問題」が在ると理解するのではなく，社会で解決すべき社会病理があるとクレイムを申し立てる人(びと)の活動が在る，だから「社会問題」が在る，そう理解したのが構築主義である．「害を及ぼす」病理があるという人(びと)の判断は妥当なのか，出来事は事実なのか，そうしたことは「社会問題」実在の条件ではなく，誰がどこで誰に対してどんな仕方でどんな言葉・概念を使って申し立てたのか，その「文脈」が個人問題ではなく社会問題の申し立てとして適切だと，申し立てをする人びとと受ける人びととの間で了解されていることが条件だとした．

　クレイムの申し立てがあり，続いてそれに対する支持や反論，解決策の提案や決定など，人びとの対応が様々な方向に展開する．会話の流れのなかで先の発話があとの発話を様々に生むように，

誰がどの場面でどのような言葉を使ったか，人びとは自らが理解する言語行為・発話規則に照らして，先行する（集合的な）言語行為の意味を解釈する．その解釈があとに続く活動（言語行為）を生み出し了解可能なものにする，そこに因果の関係はない．

　構築主義は，人びとがやりとりするこうした言語活動プロセスの実在をもって，「社会問題」とそれへの対応・解決活動の実在と理解した．それを引き起こすのは，先立つ人びとの言葉の営みと，それを解釈する続く人びとの言葉の営み，それ以外にないのであり，社会構造（の矛盾）や集団間の利害対立など，マクロな「社会の状態」を説明原因として持ち込むなどしてはならないとした（中河 1999）．

　こうした「社会問題の社会構成主義（構築主義）」の影響を受け，日本のSTSも，（科学や技術に関わる）社会問題の原因の理解においても解決策の理解においても，意味・解釈偏重に陥った．であれば，問題の原因を「フレーミング」に問い，解決を「フレーミング」を変えることに見出したのも当然だった．そしてそこでの解決の手段が，人を動かす意味解釈規則つまり観念権力に偏り，意味解釈規則に従う（相互）行為としての情報コミュニケーションに偏る結果になるのも当然だった．

　そして，政治問題とは誰にも共通の社会問題だから，これは，政治問題の原因であり解決策でもある権力の理解が観念権力に偏って狭いということである．「科学技術社会論」における「政治」の理解の狭さとして，この点も指摘しておかなければならない．

4. STSにとって構造とはなにか：大きな物語への沈黙

　加えて，日本のSTSが，問題の原因を政治社会や経済社会の（権力）構造に問い，それを変えるにはどうすればよいかと問わないのには，さらに理由がある．利益や不利益の原因を誰もがその下に「共通して」置かれ包摂されている構造に求める説明を，大きな観念（構造）による説明も含めて「大きな物語」だとして退け，（社会問題の）構築主義と同様，マクロな構造を見ようとしないからである．そしてこれが，また，「科学技術社会論」における「政治」の理解の狭さを生んでいる[11]．

　しかし，見ようとしなくとも見ればそうしたマクロ構造は在る．もちろんそれは，前節で確認したように，人びとの行為が生み出す（より）安定で継続する社会関係として現れる限りでの「構造」である．しかし，だからと言って，すべてがローカルな人びとの行為の文脈に依存するローカルな関係，ミクロな構造だというわけではない．誰もの利益，不利益に「共通に」関わり，公共の利益の一致と対立の「中心的な」原因となっている政治社会や経済社会の（権力）構造が，いつの時代，どの社会にも在る．

　例えばそれは，一般的に，先進諸国における1950年代からの「工業社会」では，豊かさを求めて生産の拡大に注力する生産の場，労働の場における，豊かさの「分配」を決める資本・経営（者）と労働（者）の間の構造であり，1970年代からの「管理社会」では，大きな政府と大きな企業と大きな労組がネオ・コーポラティズム体制をつくり，国民・市民を「管理」する／される構造であり，1990年代からの「グローバル社会」では，「統合」していく経済社会，すなわちグローバル化した市場がもたらす経済的社会的格差が，政治社会の「分断」を強めている構造である（6節参照）．時代とともに重心を移して積み重なりながら，原因となる「中心的な」構造は変わっていく．しかし，いつの時代も，誰もの利益の実現を妨げているその時代の中心的な，政治，経済社会を含んで，しかしそれに限らない社会権力構造は在る．

　そしてまた，いつの時代も，そうした「中心的な」社会構造を変え誰もの利益を実現するために，自分たちの行為が産んだ「構造への責任」を果たそうとする人びとの「社会運動」はあった．それ

は，ある時は，働く人びとが「分配」の平等を求めてする労働運動であり，ある時は，大きな組織や文化のなかで生きる人びとが，「疎外」からの解放を求め，自己決定や自己「承認」を求めて管理に抗する地域運動や（マルチカルチャー）文化運動であり，1990年代以降は，市場による決定が強まるなかで，人びとを売り手買い手にして自己選択と個人的関心に向かわせる市場の力に抗して，格差と分断の是正を求める社会運動である．

いずれの運動も，働く人びと，組織や文化の下で生きる人びと，市場を生きる人びとと，時々にそう理解された「誰も」を包摂して社会の全体（構造）に関心を向け，その時代の「中心的な」権力構造を「誰も」の利益を実現するためにつくり変えていこうとする，その意味で政治運動である．そしてそうしたものだけを，本稿では「社会運動」だとしている[12]．

しかし，今日，そうした社会運動は見えにくくなっている．1960年代末から先進諸国に，反原発・エコロジー運動，フェミニズム運動，地域主義運動など，一見それらの間に共通する目標がない，そして「誰も」が共有する政治目標を持たないように見える一連の様々な要求運動（クレイム申し立て）が現われ，「新しい社会運動」と理解されるなかで（Touraine 1978），社会運動が政治運動から離れていったからである（木原 2013）．それは同時に，離れていく社会運動を追って，「アイデンティティ政治」など，政治運動を分断された文脈のなかで理解する試みも生むことになった．そして，この「新しい社会運動」という理解を助けたのが，分裂するローカルな意味解釈の文脈が「社会問題」とその解決を目指す「社会運動」をつくり出すとする，同じく1970年代後半から現れてくる「社会問題の構築主義」であった[11]．

さらに，こうしたポストモダン思潮に1980年代からは「新自由主義」思潮も重なって，社会関係が市場化・個人化を強めると，それまで，分裂した文脈のなかではあるにせよ，集合的目標のための集合的努力だと理解されてきた社会運動の集合性も弱まっていき，それを反映して，社会運動自体も，運動にかかるコストと運動で得るベネフィットを比較する「資源動員論」や，参加する個々人の個別の動機で理解されるようになって，「社会運動論」も分裂し混迷に向かった（杉山 2007）[13]．

しかし，繰り返しになるが，見えにくくなっているだけで，公共の利益の一致と対立の「中心的な」原因となっている，そして誰もがその下に置かれている政治社会や経済社会の（権力）構造はいつもある．したがって，そうした構造が，社会の誰もが認める（権力の）文脈をつくるなかでつくり出している誰にも共通の社会問題，すなわち政治問題を見なければならないし，その解決に向かう社会運動を政治運動としてつくり出さなければならない（2節参照）．

しかし，社会運動までもが個人化する時代のなかで，問題の原因を社会の全体「構造」に見ない日本のSTSには，こうした政治運動としての社会運動が解決策には見えない．だから，（科学や技術に関わる）社会問題の原因を全体「構造」に見ずにその一部に埋め込まれた「専門家-非専門家関係」の（対立）構造，つまり，両者間での（知識）権力支配のあり方に見て，その間の対立を調整する，そのためにコミュニケーションをつくり変える，デザインするという「処方箋」を書いてきた．そうしたコミュニケーション・デザインのなかに，解決を志向する社会運動を見てきた[14]．しかし，「専門家-非専門家関係」構造は，（科学や技術に関わる）誰もの利益や不利益，公共の利益の一致と対立の「中心的な」原因となっている（権力）構造ではない（7節参照）．今日，中心にあるのは，科学や技術がグローバル化した市場のなかで社会の格差と分断を強めている構造であり，必要なのは，その是正を求める「社会運動」としての科学技術論である[15]．

しかし，日本のSTSは「専門家-非専門家関係」という問題図式に囚われてきた．その結果，（科学技術）コミュニケーションについての理解もさらに偏った．問題の原因理解の偏りが，ここでも

政治を語って政治を切り詰める　53

解決手段の理解と実践を偏らせた.

　財や力や言葉のあり方を変え，時代の中心的な構造を変え，その下にある科学や技術のあり方を（も）変え，それによってさらに中心的な社会構造を変えていこうとする社会運動としての科学技術論では，専門家であれ非専門家であれ誰もがその下に置かれる社会の権力構造を変えようとそれぞれの（現）場で努める人びとと目的を合わせ協力するために，科学者や技術者（集団）に求められるのが，あえて言うなら，社会と連帯する（科学技術）コミュニケーションである．そうしたコミュニケーションのなかで，科学者や技術者（集団）は社会・市民運動を担う非専門家，政治市民（集団）として働くと同時に，専門家（集団）として働く．そしてだからこそ，例えば，高木（1999）が言い遺したように，そうした「「市民科学者」はどこまで市民活動家であり，どこまで専門の科学者なのか，私が半生の間苦しんできた問題」を抱えていくことにもなる．「専門家−非専門家関係」という問題がここでは日本のSTSが理解するのとは全く異なるものとして現れてくる（7節＊および1節参照）.

　社会と連帯する（科学技術）コミュニケーションであることは，こうした科学者や技術者（集団）と協力するために，人びとに求められるコミュニケーションにも言える．それは，「支配する」財や力や言葉の権力構造を，必要ならつくり変えようと「われわれ」がともに努める政治の場をつくっていく，そうして「われわれの社会」をつくっていく政治のための科学と技術と社会の（双方向）コミュニケーション，情報や知識のやり取りに限らず物や力のやり取りを含んで「社会」の構造・権力へ介入しそれを変えてゆくコミュニケーションである[9]．

　ところが，こうした社会運動としての科学技術論との違いを強調し断絶を志向した「科学技術社会論」が科学者や技術者（集団）に求めてきた社会との「科学技術コミュニケーション」とは，もっぱら，自らが行う科学や技術の影響を受ける利害関係者（集団），いわゆるステイク・ホルダーへ向けられたもので，目的は，影響・利害を被るそれぞれの人（集団）が求める価値・利益に応えそれを実現することである．そこでは，応える能力としての「社会リテラシー」が科学者や技術者に求められる一方，影響を受ける側の市民（団体），企業，政府などには，科学や技術に要求する能力としての「科学技術リテラシー」が求められる．しかし，ここで理解されている政治は利害と影響をステイク・ホルダーと個々にやり取りすることによる調整であり，（科学技術）コミュニケーションはそのやり取り，しかも情報と知識のやり取りである.

　こうして「科学技術社会論」は，1990年代以降のいっそう（グローバル）市場化された取引としてのコミュニケーションや政治の理解と共鳴し，集合的な目的実現のために集合的に努力する「われわれの社会」をつくる連帯する政治とそのためのコミュニケーションの理解を切り詰めてきたのである[16]．

5.　倫理を語って政治を切り詰める

　連帯する政治（理解）の切り詰めは，倫理を語ることによっても行われてきた．日本のSTSが処方してきたのは，専門家と非専門家の間の，しかも情報のコミュニケーションをデザインし，科学や技術の影響を受けている利害関係者であるステイク・ホルダーのそれぞれの声に応えることであった．応える責任を果たすことであった．したがってSTSでは，「倫理」も，個々のステイク・ホルダーへの責任を果たすべしという形で問題解決に役立つ処方箋，技術となってきた[17]．

　実際，ここ30〜40年，生命倫理，環境倫理，企業倫理，情報倫理，技術者倫理（工学倫理）とさまざまな応用「倫理」がSTSで（も）語られてきた．いずれも1970年代から80年代の米国に起源をもち，その後この国にも持ち込まれたものである．しかし，こうした倫理を語ることで，STS

は連帯する政治（と社会）を切り詰めてきた[18]．ここではその点を，技術者（集団）の責任を語って日本のSTSの主要な関心のひとつとなってきた「技術者倫理」について見ておこう[19]．

　1990年代以降，市場のグローバル化が進み，諸基準や制度の国際的調和・調整が求められるなかで，学界と産業界が連携し，各学協会が会員となって1999年に設立された「日本技術者教育認定機構（JABEE）」が，大学等での技術者教育プログラムを認定することで，政府や産業界，なかんずく（国際）社会に対して，技術業サービスの品質を保証しようとする制度が，2001年度よりわが国で始まり，その前後からそれとの関連で，技術者倫理（教育）の重要性が言われるようになった．保証する技術業サービスの内容に，技術者の倫理的判断能力，すなわち，「技術が社会や自然に及ぼす影響や効果，および技術者が社会に対して負っている責任に関する理解」が認定基準として含まれたからである[20]．

　では，なぜ技術者の倫理的判断能力を保証しなければならないのか．人間に「可能な」行為としての技術領域の拡大とともに企業を始め社会へ及ぼす技術（者）の正負の影響が増大している．一方，技術の高度化・細分化の結果，こうした影響をコントロールする能力，どのようにコントロールするかの判断や裁量の多くが技術者の手にあり，それゆえ，技術者が負う（企業への政府への）社会への責任が大きくなっている．これが技術者倫理（教育）を支える理屈であった[21]．

　そして，技術（者）の影響の増大を，もっぱら，影響を被る人びとの範囲の拡大と理解し，この理屈を敷衍して，「技術者に必要なのは，自分の仕事が社会のどこまで影響を及ぼしうるのかをきちんと想像することのできる」倫理的想像力だと（も）論じられた（黒田，戸田山，伊勢田編2004）[22]．技術者が「倫理的意思決定」をするためには，自らの行為で影響を受ける他人の立場，そこで他人が持つ価値を想像できなければならない．加えて，影響を及ぼしている，そして及ぼす可能性のある人びとの範囲を身近なところから徐々に拡げより広く想像できなければならないのだと．

　こうして，技術者倫理は，専門家-非専門家関係のなかで技術者が自らの影響を被る人（集団）のそれぞれの声に応える責任として理解された．もちろん，技術（者）が人びとに及ぼす影響は一様でなく人びとの間に利害対立を生むから，それを調整する責任でもある[23]．また，技術者（集団）の間での利害を調整する責任がそれに加えて求められることもある．だがいずれにせよ，そうした技術者倫理とは連帯への倫理ではなく，ステイク・ホルダーへの責任を果たすためにSTSが処方してきた「科学技術コミュニケーション」を支える責任・倫理であり，技術を社会に持ち込むときに影響を受ける人びと・社会との間に起こす衝突をコミュニケーションによって調整する責任，少なくともそこへ滑っていく責任であった[24]．

　増大する技術の影響が，財や力や言葉を含む社会の（中心的）権力構造のあり方にも及ぶ一方，既存の権力構造によってさまざまに強められ弱められたりすることで，人びとに正負，対立する影響が具体的にもたらされている．だからわれわれが産み出した「構造」への責任を認め，そうした権力構造を共に変えていく「社会運動」としての「われわれの」連帯する政治に向かうべきとの責任・倫理ではなかった[25]．「構造」に原因を見ない日本のSTSにはそうした「倫理」も見えない．問題の原因理解が偏った結果，社会的・政治的責任「倫理」の理解も，「構造」への責任を欠いた「コミュニケーションの倫理」に偏っている．「科学技術社会論」は，「技術者倫理」を，影響を被るステイク・ホルダーである個々の人びとの声に応えるコミュニケーション倫理と理解して，「政治」理解を切り詰めてきたのである．

6. 討議民主政を語って政治を切り詰める

　連帯する政治(理解)の切り詰めは，討議民主政を語ることによっても行われてきた．(民主)政治のためにはまず議論をと言う，1990年代に顕著になってくる「討議／熟議民主政」と「科学技術コミュニケーション」が容易に結びついたことで，日本のSTSは，科学や技術に関わる社会問題とそこでの利害対立を調整する「民主的」手段を求めて「討議民主政」に引っ張られてきた(平川2017)．その結果，利害調整としての政治理解が，専門家-非専門家関係のなかでのフレーミングのような意味・解釈の対立調整に偏って狭いことに加えて，科学や技術の民主化を求めるSTSの民主政(治)の理解も狭いものになっている．

　近代の民主政は，一定の領域と人口に対して排他的政治権力をもつとされる主権国家を前提に，国家・政府の決定に対する成員市民のコントロールとして理解されてきた．討議民主政は，この現状を批判し民主政の理念に立ち戻るものとして現れた．討議民主政は，まず，誰もが政治的決定に(直接)参加できることを求める．さらに，参加の数や形だけでなく，政治的決定への「討議・審議・熟議」に参加する機会を人びとに保証し，意思形成の過程，手続きを尊重することで，決定の民主的正統性を実質的に確保しようとする．同時に，そうした政治討議の実践に従事し，誠実に対話し合意を探る努力をすることで初めて「善き市民」となる，だから，誰もがそのための能力(リテラシー)を養い政治討議に参加すべしと「徳」のための倫理を人々に求めることで，討議(とそれによる決定)の民主的正統性の実質を確保しようとする．それを技術者に求めたのが「技術者倫理」とも言える[22]．

　だがそれゆえ，討議民主政の関心は，「誰が」「どのように」決めるべきか，そして「どのような」誰が決めるべきか(リパブリカン・デモクラシー)に向かい，そのぶん，「誰のために」「何を」決めるべきか(リベラル・デモクラシー)への関心が薄くなっている[26]．民主政の深化をもっぱら「討議」への「参加」実践に求めて，参加によって「何を」実現するかの関心が弱くなっている．政治的決定の過程・手段のあり方は問うても目的への問いが弱くなっている．であれば，それに引きずられて日本のSTSが，「社会のため」公共の利益のための科学技術と言いながら，手段である政策の，その目的については十分問わずにきたのもまた当然だった(2節参照)．

　「人権」を語る政治，実現する政治，そしてそのための科学や技術のあり方を問う科学技術論も，そうしたなかで忘れられがちなもののひとつである．もちろん，背景には，1980年代からの新自由主義思潮の台頭と福祉国家の後退状況がある．奪われてはならない誰もの権利を実現するために(社会契約で)つくったものと国家・政府を理解して，ならば，国家・政府がその成員・市民資格をもつ者に保証すべき「十全な市民権」や人権にはどのような権利を含むべきか，そして，そうした権利を実現するために国家の「法」体系はどのようなものであるべきか，そうしたリベラル・シティズンシップの問いの規範性が弱まっている(岡野2004)．そして実際，そうした状況のなかで，1980年代に現れた「討議民主政」の考え方が1990年代になると強まってくるのである．

　社会福祉に限らず，政府の統治能力だけでは社会が直面する問題に対処しきれなくなってきた，だから，政府，企業，(科学や技術を始めとする)専門家集団，NGO/NPO，住民組織等々の主体・アクターが，それぞれに解決策・政策をつくり「対等な関係で」つながり協働して社会問題を解決する，そうした(政治)ネットワーク社会を目指すなかで，当のネットワーク社会を民主的にする条件，つまり，それぞれのアクターの政策決定を民主的なものにする条件として「討議民主政」が考えられてきた[27]．討議民主政の理解にも論者によって幅はあるが，日本の，に限らず，STSで語ら

れてきた討議民主政の特徴はここにある．2節で触れたように，STSが（時にそれと自覚せずに）目指してきたのは，ネットワーク社会の民主的自己統治，すなわち「ガバナンス」だからである．

　政策決定のアクターが多様になり，加えて，各アクターに参加する／しない自由も増し成員資格も流動化してくると，もはや主権国家の民主政のように，画定した「民衆・デモス」の範囲を前提にして，その人びとの声に応える程度で民主政を語ることはできない．そこで，ガバナンスの技法としての討議民主政は，ある決定がどれだけ民主的で正統かは，その決定の影響を受けているすべての人がどれだけ決定についての討議に参加する機会と能力を持つかに拠ると考える．その意味で，「影響を受ける者たちのデモクラシー・民主政」だと言える（Dryzek 2006）．ネットワーク社会では，社会問題ごとに対処するアクター（の組み合わせ）は，政府，企業，専門家集団，NGO/NPOというふうに異なり，アクターごとに取る政策も異なる．結果として，決定の影響を受けている人びとの範囲も，問題ごと，アクターごと，政策ごとに異なる．したがって，その声に応えるべき人びとの範囲，すなわち，決定に対するコントロールの機会を保証されるべき「民衆・デモス」の範囲もそれに応じて違っている．討議民主政ではデモスは多数なのである．

　しかしその結果，特定の政策決定の影響を受けているいないにかかわらず，（そして時には，納税者としても影響を受けていないにもかかわらず），国家の成員資格・市民権をもつ市民である以上，国家・政府による当の決定をコントロールできる機会を保証されるべきという，「ひとつのデモス」を前提にした民主政理解は後退する．討議民主政は，確かに，誰もが参加できる討議のなかで利害を調整し合意に努めることを求めるが，たとえ合意ができるとしても，それは影響を受けている，問題ごと政策ごとに異なる特定の範囲の「誰もの」合意であるうえに，そもそも影響を受けていない人びとの声は聞かれなくてよい．討議民主政が実現する合意は，あくまでも，影響を受けているゆえに参加でき声を上げられる特定の範囲の人びとの間での合意であり，そこで合意し認め合うことで保証される権利（や義務），すなわち合意によってそれぞれの人に開かれる行為の可能性（や制約）も，その範囲の人びとの間に限られる．影響を受けていないゆえに声を上げる機会を保証されない人びと，合意に与らない人びとには義務も課せられなければ権利も開かれない．合意によって「われわれの社会」をつくる政治を語るようでいて，その実，「われわれの社会」をつくる連帯する政治を切り詰めて行くのである[28]．

　であれば，影響を受けているいないにかかわらず個人として保証されるべき人権（や成員市民として保証されるべき市民権）が，ガバナンスの技法としての討議民主政の追求で実現されることはない．人権（や市民権）は影響と交換に認められる交換価値ではなく，人として在ることで認められる存在価値だからである．「人間らしく生きることができる自由を認め合うこと」で個人に必要な行為の機会を開く「人権」の実現には，人権を認め合う「われわれの社会」をつくるすべての人びと，そうした「誰も」がいなければならない．しかし，討議民主政が想定しているのは異なる多数のデモスからなる社会である．もちろん，ネットワーク社会の「対等な関係で」つながり協働する多様な政策決定主体のなかには主権（国民）国家も含まれる．しかしそこでは，国家・政府も他の政策決定主体と対等，同等で，政策ごとに異なる，「影響を受ける者たちの民主政」を追求すべきものである．こうして「影響を受ける者たちの民主政」，ガバナンス統治の討議民主政を謳うほど，主権（国民）国家のデモスも分断されて，国家・政府として「人権」（や市民権）を語らなければならない政治も弱まっていく（4節参照）[29]．そして，民主政の深化をもっぱら「討議」への「参加」に求めて討議民主政に引っ張られてきた日本のSTSもそれに竿を差してきた[30]．

　では，討議民主政を語ってなお「人権」（や市民権）を語る政治を可能にする途はないのか．あるとすれば，それは「われわれの（人間の）社会」をつくる「すべての」人びとが影響を受ける政策決

政治を語って政治を切り詰める　57

定が問われるときだろう．そのとき初めて，影響を受けている者たちの討議民主政は人権を語る政治に向かう．誰もがその下に置かれ正負それぞれの影響を免れない社会構造に原因があり，それを変えれば誰もの前に必要な機会が開かれ人権が保証される，少なくともそうした政策が問われるとき，そして，そうした構造を共に変えていく「社会運動」としての「われわれの社会」の連帯する政治に向かうとき，討議民主政は人権を語る政治となるだろう．

　ただし，すでに見てきたように，社会権力構造を変えるのは言葉だけでなく財や力のあり方でもあるから，必要なのはもはや個人や集団の間での合意を目指す討議（だけ）ではなく，言論の力も制度的，物理的な（暴）力も財力も含んで様々な力のやり取りである「交渉」（というコミュニケーション）による民主政である．そして実際，18世紀における市民的諸権利も，19世紀における政治的諸権利も，20世紀における社会的諸権利も，そうした交渉による「社会運動」の成果だろう．

　しかし，日本のSTSに，社会権力構造を変えようとする「社会運動」としての科学技術論への関心は薄かった．その結果，「ガバナンス統治の」討議民主政に引かれて，人権（や市民権）を語る政治を切り詰め，「われわれの社会」をつくる政治を切り詰めてきた．そしてそれは今も続いている．

7. 誰のための「責任ある研究」か？

　見てきたように，日本のSTSは，「科学技術コミュニケーション」を語り，「技術者倫理」を語り，「討議民主政」を語ることで，「われわれの社会」をつくる政治とそれへ向かう倫理を切り詰めてきた．教育，倫理，政策という形で，科学（者）と技術（者）のあるべき姿を倦まず語ってきたにもかかわらず，日本のSTSに，あるべき姿としての（科学者と技術者を含む）社会運動への関心，その道徳性の自覚は薄かった．そしてそれは今も続いている．日本のSTSは「科学者の社会的責任」を語るなかで，今も同じことを繰り返している．最後にこの点を確認しておきたい．

　科学者集団は，自主的かつ自由な研究のなかで，自らを律し・管理し・統治しなければならない，それは「科学者の社会的責任」である．例えば研究不正など科学知識の品質管理に関連して，「科学技術社会論」STSはそう論じている（藤垣2016）．

　しかし，私的利益に（も）応えて研究する企業組織もこの責任をもつ．例えばコンサル企業など，研究する企業組織も自らを律し，例えば，顧客に提案するアイデアやプランの品質を管理して，顧客に対してその私的個別利益・期待に応える職務責任を負っている．そして，この責任を果たすには，株主，取引先，労働組合，競合他社，政府等々の他の利害関係者（集団），ステイク・ホルダーから自主・自律的な，その限りで自由な研究が必要である．

　であれば，科学者集団がこの責任を果たしたからといって，目指す公共の利益，誰もの利益が実現する社会をつくる責任を果たせるわけではない．そうした職務責任を負う「科学者共同体」としての社会的責任を果たすことには必ずしもならない．特定の他者（集団）の私的な役割期待に応えるに止まるかもしれない．

　もちろん，私的な期待・利益に応える責任と公的なそれに応える責任は違うとSTSも言う．しかし違うと言っても，顧客の利益を公共の利益に置き換えるだけで，科学者共同体の負うこの「社会的責任」を，コンサル企業が負うその責任と同型のものと理解している．顧客の利益も公共の利益も，見つけるのは容易でないが，他者のものとして，当の集団・組織の外部に，例えば「顧客・消費者に」また「市民たちに」担われて在る．それに応答する責任だと理解している（4節*参照）．

　両者の違いは，ステイク・ホルダーの範囲の広狭である．企業の責任は，顧客をはじめ関連するそれぞれのステイク・ホルダーの私的利益に応えることにある．同様に，科学者集団の責任は，自

らの仕事が影響を及ぼすステイク・ホルダーを努めて広く理解し，ステイク・ホルダーと理解されるすべての市民の私的利益に応えることにある，それが誰もの期待・利益に応えること，公共の利益に応えることだとする理解である．つまり，範囲の広狭を除けば，公的な期待に応える責任と私的な期待に応える責任は区別できない．

　しかしそれは，（日本の）STSに，両者を区別する必要が必ずしもないからだとも言える．政府，企業，NGO/NPO等々のアクターのそれぞれが，公的な責任や私的な責任に応え，解決策をつくり協働することで社会問題を解決するネットワーク社会，そうした社会をつくるための科学者（そして技術者）の責任とは何か，それがSTSの問いだからであり，公的，私的，どちらの期待・利益にも応える責任がある，だから区別は必要ない，それが答えだからである．もちろんこの答えには飛躍がある．しかし問題にしない．政治が市場化へ惹かれるなかで，両者の責任を区別しない「科学者の社会的責任」理解が求められており，それに応えているからである（2節参照）[31]．

　「科学者の社会的責任」のこうした理解は，すべてのステイク・ホルダー，すなわち影響を受けるすべて者の声に応えようとする「討議民主政」を支える倫理，そしてそれを特に技術者に求めた「技術者倫理」，それらと瓜二つである．そして前節で見たように，誰もがその下に置かれて正負それぞれの影響を受けている権力構造への想像力を欠くなら，こうした責任理解で，市民権や人権の実現という誰もの利益，公共の利益に応えることはできない（4節参照）．誰もの利益が実現し保証される「われわれの社会」をつくる連帯する政治を生むこともできない．そしてそのなかで，結果として，日本のSTSは（も），共通の「われわれ」の利益，コモンズを私物化する政治を許してしまっている．また，「われわれの社会」の誰もの利益を目指して共に集まる「社会運動」への関心も見失われたままである．しかしそれでよいのだろうか．

　個人化が深まるこの時代と社会にあってそれは確かに容易な道ではない．しかしその流れに竿を差すのではなく，強まる市場の力の下で科学や技術もまた社会の格差と分断を強めるように働いているこの時代の中心的な構造を直視して，その是正へ向かう「社会運動」としての科学技術論への道を開かなければならない，そう思われる．

■注

1）本稿の対象は日本のSTS「科学技術社会論」だが，それがとりわけ欧州や北米のSTSを取り込んできた事情から，本稿での検討もとくに「日本の」と限定しない場合，広くそれらを含んでいる．

2）「科学技術社会論」出現のひとつの転機はGibbons他（1994）が提唱した科学技術政策「モード論」だが，それは，市場主導型の「産学連携」に大学・アカデミアを組み込むために，ディシプリンの拘束から自由なトランスディシプリンという開発型研究のあり方を大学の研究に求めた政策論の面が強く，急速に産学連携政策を立ち上げつつあった1990年代後半の日本で（も）影響が広がった．しかし，自らの転機「モード論」の目的がどこにあったのかの批判的検討は，「科学技術社会論」では今もほとんどされていない．それはなぜなのか．

3）本稿では主題としなかったが，藤垣（2005）が新たな「科学技術社会論」の重要な特徴と指摘した，科学や技術の知識の不確実さとその下での社会的・公共的意思決定への関心も日本のSTSの今に至る特徴である．確実に答えられない問題が今日多発してきた結果，確実な知識への信頼が支えてきた科学＝審判モデルが支えを失い，決定を民主的に市民に開く必要が出てきたと，意思決定の民主化の必要理由を科学や技術の知識の不確実さに求める議論がなされた．しかし本文中で述べたように，科学・技術に関わる社会問題は，そう言いたければ，元から「科学・技術（者だけ）では答えられない」トランス・サイエンス問題で，だから意志決定を民主的に開かなければならないのであって，不確実ゆえ「科学・技術（者）には答えられない」問題だからではない．知識の不確実さに関心を奪われればむしろ権力構造

を民主化する必要に気づかないということにもなるだろう.

4）「科学技術社会論」では「社会」についての考察が十分でない. 後藤（2018）を参照.

5）BSE事件への対処として1990年代後半に英国政府が採ったリスク管理を,「科学技術社会論」では
リスク・コミュニケーションの典型事例に挙げてきた（小林2007）. しかしこれは, 90年代前半に英国
の行政が市場型のニューパブリック・マネジメントへ移行した結果であり, またそうした「新しい」行
政は企業のリスク管理であるコーポレートガバナンスを転用したものだった（木原2013）. 政府行政を
市場化するひとつの手段, それが, ガバナンス統治のためのリスク・コミュニケーションの現実であった.

6）1990年代後半から本格化した日本の新自由主義改革と, 90年代中頃から始まる「科学技術コミュニ
ケーション」の流行は無関係ではない. 新自由主義改革の下で「公共政策」（の理解）が市場重視へ変化
するのに伴って「公共の利益」の意味も,「社会」,「市民」の意味も変質し, そこで必要とされたのが
新しい科学技術政策の手段としての「科学技術コミュニケーション」であった（木原2010；2011）. 注
16も参照.

7）北米や欧州のSTSでも1970年代以来の社会構成主義の波の下で, 社会構造のもつ外部的, 制約的性
格を重く見るE. デュルケム, K. マルクス, M. ウェーバーに連なるマクロ社会学の伝統が退けられ,
シンボリック相互作用論やエスノメソドロジーなどのエージェンシー・行為主体中心のミクロ社会学の
方法が援用された結果, STSの大方は, 社会構造上の異なる位置に結びつく権力の不平等に関心を向け
てこなかった. しかし, 科学や技術が, 経済, 政治, 社会の展開の中心にあると目される今日, それで
は十分ではない（Albert and Kleinman 2011）.

8）社会「構造」のこの理解は1970年代に始まりGiddens（1984）において結実したアンソニー・ギデン
ズの「構造化理論」に負う. その着想は意味解釈規則としての言語にあるが, むしろ財や（暴）力などの
資源とそれが支えるパワー・権力が「構造」の成立には重要だとギデンズはしている（宮本1992）.

9）例えば木原（2013）はそれを問うが, 言葉や財や力のやり取りであるコミュニケーションの成立・不
成立が構造と権力をつくり, 構造と権力がコミュニケーションの成立・不成立をつくる, つまり権力が
コミュニケーションの構造的媒体であるという視点が日本のSTSには弱い（Luhmann, 1975）. この視点
に立てば「社会」の構造・権力へ介入しそれを変えてゆくコミュニケーションという地平が開かれるだ
ろう（池田編2006）.

10）社会運動を, 対抗する争点をフレーミングすることで支配的な言説に挑戦する認知実践だと見な
す, 同じく1980年代に現れた「社会運動の社会構築主義」アプローチからの影響もある（Snow, et al.
1986）.

11）社会問題の「構築主義」がマクロ構造を全く見ないということではないが, 見る場合もそれは「観念の」
マクロ構造である. 例えばBeck（1986；2007）では, 構築主義の下でミクロな社会問題として「リスク」
が理解される一方で, ミクロな文脈を埋め込むマクロな文脈としての「リスク社会」が「第二の近代＝
再帰的近代」のこの時代の中心的なマクロな社会権力構造として語られる. しかしそれは, 自らの（集合
的）行為選択の結果が自らに意図せざる未来を再帰的にもたらすだろうという状況理解のなかで, 誰もが
その不安に動かされ生きざるを得ないなかでつくられる社会関係, つまり状況の意味理解と観念の権力
がつくり出す社会構造である. では, そもそもなぜ誰もが自らの行為を自ら選択しなければならなくなっ
たのか, その原因を政治, 経済社会の構造と権力に（も）問わねばならないだろう. 原因をそこに問えば,
社会問題としてのリスクの解決を,「何がリスクかを誰が決めるのか」というリスクの定義をめぐる争い,
意味の線引き, つまり観念権力のつくり替えに求めるだけでは済まないことも分かるだろう.

　このように, マクロな観念構造を「地」としながらも「図」であるミクロな観念構造に注目する構築
主義の下では,「社会問題」とその解決の定義も文脈ごとに分断され, 政治の営みも政治のコミュニケー
ションも文脈ごとに分断されたものとして理解されがちで（例えば, Beck（1986）の「サブ政治」）, 誰も
がその下に置かれている社会の構造と権力が誰もが受け入れている解釈の文脈をつくり出し, 誰もが認
める社会問題としての政治問題をつくり出している現実も見えなくなっている.

12）意外かもしれないが, これが, 誤解を含んで「新しい社会運動」論の唱道者とされているアラン・トゥー
レーヌの1970年代から今日まで一貫する,「社会運動」について理解である（杉山2007）.

13）例えばMelucci（1989）では, 運動に加わることで人とつながり居所を得ることが重要で, 運動が何を

目標にするかは二次的なことであるとされた．解決されるべきはあくまでも個人の私的な関心である感情やセクシュアリティに関わることで，社会運動が申し立てる問題もときに個人の逸脱問題と区別のつかないものになっていった．

14) 日本のSTSが，エコロジー運動，フェミニズム運動，地域主義運動など，いわゆる「新しい社会運動」とどう関わってきたかは別途検討の必要がある．

15) 「社会運動」としての科学論（技術論）ないし科学者運動の歴史については，それが陥った困難も含め，廣重(1960)，吉岡(1984)，Moore(2013)などを参照．

16) すべての人間活動を市場の領域に置こうとする政治-経済プロジェクトである新自由主義は，市場のためのコミュニケーションとそのネットワーク技術をあらゆる領域へ拡大する「制度」を必要としている．そのなかで，民主政が必要とする政治コミュニケーションも，市場とりわけ金融市場のためのコミュニケーションをモデルに，消費者や投資家としての市民，すなわち政策を消費する市民や税を投資する市民の声に応えるものに変容している．事実，金融市場に由来する「ガバナンス」概念で民主政を理解することが広がっている．民主政と資本主義が融合するこの奇妙な状況をDean(2005)は「コミュニケーション資本主義」としている．

17) 「倫理」が，影響を受けるステイク・ホルダーである公私，個々の人びとの声に配慮して「慎重に行為する」こと，そうした人びとのそれぞれに正味正の影響が及ぶよう例えば技術行為とリスクを「マネジメントする」こと，その意味での「技術」として理解されている(Dupuy 2007)．ここでは，功利主義，帰結主義的倫理も，このような理解の下で技術を倫理的なものにして技術の社会受容に役立つことを目指す処方となっている(注18, 24も参照)．

18) Forman(2007)は，*American Historical Review*と*Isis*に掲載の論文と書評のキーワードに採られた語を調べ，（主に米国の）一般歴史学と科学史分野における問題関心の変化を報告している．それによると，両者で多少ずれはあるが，おおよそ1970年代に入るとそれまでの「社会」(social)に代わって「道徳・倫理」(moral)という語の使用頻度が急激に高まり1990年代まで続いている．
例えば，bioethicsなる造語も1970年代初頭から米国で使われ始めたものである．バイオエシックスそしてそれをこの国に持ち込んだ「生命倫理」が，（命を）生きることをめぐる政治を問うことから離れ，医療をめぐるさまざまな変化をもっぱら受容するための方策になっていった経緯については小松・香川(2010)を参照．STSも同じ道を歩んではいないか(注30も参照)．

19) 連帯する政治と社会を切り詰めない応用「倫理」がそれぞれ語られなければならないというのが本稿の主張である．なお，以下5〜7節は，木原(2017)を全面的に改稿した．

20) 2019年度より改定される「日本技術者教育認定基準」の「基準1　学習・教育到達目標の設定と公開」1.2項(b)にも，同様の規定がある．

21) この理屈には，問題の原因を技術者が置かれている組織（内）の権力構造に見る視点が弱い．それは日本のSTSに社会権力構造への視点が弱いのに似る．そのため，この理屈では問題の責任がもっぱら技術者に負わされることになる(木原2005)．

22) 黒田, 戸田山, 伊勢田編(2004)の主調は，「徳倫理」の立場から徳を具えた「誇り高い技術者になろう」と勧めるものである．

23) つまり，少なくともまず，倫理的想像力は，影響を受ける人々の間の利害対立を調整するという意味での政治的想像力にまで拡大されなければならないが，多くの場合すでに，技術者倫理（教育）はそこへ展開する手前で立ち止まっている．この意味でも政治が切り詰められている．

24) 1995年成立の「科学技術基本法」は，その目的を「人文科学のみに係るものを除く」科学技術の振興とする(1条)一方，「自然科学と人文科学の相互のかかわり合いが科学技術の進歩にとって重要である」から(2条)，両者の共通分野は振興するとした．これが，科学技術との重なりを通してSTSや（諸）応用倫理を，さらに「人文科学のみに係るもの」をも科学技術振興の枠組みに取り込んでいく仕掛けとなった(斎藤2015)．

25) Young(2011)が「構造への責任」を主題として論じている．

26) 日本のSTSもこの関心を共有する．「誰が科学技術について考えるのか」，「科学は誰のものか」などの著作タイトルからもそれは伺える(小林2004；平川2010)．

27) 背景はそれに限らない．主権国家へ適応して普及してきた現代民主政への批判として熟議/討議民主政が現れてきた背景には，民主政がグローバル化への対応を迫られていることもある（早川 2009）．

28) 現実には時代の権力構造の下で，誰が影響を受ける者かの線が引かれ，参加できた者の間でも異論を封じて合意がつくられる状況がある．だから，「われわれ」の名において強者が弱者を，多数派が少数派を吸収し排除してしまうこの構造の下では，少数派が参加でき自らの声を表せる討議の場「対抗的公共圏」（counterpublics）を並行してつくりハーバマスの言う「公共圏」を多元化して「参加」の平等を進める必要があると言われる（Fraser 1992）．しかし本稿が指摘したのは，討議民主政を語る限り，それでも残る困難である．

29) 人・物・金・情報が国境を越える情報化・グローバル化社会の視点からの議論ではあるが，われわれの行為の可能性は，他の国家やさまざまな企業や個人により，そして法や（倫理を含む）ソフト・ロー規範やアーキテクチャーなどを通じて，統制されるようになっており，規制主体の多元化とそれに由来する規制内容の多様化というこのネットワーク社会の統治環境を肯定していくと，主権国家を焦点としてそれと個人の関係を人権という理念で規律する，人権というシステム自体を成立させてきた近代社会の枠組みは弱まるとも指摘される（大屋 2010）．

30) 熟議型世論調査，コンセンサス会議，市民陪審など，熟議/討議民主政の実践手法とされる「ミニ・パブリックス」を見ると，国民国家の「ひとつの」デモスを前提にしてそこから無作為に，影響を受けているいないに関わらず，熟議参加者を選んでいる．また，決定の影響を受けているすべての人の声に応えると言っても，当事者や専門家という，まさに影響を受け利害に関わる人たちは情報供与者や証言者であって，熟議には参加しない（野宮 2015）．国民国家の下での実際の熟議民主政の実践はこのように鵺的である．
また，「合意」についても，例えば，コンセンサス会議が目指す合意は「合意できないことの」合意というメタレベルの合意を含むと言われるが，それでは個人化する社会の合意に竿を差し，現状の利益構造を温存することになってしまう．実際，例えば「臓器の移植に関する法律」（1997 年）は，脳死を死とは合意しないという法（社会合意）であった．脳死を死だと社会が認め合意したのは，臓器の移植に本人同意したドナーである昏睡患者に限定され，死の定義を社会ではなく個人（のインフォームドコンセント）に委ねるという社会合意であった．それは「早すぎる死」の可能性を避けたい多数派の利益を温存した．しかし，回復の見込みのないしかし生きている脳死・昏睡患者の本人同意によって脳死が死であると認められるのなら，同様に回復の見込みのないしかし生きている末期患者の積極的/消極的な安楽死も本人同意で認められてよいものになる．こうした連続性を，むしろ脳死を死と「社会的に」合意することで断ち切り，末期患者を含む誰もの生きる権利・「人権」を社会として護ろうとするものではなかった（美馬 2016）．それは，連帯する政治と社会が切り詰められる時代の「社会合意」であった．

31) 科学技術外交で近年必要が言われる「認識共同体」エピステミック・コミュニティも，ネットワーク社会である国際関係のなかで特定の顧客（集団）の私的な期待に応えるに止まっている．しかし，そうしたものと「科学者共同体」との違いも見失われがちである．「認識共同体」についての標準的な理解はHaas（1992）を参照．

■文献

Albert, M. and Kleinman, D. L. 2011: "Bringing Pierre Bourdieu to Science and Technology Studies," *Minerva*, 49(3), 263-73.

Beck, U. 1986: *Risikogesellshaft: Auf dem Weg in eine andere Moderne*, Suhrkamp；東廉，伊藤美登里訳『危険社会：新しい近代への道』法政大学出版局，1998.

Beck, U. 2007: *Weltrisikogesellschaft: Auf der Suche nach der verlorenen Sicherheit*, Suhrkamp; *World at Risk*, Polity Press, 2009.

Collins, H. and Evans, R. 2002: "The Third Wave of Science Studies: Studies of Expertise and Experience," *Social Studies of Science*, 33(3), 435-52.

Dean, J. 2005: "Communicative Capitalism: Circulation and the Foreclosure of Politics," *Cultural*

Politics, 1(1), 51–73.

Dryzek, J. S. 2006: "Networks and Democratic Ideals: Equality, Freedom, and Communication," Sørensen, E. and Torfing, J. (eds.) *Theories of Democratic Network Governance*, Palgrave Macmillan, 262–73.

Dupuy, J. -P. 2007: "Some Pitfalls in the Philosophical Foundations of Nanoethics," *Journal of Medicine and Philosophy*, 32(3), 237–61.

Forman, P. 2007: "From the Social to the Moral to the Spiritual: The Postmodern Exaltation of the History of Science," *Boston Studies in the Philosophy of Science*, 248, 49–55.

Fraser, N. 1992: "Rethinking the Public Sphere: A Contribution to the Critique of Actually Existing Democracy," Calhoun, C. (ed.) *Habermas and the Public Sphere*, The MIT Press, 109–42；「公共圏の再考：既存の民主主義の批判のために」山本啓，新田滋訳『ハーバマスと公共圏』未来社，1999，117–59.

藤垣裕子 2005：「「固い」科学観再考：社会構成主義の階層性」『思想』973，27–47.

藤垣裕子 2016：「科学者／技術者の社会的責任」島薗進，後藤弘子，杉田敦編『科学不信の時代を問う』合同出版，122–39.

Gibbons, M., et al. 1994: *The New Production of Knowledge*, Sage；小林信一監訳『現代社会と知の創造：モード論とは何か』丸善，1997.

Giddens, A. 1984: *The Constitution of Society: Outline of the Theory of Structuration*, University of California Press；門田健一訳『社会の構成』勁草書房，2015.

後藤邦夫 2018：「『科学技術社会論』における『社会』をめぐる考察」『科学技術社会論研究』15，11–24.

Haas, P. M. 1992: "Introduction: Epistemic Communities and International Policy Coordination," *International Organization*, 46(1), 1–35.

早川誠 2009：「熟議デモクラシーとグローバル化の諸側面」『思想』1020，250–67.

平川秀幸 2005：「リスクガバナンスのパラダイム転換」『思想』973，48–67.

平川秀幸 2010：『科学は誰のものか：社会の側から問い直す』NHK出版.

平川秀幸 2017：「科学／技術への民主的参加の条件」『岩波講座 現代 2 ポスト冷戦時代の科学／技術』岩波書店，119–44.

廣重徹 1960：『戦後日本の科学運動』中央公論社.

池田理知子編 2006：『現代コミュニケーション学』有斐閣.

木原英逸 2005：「書評　黒田光太郎，戸田山和久，伊勢田哲治編『誇り高い技術者になろう：工学倫理ノススメ』」『思想』973，156–60.

木原英逸 2010：「科学技術コミュニケーションの新自由主義的偏向」『科学哲学』43(2)，47–65.

木原英逸 2011：「科学技術「社会」論の新自由主義的偏向：科学技術論の再建に向けて」『現代思想』39(18)，121–35.

木原英逸 2013：「ガバナンス統治の技術としてのSTS」『情況』第 4 期，2(6)，58–80.

木原英逸 2017：「「責任／倫理」を語って政治と社会を切り詰める：「科学技術社会論」のある無自覚について」『科哲』18，11–15.

小林傳司 2004：『誰が科学技術について考えるのか：コンセンサス会議という実験』名古屋大学出版会.

小林傳司 2005：「科学技術とガバナンス」『思想』973，5–26.

小林傳司 2007：『トランス・サイエンスの時代』NTT出版.

小松美彦，香川知晶編 2010：『メタバイオエシックスの構築へ：生命倫理を問いなおす』NTT出版.

黒田光太郎，戸田山和久，伊勢田哲治編 2004：『誇り高い技術者になろう：工学倫理ノススメ』名古屋大学出版会.

Luhmann, N. 1975: *Macht*, Enke；長岡克行訳『権力』勁草書房，1986.

Melucci, A. 1989: *Nomads of the Present: Social Movements and Individual Needs in Contemporary Society*, Temple University Press；山之内靖，貴堂嘉之，宮崎かすみ訳『現在に生きる遊牧民：新しい公共空間の創出に向けて』岩波書店，1997.

美馬達哉 2016：「不完全な死体：脳死と臓器移植の淵源」金森修編『昭和後期の科学思想史』勁草書房，

339–93.

宮本孝二 1992：「ギデンズの構造化理論：その展開，要点，および意義」『桃山学院大学社会学論集』26(1)，1–25.

Moore, K. 2013: *Disrupting Science: Social Movements, American Scientists, and the Politics of the Military, 1945–1975*, Princeton University Press.

中河伸俊 1999：『社会問題の社会学：構築主義アプローチの新展開』世界思想社.

野宮大志郎 2015：「熟議民主主義と社会運動：政治のコンテキストで考える」『学術の動向』20(3)，80–4.

岡野八代 2004：『シティズンシップの政治学：国民・国家主義批判』白澤社.

大屋雄裕 2010：「情報化社会の個人と人権」『講座 人権論の再定位 2 人権の主体』法律文化社，97–114.

斎藤光 2015：「「科学技術基本法」の構図と意味：国家資本科学技術の錯視作用と不可視化」『情況』第 4 期，4(10)，103–26.

Snow, D. A., Rochford, Jr. E. B., Worden, S. K. and Benford, R. D. 1986: "Frame Alignment Processes, Micromobilization and Movement Participation," *American Sociological Review*, 51(4), 464–81.

Spector, M. and Kitsuse, J. I. 1977: *Constructing Social Problems*, Cummings Pub. Co.；村上直之，中河伸俊，鮎川潤，森俊太訳『社会問題の構築：ラベリング理論をこえて』マルジュ社，1990.

杉山光信 2007：「「停滞」と「分裂」のなかの社会運動論？　アラン・トゥーレーヌの仕事の理解をめぐって」『明治大学心理社会学研究』2，13–33.

高木仁三郎 1999：『市民科学者として生きる』岩波書店.

Touraine, A. 1978: *La Voix et le Regard: sociologie des mouvements sociaux*, Éditions du Seuil；梶田孝道訳『声とまなざし：社会運動の社会学』新泉社，1983.

吉岡斉 1984：『科学者は変わるか：科学と社会の思想史』社会思想社.

Young, I. M. 2011: *Responsibility for Justice*, Oxford University Press；岡野八代，池田直子訳『正義への責任』岩波書店，2014.

Research Note ■Journal of Science and Technology Studies, No. 15 (2018)■

Curtailing the Political by Talking about Politics: On the Narrow Concept of the Political in the Science and Technology Studies in Japan

KIHARA Hidetoshi [*]

Abstract

Democratic control of science and technology has been a central question for science and technology studies. However, in terms of how to understand and practice this question, Japanese STS which started in the 1990s has pronounced tendency toward the break with previous Japanese science studies or technology studies. First, influenced by "social constructionism of social problem/social movements", it biases power understanding to the power of idea like "framing", and become hard to see the reality which goods and brutal power greatly affect. Secondly, as a result of not asking for an explanation with the macro social structure, it has lost sight of political solidarity to change the structure under which everyone live together. Thirdly, on instead as a result of aiming for "governance" politics which is democratic self-governance of the network society, and for "governance" of science and technology there, it even breaks solidarity politics. In fact, going along with the "discursive democracy" which is the democracy of the affected people and designed as a governance technique, it has been advocating "engineering ethics" and "social responsibility of scientists" as a responsibility to respond to the voices of all stakeholders, ie all the affected people. This paper points out the bias and narrowness of understanding of such politics, democracy and ethics found in STS in Japan.

Keywords: Governance of science and technology, Science communication, Applied ethics, Discursive democracy, Social movement

---

Received: March 5, 2018; Accepted in final form: June 6, 2018
[*] Faculty of Political Science and Economics, Kokushikan University; kihara@kokushikan.ac.jp

リスクの名の下に

美馬　達哉*

要　旨

　ベックやギデンズのような社会理論家が提唱したリスク社会論は，1980年代以降の現代社会を科学技術の巨大化によるグローバルなリスクの出現として特徴付けた．そして，リスク社会を統治するために専門家支配でも民主的多数決でもない専門家と市民社会との公共的な関わり方を可能とする仕組みを構想し，その点で科学技術社会論にも大きな影響を与えた．本稿では，フーコーの言うバイオポリティクス論を援用して，このタイプのリスク社会論を批判的に検討し，現代社会における個人化されたリスクのマネジメントが「方針・説明責任・監査」の三角形による自己統治であることを示した．こうした状況は，リスクそれ自身の変容の結果ではなく，よりよい未来を夢見るユートピア的な構想力の衰退の帰結と考えられる．

1.　リスクを語ることの意味

　リスクは多様な顔をもつ．それは，自然災害や人為的事故への恐れだけではなく，未来に向けての意志決定の重要な要素(たとえば行動経済学)であり，マネジメントされるべき否定的な可能性(たとえば経営学や健康増進の医学)であり，一般人には誤解されやすい情報(たとえばリテラシーやコミュニケーションを重視する「科学技術社会論」)であり，克服されるべきチャレンジ(たとえばイノベーションやエクストリーム・スポーツや新薬の治療研究)でもある．リスクとリスクをとらえる学問的・実践的な方法のもつ多様性は人間の心理や現代社会の複雑性を反映している．

　これほど多種多様であいまいなリスクを対象として，すでに多くのことが論じられてきた中で，屋上屋を重ねるのではなくリスクの名の下に社会現象を語ることの意味を改めて考えるには，具体的なケースから離れて理論的に考察する必要があるだろう．本稿では，リスクを問題化して語ることの意味というメタレベルの観点に立つことで，リスクコミュニケーションやサイエンスコミュニケーションでも，リスク社会を論じる批判的な科学技術社会論(や社会学)でもないリスクへの視点を提示したい．

2018年3月31日受付　2018年5月12日掲載決定
*立命館大学大学院・先端総合学術研究科，t-mima@fc.ritsumei.ac.jp

2. リスクとリスク社会

　リスクに関する議論は常に二つのアプローチの間を揺れ動いてきた．それは現実主義（realism）と構築主義（constructionism）の二つである（ベック 2014；Lupton 1999）．現実主義では，リスクがリスクとして現実に実体として存在することを認めた上で，それの認知や計量やアセスメントやマネジメントを行う方法を中心に議論する．もう一つの構築主義の方法では，リスクとは実体ではなく関係性であって，ある事物の特定の性質が危険や危害と結びつけられることで，ある事物が実体的ではなく相関的にリスクとして作られると考える[1]．その上で，ある特定の時代や社会や利害関心やメディア状況のもとで，何がリスクとして認知や計量やアセスメントやマネジメントという舞台の上に載せられるかを見出そうとする．こうした二つのアプローチはリスクに関する議論に限られるわけではなく，あらゆる人文社会科学系の分野で，とくに 1980 年代以降に対比されてきたものだ．

　この二つのアプローチの区別は「論争」と呼ばれることはあるものの，実際のところは力点の置き方の違いに過ぎない．リスクが実在すると認めることは，リスクに対する社会的対応において，その認知や社会的コミュニケーションや政治的意志決定が，しばしばリスクの重大性よりも実際上は重要な役割を果たす事実を否定することにつながるわけではない．また，構築主義の立場からリスクかどうかは視点によって変化すると主張する場合でも，そのリスクにそもそも危険や危害の原因となり得る性質（ハザード）が存在していることを否定することにはつながらない．たとえば，地球温暖化のリスクは構築だと主張する場合でも，地球の気温がある程度上昇すれば人間の居住や生存に支障を来すという事実そのものは否定できない．

　今日のリスク社会論のもとになった社会学者ウルリッヒ・ベックの『リスク社会』（邦訳タイトルは『危険社会：新しい近代への道』）は 1986 年に出版され，その「はじめに」には次のように書かれている（ベック 1998, 1）．

　　二十世紀は破局的な事件にことかかない．例えば，二つの大戦，アウシュヴィッツ，長崎，ハリスバーグ〔スリーマイル島原発事故〕とボパール〔インドの化学肥料工場事故〕があった．それに今やチェルノブイリである．

　放射能汚染によるエコロジー的危機への当時の西ドイツでの緊迫感が伝わる一節だ．こうした事例の場合にリスクが実在していることは当然視され，どのようなリスクがどの程度存在しているのか，どのように人々はリスクを認知して対応しようとしているのか，どうすればリスクをマネジメントして危険や危害が生じることを予防できるのかという現実主義の問いは中心的なものとなる．その上でベックは，リスクを（科学技術の）意図せざる結果とグローバリゼーションという二つのキーワードで特徴付ける．そして，リスクと近代性との相関性をたどることで，1980 年代にそれまでの近代性とは異なるリスク社会という近代性（再帰的近代化）がどのように構築されたかを分析している．そのプロセスはベックによると次のようなものだ（ベック 1998；2014）．

　近代社会は豊かさを求めて自然への支配を拡大してきた．その結果，支配の手段であった科学技術が巨大化し，意図せざる帰結として環境汚染などの予想を超えた危険や危害とリスクを生み出している．それは，科学技術の引き起こす影響の大きさが科学技術をコントロールすべき社会的構想力の範囲を超えてしまい，その危険や危害が予測不可能になったためだ．そこで，現代社会では近

代性の再考（再帰的近代性）が求められ，富や財という有用性の分配ではなくリスクにどう対応するかが社会の編制原理のなかで重要な問題として浮上してきた，という．さらに国境を越えるグローバルなリスクが問題化されたことで，これまでの近代性の担い手であった国民国家の果たし得る役割は低下していくことが混乱に拍車をかける．たとえば，原発事故での放射能汚染はどんな軍隊を使っても国境線で阻止することはできないし，リーマン・ショックのようなグローバルな金融リスクに一国の中央銀行だけで対応することも不可能だ．そうしたリスク社会の中での公共圏のあり方――具体的には科学技術の専門家と市民社会の新しい民主主義的な関わり方――を模索するベックの議論（および，それと大きく重なる社会学者アンソニー・ギデンズの議論）は，科学技術社会論でのリスクの語られ方に大きく影響した（ベックら1997；ギデンズ2001）．それは，リスクを認知・評価して予防的対策を立てるための専門知の必要性を認め，そうした知識に基づいた公共的で民主的な意志決定――専門家支配に陥らないとともに多数決の政治とも異なる――を生み出す制度的仕組み（その一翼を担うものとしてコンセンサス会議やサイエンスコミュニケーション）を構想するタイプのリスク社会論だ[2]．

3. リスク社会を再考する

しかし私としては，こうしたベックやギデンズが考えているタイプのリスク社会論には大きな違和感を持っている．すでに他所で論じた点ではあるが，本稿で必要な範囲で簡単にまとめておく（美馬2012；2015）．

一つは，リスクをめぐる問題設定は，1970年代以降の巨大化した科学技術とその意図せざる帰結という観点だけからとらえることは不十分であって，より長いタイムスパンでの統治や権力の変容という視点を入れて考える必要があることだ．リスクは，西洋社会での統治や権力の対象が19世紀に個人的身体から集合的身体へと変容していった歴史の中に位置づけられる．後者の集合的身体を扱う政治はミシェル・フーコーがバイオポリティクス（生政治）と呼んだ統治や権力のタイプであって，当時の西洋社会に誕生した国民国家の国力として人口全体の有用性を高めることを目指すところに特徴がある（フーコー1986）．集合的身体は国民国家においては人口と同じものと言って良い．そして，国民国家はその設立の当初から中央集権的な統治を行うために人口全体を調査し統計資料を作成することに力を入れていた．人々が個人として扱われるだけでなく集合として扱われ数字となることは，確率としてのリスクという問題設定が出現する前提条件となる[3]．

二つ目は，19世紀末に始まり20世紀後半に先進諸国で一般化した社会保障制度の整った福祉国家システムもまたリスクをめぐる問題設定の一部として理解できる点だ．フランソワ・エヴァルドは，リスクをコントロールする手法として保険（社会保険）の持つ重要性を指摘している（Ewald 1991）．エヴァルドが例にあげているのはフランスにおける労働災害に対する保険による補償だ．労働現場には労働者の事故や怪我はつきもので，その賠償責任の所在という問題をめぐって労使間の紛争の原因となりやすい．労働者と雇用者のどちらに責任があるかが裁判となれば対立は決定的となる．ここに労使双方が一定の案分で拠出する保険というシステムが導入されることで労使間の対立は緩和されて労働現場の秩序は安定し，リスクに対する「連帯性（solidarity）」を通じた統合が生まれた，という．保険という手法の有用性は，エヴァルドのいう労働の場に限られるわけではない．疾病や事故や障害や老齢などのリスクの分散と共有を通じた集合的身体すなわち国民国家の統合にもまた，しばしば保険の仕組みが用いられているからだ．

たとえば，日本の福祉国家システムは1970年代前半に完成するものの，その制度設計の基盤は

アジア・太平洋戦争の戦時期 1940 年前後の総力戦体制の中で作り上げられた．全人口を戦争遂行に動員する中では，戦争による危険や危害というリスクを全人口で社会保険によって分散して共有することが公正な統治のあり方だとみなされたからだ（「犠牲の平等」）．日本だけではなく先進諸国の多くで二度の世界大戦は国民に対する福祉を飛躍的に向上させるきっかけとなったことが知られている．以上をまとめるならば，保険を軸とした福祉国家システムとは，国民国家を国民が連帯するある種の「リスク共同体」とする仕組みとみることができる．

　この長いタイムスパンから見れば，1980 年代以降でのリスク社会の問題化は，それまでリスクをコントロールしてきた国民国家を中心とするシステムの機能不全とみることができる．近代化が生み出した意図せざる帰結とグローバリゼーションのインパクトが生み出した新しいリスクの突出という点だけに目を奪われていると，社会を受動的なものと考え，リスクという実体の変化によって自動的に社会の変化が生じるという見方に陥りかねない．リスクとは相関性であって，リスクをリスクとして扱う社会の側がどう能動的にリスクに対応して新しい仕組みを作り上げていくかの問題でもある．

　以上の論点をまとめれば，1980 年代後半に生じたのはリスク社会の誕生ではなく変容だ，とわかる．

　それに伴って，リスクを忌避して集合的にコントロールしようとするリスク社会の上に重ね書きされるように，個々人や企業や国家によるリスクへのチャレンジを経済発展の原動力として称揚する「リスク社会」が現れつつある．1970 年代の英米から世界的に拡がったネオリベラリズム（新自由主義）は，規制緩和と小さい政府を旗印として選択の自由（とそれに伴うリスク）や市場での競争（と勝敗のリスク）を強調している思潮だ．その中で先進諸国の福祉国家システムは大きい政府の象徴として批判的に扱われ，より効率的に，よりスリムになって脱国家化・民営化していくことを求められている．公的な医療保険や年金が，エヴァルドのいう連帯性としてではなく個々人の積み立てのたんなる集まりとして扱われ，個人ごとにリスク細分化されたり，私的保険によって代替されたりするのはその好例だろう[4]．個人的身体と集合的身体という対比で見れば，これは集合的身体での保険によってリスクを分散してコントロールする手法が弱体化し，個人的身体におけるリスクを通じた統治が前面に押し出されてきたとも言える．

　ベックにとって，この「個人的なリスクの時代」の登場は肯定的な意味合いを持っている．彼は，「みずからの人生の著者，みずからのアイデンティティの創出者でありたいと熱望する一人ひとりの個人の選択，決断，自己形成が現代の中心をなしている特徴」であり，「こうした個人主義が，政治的な想像力，行動，組織の中心にグローバル性をすえることによって，新しいコスモポリタニズムの礎をもたらしてくれるだろう」とまで主張する（ベック 2014, 14）．この点は第三のそして従来のリスク社会論に対して私がもっとも違和感を覚える点だ．

　リスクの個人化は，リスクをコントロールするための手法を個人の選択の自由――リスクを回避するか保有したままにするか，保険を購入するかどうかなど――に任せる方向に進んでいる．だが，どんなに賢い個人がリスク予防の方法を選択したとしても，リスクからの危険や危害が生じることをゼロにすることはできない．リスクが集合的身体における統計的な確率である以上，個人的身体でどのような危険や危害が生じるかは完全には予測不可能だからだ．だが，リスクが個人化される中で実際に危険や危害が生じたとすれば，それは可能性としてのリスクを適切にマネジメントできなかった個人の自己責任として解釈されることになる．選択の自由は成功裏の目的達成につながるとは限らず，失敗する自由でもあるという側面を持っている．そのため，結果としてリスクから生じた危険や危害を受けることになった敗者は，自らそうした危険や危害を選択した主体としての責

任を分有しているかのように扱われ，自己責任という道徳的な非難にさらされる．

　そうした陰鬱な自己責任論が恥ずべき形で現れたのは，2004年のイラク日本人人質事件だった．米国の引き起こしたイラク戦争後の混乱の中で，イラクに入国していた日本国籍のジャーナリストやボランティアらが武装勢力に拘束された．そのとき，日本のマスメディアの一部は，その被害者たちのことをリスクのある地域に自己責任で赴いた迷惑な愚者として批判したのだ．現代社会において個人的なリスクを問題化して語ることはこうした袋小路につながる．そんなリスク社会が肯定的なものだとは私には思えない．

4．リスクをめぐる三角形

　リスクの名の下に社会を語ることをリスクと「可能性（possibility）」という観点から理論的に考察してみよう．

　リスクはその定義として，危険や危害そのものとは異なり，危険や危害になるかもしれない何ものか，危険や危害の手前にある何ものかを意味している．言い換えれば，リスクは存在であると同時に無でもあるような独特の性質を持っている．そして，リスクが語られるほとんどの場合，存在でも無でもないというリスクの性質は「可能性のシナリオ」の中に位置づけられる．

　ここでいう可能性とは現実（reality）と対比される概念である．つまり，過去には多くの可能性が存在したが，時間の経過とともに，ある種の可能性は現実として存在するようになり，それ以外の可能性は可能性でとどまったままに現在では無となったというシナリオのことだ．この単線的なシナリオは，私たちが現在時制の現実世界に存在していることを前提としている．そして，その立場性から見れば，リスクそのものは未来に現実化し得る可能性であるにせよ，それは現在を基準として振り返る視線の中に位置づけられ，過去の様々な可能性と比較考量されるべき対象として扱われる．そうしたリスクは，数え上げてリストにしたり，確率を計算したり，コントロールしたりできる過去形の対象となっている．つまり，リスクは先取り的に把握され，実体として扱われて飼い慣らされることで，学問的認識とコントロールの対象となっているのだ．

　この「可能性のシナリオ」の中では，人間であれ法人であれ国家であれ，主体は何かの目的を達成しようとするとき，可能性としてのリスクに配慮した上で事前に目的達成に向けての「方針（policy）」を立てておくことを求められる．事前に計画を立てることそのものは，人間の意図的な行為の性質そのものだ（よく言われるとおり，ミツバチは巣を作るとき計画しているわけではないが，大工が家を作るときには必ず頭の中に設計図を持っている）．だが，リスクに配慮した方針の場合には，事前に計画を立てるだけでは十分ではない．計画を遂行するプロセスの中で，可能性としてのリスクが生じるその都度に，その方針に基づいて何らかの選択肢から一つを決定することが想定されている．さらには，その決定が正しかったかどうかを事後に評価や査定やチェック（「監査（audit）」）することで，主体は計画を臨機応変に修正していくことも求められる．

　そして，重要な点は，こうした監査を可能とするためにはたんなる「決定する」という行為だけでは不十分なところだ．様々な可能性の選択肢の中でその決定を行った理由を周囲の関係者に対して正当化する言説やデータ，「方針に照らして正しい決定であった」ということを根拠づける説明もまた必要とされる．監査においては方針通りの手続きが行われたかどうかがチェックされ，目的達成の成否そのものではなく，そのプロセスにおいて，正しいリスク評価と選択が行われた結果成功したのか，リスク評価や選択に誤りがあって失敗したのか，リスク評価と選択は誤っていたにもかかわらず最後は成功したのか，リスク評価と選択は正しかったが運悪く失敗したのか，が問われる．

この意味での監査は，主体が広い意味で「説明責任(accountability)」と呼ばれているものを果たすことを前提として可能となる．説明責任においては，決定という行為に対してその行為に関する言説が二重化されていく．リスクのもたらす危険や危害の大きさをどのように評価しているか，その発生確率をどう見積もっているか，などが説明され，それらを基にして監査では，そうしたリスク評価とそれに基づく選択は正しかったかどうか，が問われることになる．

　方針と説明責任と監査の作り出す三角形はリスクに取り囲まれながら計画を進めるダイナミックなプロセスそのものである[5]．

5. 監査とは何か

　『監査社会』を論じるマイケル・パワーに倣って，ここでは監査という語を会計用語よりも広い意味で使っている(パワー 2003；2011)．外部の中立的第三者(と想定されたアクター)からの監査だけではなく，内部監査や内部での統制，通常のモニタリングさらには単なるチェックも含めた幅広い実践としてとらえるためだ．

　監査と「監視(surveillance)」の差異についてもここで明確化しておく．監視の場合には，評価の対象となるチェック項目は監視する外部者によって定められており，監視される者が抵抗しても監視が可能である状況を作ることが目標となる．フーコーが論じた刑務所での収容者に対する監視(一望監視装置(panopticon))はその典型といえるだろう(フーコー 1977)．これに対して，監査の場合は監査される側が説明責任として，監査者に協力して監査対象であるデータや文書などを提供することを前提とする仕組みになっている．その理由は，少なくとも建前上の想定としては，外部の基準を当てはめたチェックや評価が目標ではなく，監査される主体が自ら定めた方針に正しく従っているかどうかを内在的に監査によって確認することが目的だからだ．言い換えれば，監査は目的が達成されたかどうかではなく，そのプロセスを対象とした査定なのである．

　この意味での監査は，主体に内在的なものとみることができるので，「内面化された監視」といってもおかしくはない．だが，内面化という語は主体個人の内部での心理的なプロセス(自分の決定を反省する心理)を思い起こさせるのであまり使いたくはない．ここでいう監査では，説明責任として行われた報告が文書や数値データとして存在することを前提とした上で，それが自己自身や外部の監査者がチェックして査定する仕組みだ．外部からの監査であっても，その基準そのものは目的達成の成否そのものではなく，目的達成のプロセスで監査される主体が効率的，効果的，経済的にパフォーマンスしているか，であるため，そうした監査は内在的と言えるだろう．だが，その意味での内面化や内在性には心理的なプロセスとしての意味付けは含まれてはいない．

　また，ここから分かるように，もう一つの差異として，監視は何らかの身体性を有する主体に対して行われるのに対して，監査は数値データや報告書という言説を対象としていることが挙げられる．

　監査が監査の対象となる主体の積極的な協力を必要とする理由の一つは，ここでのリスクがある種の「個人化されたリスク」であることに由来している．個人の選択の自由が尊重される中では，どのような方針を定め，リスクをどのように評価するかは，ある程度まではその主体の持つ価値観に任されている．そのため，監査は，その主体の可能性のシナリオのなかでのリスクの位置づけを踏まえたチェックでしかあり得ない．第三者によって外部から行われた監査であっても，監査は本質的には内在的な性質を持っていて，外部監査は内部監査を外注(アウトソーシング)したものと見ることができる．

また，現代社会においては，個人化されたリスクであっても，リスクの帰結は個人的ではなく，リスクについての一つの決断が周囲の環境や他者に危険や危害を含めた影響を及ぼすことが多い[6]．その点からもまた主体に対して，リスクに巻き込まれ得る他者への説明責任が求められることになる．

科学プロジェクトにおいて，リスクコミュニケーションやサイエンスコミュニケーションが必要とされ，サイエンスカフェやアウトリーチ活動が重視されている現状も，この説明責任の上昇の一部と考えられる．こうした事態は，科学技術の複雑性やその巨大化による予測不能なリスクやグローバルなリスクの登場とは直接には関係しない．

さらに説明責任と監査というペアは，リスクの下での目的達成というプロセスに影を落とし，リスクとの定量的比較ができて説明責任を果たしやすい成果，監査しやすい報告やデータを重視する方向へのバイアスを生み出す．それは客観性や中立性を保障する仕組みとしての数値化への傾向性である．だが，実際には数値そのものが客観性や信頼性を生み出すわけではない．近代社会においてなぜ数字は正しいと見なされるのか，を19-20世紀の専門職文化と社会の関係性に探った科学史家セオドア・M・ポーターは，数値化に代表される機械的客観性は自動的に信頼を生み出すわけではないと論じて，次のように述べる（ポーター 2013, 278）．

> 機械的客観性の理想はただの理想である，というところからはじめなければならない．知識社会学者たちは，明示された規則にそって問題を解くあらゆる試みに対して，量的データのコンピューター解析を排除することなしに，埋め込まれ，論理立てられていない経験の要素があることを示してきた．さらに，信頼の問題はけっして無視することができない．そしてこの問題は，階層性や制度の問題と完全に切り離すことはできない．信用のある数値は，政府の省庁，大学の研究者，財団，研究機関から生み出されるのである．陳情活動をしている組織や企業が出す数値は受け入れられないだろうし，綿密に調査される傾向があるだろう．

こうした観点から見れば，リスクをめぐる説明責任と監査というプロセスは，専門家による最終判断すなわちエキスパートジャッジメントによる承認を経ることで数値から信頼を作り出す一連の儀式としてみることができる．国際通貨基金（IMF）の専門家による会計監査をフィールドワークしたリチャード・ハーパーは，「カウント（count）」という語が「数える」という意味と「価値がある」の二重性を持っていることを指摘しながら「カウントすることは，たとえどんなに計算を含んでいても算術的なことに留まらず，『話すことのできない数字』に『声』を与えて変容させる社会的プロセスの最終段階でもある」と表現している（Harper 2000, 24）．

リスクをめぐる方針・説明責任・監査の三角形は，目的を達成して有用性を生み出すことに直接的に奉仕するのではなく，目的達成のプロセスとそこに生じ得るリスクをコントロールすることを目指している．それは自己完結した内在的な仕組みであるとの意味で倫理的な自己統治であるとともに，多くの場合は説明責任を客観的に果たすことを目指す「数値化された倫理」でもある．

6. ポストユートピアにおける未来と過去

いま私たちが目にしているのは，リスクをコントロールして目的達成するための手段であったはずの方針と説明責任と監査の三角形それ自身が目的へとすり替わって，もともとの目的達成のプロセスを変質させている姿である．それは，いわば「物事を監査可能にすること」が自己目的化しつ

つある状況だ(パワー 2003, 119).

　私自身も含めて大学や研究機関に所属する人々にとって，リスクをめぐる方針・説明責任・監査の三角形の自己目的化すなわち「監査の爆発的拡張」はとくに身近なものだ．研究という営為はそもそも何か新しい物事や考え方を創造的に発見することを目標としている．つまり，何も成果が上がらないリスクは実際のところかなり高い．そのため，他と比べて研究の分野ではとくにリスク社会のシステムがはっきりと現れやすい[7]．そうした理由から，大学教員や研究職についている人々は人口全体からすればごくわずかに過ぎないものの，大学などのアカデミアでの状況を理解することで社会の趨勢を徴候的に知ることができる．研究を効率的に推進して創造性を支援するという名目の下で大学の中で生じているドタバタを，人類学者デヴィッド・グレーバーは戯画的に次のように描いている(グレーバー 2017, 191-2).

　　ペーパーワークの爆発的上昇は企業マネジメント技術の大学への導入の直接の帰結である．あらゆるレベルへの競争の導入によって効率を高めるという口実で，それは正当化されている．こうしたマネジメント技術が実際になにをもたらしているのか．補助金申請，書籍の企画書，学生の奨学金や助成金申請の推薦書，ピアレビュー，新規の学際的専攻や制度の設立趣意書，カンファレンスのワークショップ，そして大学自体などを互いに売り込むために，だれもが自分の時間のほとんどを四苦八苦しながらつぎ込んでいるといった事態である．(訳文は文脈に合わせて変更した)

　グレーバーはこれを全面的な官僚制化の一つの表れとして分析の俎上に載せている．だが，私としてはこれまでに示してきたとおり，この現象がリスクの名の下に正当化されていることにむしろ着目したい．

　方針・説明責任・監査の三角形の深化を駆動しているのはリスクであり，そのリスクは「可能性のシナリオ」のなかに位置づけられている．この可能性のシナリオにおける未来は，明るく開かれた可能性というよりも不吉な可能性としてのリスクに満ちていると想定されている．そもそもリスクという語そのものが将来に生じ得る事象の中で危険や危害に関係するものだけを指すのだから，リスク社会での未来像が悲観的であるのは当然のことだろう．このシナリオを認めるならば，私たちにできる最善のことはリスクをマネジメントして手なずけることになる．それがさらに一歩進んでリスクへの対策を自己目的として最優先にすることになったのが「監査の爆発的拡張」すなわち全面的な官僚制化という現象だろう．

　以上のことから推測されるのは，1980年代末からのリスク社会の変容は，私たちが未来をどのように考えるかが大きく変わってしまった結果ではないかということだ．科学技術と産業的な近代化による豊かさという夢はチェルノブイリとフクシマによって失墜した．社会主義という夢は，スターリニズムと現実の社会主義によってほぼ打ち砕かれ，ベルリンの壁とともに崩壊した．自由主義陣営の「勝利」だったはずの冷戦後の世界では，民主主義と人権の拡大という夢もまた色あせつつある．大きな物語の終焉を肯定したポストモダンの思潮の一部が論じたように，よりよい未来を夢見る社会的構想力はただただ痛ましい幻影を生み出しただけに終わったのだろうか．

　そうしたユートピアの終焉つまりポストユートピアの意識は共有されて，未来に関する寄る辺なさの感覚を集合的に生み出している．リスクについて語りリスクを問題化する傾向が強まっている現状は，どこかへ向かおうとする意志の現れではなく，未来への不安に対する防衛反応の一種として解釈できる．リスク社会の変容は，未来のよりよい社会を想像し発明する社会的構想力とそれを

リスクの名の下に　73

担うべき集合的主体性がやせ細っていることの帰結なのだ.

　ベルトルト・ブレヒトの戯曲『母』では，困難な時代の中で人々は自分たちを元気づけるために
こんな歌を歌う（ブレヒト 1995, 29）.

　　　いつも上着がぼろぼろになると
　　　おまえらが来てこう言う──いかん
　　　こりゃなんとかせにゃならん！
　　　そいから，すたこら旦那のとこに駆けて行く
　　　その間，俺たちはふるえながら待っている.
　　　すると戻って来て，大えばりで
　　　おまえらの分捕り品を俺たちに見せる──
　　　ちっぽけな継ぎっきれを.
　　　　　よし，これは継ぎっきれだ
　　　　　だがどこにあるんだ
　　　　　上着全体は？

　私たちにとって必要なこともまた，この歌に示されているように，上着にあいた穴（と継ぎっきれ）
から上着全体への視点の転換だ.旦那からのお言葉を伝えるサイエンスコミュニケーションや個人
的なリスクへの継ぎ当てというマネジメントを漸進的に積み重ねることにしがみつくのではなく，
出発点に戻って新しい集合的な未来のヴィジョンを生み出す社会的構想力が求められている[8].それ
は，国民国家や福祉国家システムというこれまで慣れ親しんできたリスク社会の装備を問い直し，
現実と同じくらいにラディカルになって，もう一度はじめから別のやり方で全体を構想しなおすこ
とだ.

　最後に一つ触れておきたいことがある[9].それは，ポストユートピアでの社会的構想力の枯渇と
いう難題は，私たちの過去のとらえ方にもまた大きな影響を与えていることだ（トービー 2013）.
現在では，リスクという悲観的な見通しに満ちた未来に代わって，歴史的過去が人々の関心や希望
を引き寄せるようになっている.しかも，未来に対する否定性が過去に対しても向けられることで，
過去は現在の悲惨を生み出した否定的なプロセスとしてのみ描かれ，過去の重荷は現存して今を生
きる人々を苦しめ，過去の不正行為が現在も過ぎ去ってはいないことだけが強調される.過去の記
憶と折り合いを付けることが目指され,過去の再解釈に多大な努力が払われ,未来に向けられたヴィ
ジョンではなく過去を償うことによる癒やしが集合的な想像力の地平を占拠している.

　リスクが語られる社会は，歴史が（過剰に）語られて論争される社会でもある.

　■注

　1）かつて，リスクをめぐる三つのテーゼとして以下を列挙した（美馬 2012, 121-5）.
　　（1）何ものもそれ自身ではリスクではない.しかし，どんなできごとと接合されるかによって何ものも
　　　　リスクになりうる.
　　（2）リスクは計算可能である.
　　（3）個人的リスクは存在しない.

この第一のテーゼが構築主義的な視点に相当する．だが，本稿でも論じたように，リスクはものの見方に過ぎないと主張したいわけではない．

2）社会学の分野でのニクラス・ルーマンのリスク社会論もあるが，観点が異なるため本稿では扱わない．

3）リスクをめぐる三つのテーゼでいえば残りの二つ「リスクは計算可能である」と「個人的リスクは存在しない」に対応している．

4）福祉国家においては税金方式と社会保険方式があるが，リスクの分散という封建数理的な観点からみれば本質的には違いはない（美馬 2012, 149-54）．

5）人類学者マリリン・ストラザーンは説明責任が「監査／方針／倫理」という三角形の実践から成り立っていると論じている（Strathern 2000, 282）．本稿ではその議論を参考にして，リスクを中心にした監査を考察した

6）たとえば，仮に私が赤信号で車の通っていない道路を横断するリスクを取ることを決断したとする．だが，こうした行為も説明責任無しで自由に可能な選択とは言えない．なぜなら，もし信号をあまり理解していない幼児がそれを見て真似をして交通事故に遭うというリスクが存在するからだ．もし説明責任を果たすとすれば，「周囲には幼児がいないことを確認した」あるいは「周囲にいた幼児には真似をしないよう注意した」という説明の言説が必要なのだろう．なお，これはジェームズ・C・スコットが日常行為の中でのアナーキズムの例としてあげたものである．

7）ストラザーンらの論集（Strathern 2000）はまさに大学における説明責任と監査の増大を人類学的手法で描き出したものだ．

8）こうした未来のヴィジョンは，リスク社会における「可能性」としての未来と対比する意味で，「潜在性（virtuality）」としての未来と表現することができる．潜在性は，現実と対立する概念ではなく，此の世界の傍らに影のように寄り添っている別の世界，現在形で語られるべき何ものかであり，非物体的ではあるが現実に影響を与える．

9）歴史修正主義はもちろんだが，『帝国の慰安婦』をめぐって朴裕河氏の置かれている苦境もまた同じ文脈で見ることができる．

■文献

ベック，U., ギデンズ，A., ラッシュ，S. 1997：松尾精文，小幡正敏，叶堂隆三訳『再帰的近代化：近現代における政治，伝統，美的原理』而立書房；Beck, U., Giddens, A., Lash, S. *Reflexive Modernization: Politics, Tradition and Aesthetics in the Modern Social Order*, Polity Press, 1994.

ベック，U. 1998：東廉，伊藤美登里訳『危険社会：新しい近代への道』法政大学出版局；Beck, U. *Risikogesellschaft: Auf dem Weg in eine andere Moderne*, Suhrkamp Verlag, 1986.

ベック，U. 2014：山本啓訳『世界リスク社会』法政大学出版局；Beck, U. *World Risk Society*, Blackwell Publishers, 1999.

ブレヒト，B. 1995：千田是也訳『ブレヒト戯曲選集第 1 巻　母』白水社；Brecht, B. *Die Mutter*, Suhrkamp Verlag, 1957.

Ewald, F. 1991: "Insurance and risk," Burchell, G., Gordon, C., Miller, P., (eds.) *The Foucault Effects: Studies in Governmental Rationality*, Harvest and Wheatsheaf.

フーコー，M. 1977：田村俶訳『監獄の誕生』新潮社；Foucault, M. *Surveiller et punir, naissance de la prison*, Gallimard, 1975.

フーコー，M. 1986：渡辺守章訳『知への意志：性の歴史 1』新潮社；Foucault, M. *La volonté de savoir*, Gallimard, 1976.

ギデンズ，A. 2001：佐和隆光訳『暴走する世界：グローバリゼーションは何をどう変えるのか』ダイヤモンド社；Giddens, A. *Runaway World*, Profile Books, 1999.

グレーバー，D. 2017：酒井隆史訳『官僚制のユートピア：テクノロジー，構想的愚かさ，リベラリズムの鉄則』以文社；Graeber, D. *The Utopia of Rules: On Technology, Stupidity, and the Secret Joy of Bureaucracy*, Melville House, 2015.

Harper, R. 2000: "The Social Organization of the IMF's Mission Work: An Examination of International Auditing," Strathern, M. (ed.) *Audit Cultures: Anthropological Studies in Accountability, Ethics and the Academy*, Routledge, 21–53.

Lupton, D. 1999: *Risk*, Routledge.

美馬達哉 2012：『リスク化される身体：現代医学と統治のテクノロジー』青土社.

美馬達哉 2015：『生を治める術としての近代医療』現代書館.

ポーター, T. M. 2013：藤垣裕子訳『数値と客観性：科学と社会における信頼性の獲得』みすず書房；Porter, T. M. *Trust in Numbers: The Pursuit of Objectivity in Science and Public Life*, Princeton University Press, 1995.

パワー, M. 2003：國部克彦, 堀口真司訳『監査社会：検証の儀式化』東洋経済新報社；Power, M. *The Audit Society: Rituals of Verification*, Oxford University Press, 1997.

パワー, M. 2011：堀口真司訳『リスクを管理する：不確実性の組織化』中央経済社；Power, M. *Organized Uncertainty: Designing a World of Risk Management*, Oxford University Press, 2007.

Strathern, M. 2000: "Afterword: Accountability … and Ethnography," Strathern, M. (ed.) *Audit Cultures: Anthropological Studies in Accountability, Ethics and the Academy*, Routledge, 279–304.

トーピー, J. 2013：藤川隆男, 酒井一臣, 津田博司訳『歴史的賠償と「記憶」の解剖：ホロコースト・日系人強制収容・奴隷制・アパルトヘイト』；Torpey, J. *Making Whole What Has Been Smashed: On Reparations Politics*, Harvard University Press, 2006.

Research Note ■Journal of Science and Technology Studies, No. 15 (2018)■

In the Name of Risk

MIMA Tatsuya [*]

Abstract

Theory of risk society suggested by social theorists like Beck and Giddens characterized the modern society since the 1980s as the emergence of global risks due to the advancement of big techno-science. For the good governance of risk society, they proposed a public mechanism to enable collaborations between experts and civil society, neither expert control nor democratic majority vote. In that respect, they also had a big impact on the theory of science and technology society (STS). In this paper, we used Foucault's theory of biopolitics to critically examine this type of risk society, and found that the management of individualized risks in modern society is based on the self-governing triangle of "policy, accountability, and audit". This increasing attention to risk society is not the result of the techno-scientific transformation of the risk itself, but rather the consequence of the decline of the utopian vision dreaming for a better future.

Keywords: Risk, Audit, Accountability, Policy

Received: March 31, 2018; Accepted in final form: May 12, 2018
[*] The Graduate School of Core Ethics and Frontier Sciences, Ritsumeikan University; t-mima@fc.ritsumei.ac.jp

短報　　　　　　　　　　　　　　　　　　　　　　　　　　　　　■科学技術社会論研究　第 15 号（2018）■

21 世紀における科学の変貌と科学思想

科学技術社会論はいかに対応するか

桑原　　雅子*

要　　旨

　20 世紀なかばを端緒として，1990 年代の「デジタル革命」以降に急展開し，現在も進行中の科学の変貌と，それに伴って台頭しつつある新科学主義を扱う．この状況に，広義の科学論(科学史・科学社会学・科学哲学＋科学技術社会論)は，いかに対応し得たか．科学論自体を批判的に問い直すべきときである．

　今世紀になり，コンピュータ容量の急速な増大とともに，計算科学，データサイエンス，ベイズ統計学の伸長が著しい．これらの数理科学を駆使する学術研究を「21 世紀型科学」と名付ける．21 世紀型科学の特徴と新科学主義の台頭を論じたうえで，日本の STS が取り組むべき諸課題を提起する．最後に，これらの課題を遂行するためには，21 世紀型科学を対象とするインターナル・スタディーズが必要であることを主張する．

1.　はじめに

　伝統的な［科学史，科学社会学，科学哲学］に比較的新参の［科学技術社会論］を加えて(広義)科学論と総称する(以下，(広義)を略す)[1]．元来，これらの科学論は，科学を対象化し科学批判をおこなう「メタ・サイエンス」としての要素を内包している．ところが，激動の渦中にあるこんにちの科学と社会の状況に，現在の科学論は対応し得ているのであろうか．科学論自体を対象とするメタ的考察が必要とされている．すなわち，メタ・「メタ・サイエンス」が必須であると，筆者は認識している[2]．科学の変貌が西欧近代科学の範疇を超えて進行しているのであれば，西欧アカデミック世界のなかで確立された既成科学論の分析枠組みについて，その有効性が問い直されなくてはならない．

　科学は，自然を対象とする人間活動の所産であり，社会の文化の一つである．科学の変貌は，社会も，社会と科学の関係も，変容しつつあることを示している．したがって，科学論のなかでも，とりわけ科学技術社会論(以下，STS)にたいする批判的問い直しは，いっそう切実に必要とされている．STS には，メタ・サイエンスとしての「科学・技術・社会」批判とともに，みずからが是と

2017 年 9 月 5 日受付　2018 年 5 月 12 日掲載決定
*学術研究ネット，kuwahara@andrew.ac.jp

する科学技術と社会の在り方を志向する実践が不可欠の要素である．理論が現実と正面から向き合わず，理論と実践の乖離，あるいは両者の間の相互作用が負のフィードバックの連鎖に陥るとき，STSの存立はきわめて危ういものとなろう．

21世紀における科学のメインストリームが，西欧近代科学を超えて展開しつつあるとすれば，アジアの一角に位置する日本のSTSの役割は，これまでにも増して重要なものとなると期待される．しかるに，日本のSTSは学会設立以来，おりから大変貌を遂げつつある科学の内面に踏み込むことなく，理論，実践，その間の相互作用のすべてにわたって，STSが本来もつべき批判力を喪失してきたのではなかろうか．

この小論の目的は，変貌しつつある科学および科学思想の実際を踏まえ，日本のSTSは今後いかにあるべきかを考察することにある．

本稿の構成は以下のとおりである．
1. はじめに
2. 20世紀末〜2010年代における科学の変貌
3. 「21世紀型科学」の進展と新科学主義の台頭
4. 「21世紀型科学・科学思想・社会」をめぐる諸問題
5. STSの未来に向けて：いま，なにをなすべきか
付録　「IPCC評価報告書」における不確実性(Uncertainty)の扱いとベイズ統計学

第2章では，1990年代なかばから2010年代にかけて進行しつつある科学の変貌の実際を可能な限り具体的に記述する．21世紀前半における科学のメインストリームを見極め，その特徴を明らかにして，それを「21世紀型科学」と名づける．議論のスタートでは，「科学」は自然科学を意味するが，到達点において「科学」というタームは，自然科学のみならず「社会科学」「人文学の一部」をも包摂することになる．新たな科学知が学術や社会全般に及ばすインパクトは，前世紀に増して強大になりつつある．

第3章では，「21世紀型科学」の近未来像と，それによって醸成される科学思想(思想未満の科学言説・科学観なども含むものとする)に注目し，その政治的・社会的影響について考察する．歴史の示すところによれば，科学思想が特定の政治思想，国家権力と結びつけば，社会を牽引する力を発揮することもある[3]．現在では，さらにグローバルなスケールで国際機関などとの連携が問題になる．国家・地域間の利害相反や覇権主義の介在に注意しなければならない．結果が人間社会の持続と人びとの幸せな生存にとって，正負いずれに帰着するかを見定める必要があろう．

第4章は，2章，3章および付録において明らかにした科学の変貌と新たな科学思想のもとで，STSが取り組むべき諸課題を提起する．それらは，メタ・サイエンスとしてのSTSが取り組むべき「21世紀型科学」を対象とする批判的分析，文明史的位置づけ，持続性(いつまでメインストリームであり続けるか)，21世紀型科学による新しいタイプの科学知を表現する言語の問題(いわゆるサイエンス・コミュニケーションのための解説用語の問題とは異なる)，といったアカデミックなテーマから，学術の再編，人材育成という問題，さらに「一般の人びとの参加」など科学と民主主義の問題におよぶ．

第5章では，これらの課題を扱うために，われわれが，いまなすべきことはなにかを考察する．人間と社会に対する深い洞察力が必要であり，それには「人文学」「社会理論」を学ぶ必要があることはいうまでもない．ここではとくに，変貌しつつある科学に対するインターナル・スタディーズの重要性を強調したい．第2章，第3章および付録の記述は，筆者自身のインターナル・スタディー

ズの一部であり，同時にSTSにおける現代科学を対象とするインターナル・スタディーズの例示
になっている．

2. 20世紀末～2010年代における科学の変貌

2.1　前史

日本では，すでに第2次世界大戦の国家総動員体制のもとで，「科学技術」という官製語が使われ（1940～1），近年では「科学」「技術」「テクノサイエンス」などの総称として定着している．洋の東西を問わず戦時には科学と技術の接近，科学の技術化が進行する．20世紀後半，とくに1970年代以降になると，伝統的西欧科学の目的や研究の方法・スタイルに変化の潮流が明白になってきた．目的志向型・課題解決型科学の拡大，大規模実験プロジェクト，市場への直接参入などの現象である．それは「科学の技術化」「テクノサイエンス」として科学技術社会論でも扱われてきた．

科学の営為は，科学コミュニティ内で閉じることなく，国家・資本・多くのアクターが関与するようになった．モード論，アクターネットワーク理論などにより，こうした状況が論じられてきた[4]．また，この時代には女性や非西欧世界の人びとの参加が拡大した．科学の技術化とも相俟って，科学論の世界は，多元的な社会・文化の科学への影響を考察する必要に迫られた．フェミニズム・ポストコロニアリズム・マルティカルチュラリズムなど多岐にわたる論点が提起された[5]．当時の科学の変貌は，西欧近代科学の基本的枠組みを大きく逸脱することはなかったのだが，それでも，科学者サイドからの反発は大きかった．ピュアサイエンティストのプライドは高く，真理探究の使徒としての信念は現在もなお揺らいでいない（たとえば，Weinberg 2015；Weinberg 1992を参照）．「科学至上主義」（むしろ「基礎科学至上主義」，あるいは「物理学至上主義」というべきか）は依然として強固である．科学至上主義は，閉じた科学コミュニティ内では研究の推進にとって有効であり，長く不安定なトレーニング期間を支える精神的支柱ともなっている．しかし，現今では閉じた科学コミュニティは望むべくもない．科学論は，科学至上主義と社会との関係を問わねばならない．

2.2　前世紀末から今世紀初頭にかけての大変貌：「21世紀型科学」の登場

1999年の世界科学会議宣言にある「社会のなかの科学，社会のための科学」という文言は，いまにして思えば時代を画するものであり，まさにミレニアムにふさわしい宣言であった．当時は，科学者サイドも社会一般も明確に自覚していたわけではないが，「社会の課題に寄り添う」「科学の社会化」という意味で，西欧近代科学はその基本的骨格の変容を迫られていたのである．

西欧近代科学は，西欧近代の所産であり，社会のなかの文化の一つの形態である．その意味では「社会のなかの科学」という表現は，あらためて述べ立てる必要のない文言であろう．しかし，近代科学は——そのコアである物理学ではとくに，人間とその社会を捨象することによって成立し発展してきたと科学者も社会一般も信じてきた．そのことを顧みれば，やはり「社会のなかの科学」と明示した意義は大きいといわねばならない．

1990年代なかばのデジタル革命を経て，21世紀に入ると，科学研究の様相は大きく変化した；

計算科学（computational science）の伸長

スーパー・コンピュータの開発が加速し，学術研究のあらゆる分野に「計算科学」が浸透した．近代科学の「理論」と「実験」に加えて，第3の要素「計算科学」が登場したともいわれている（萩原2014, 12）．基礎科学コミュニティのなかでは，すでに「計算基礎科学」というタームが定着し[6]，

大学や研究機関には,「計算科学研究センター」や「計算科学教育センター」が設置されている[7].計算科学の手法は,素粒子論・宇宙論から物質科学まで,工学・医薬学から製品開発にまで及んでいる.計算科学のコアをなすのは,大容量コンピュータによるシミュレーションである[8].基礎方程式が存在する場合には,第一原理にもとづいた数理モデルによるコンピュータ・シミュレーションになる.基礎方程式が存在しない場合にも,データの集積からモデルを立て,コンピュータ・シミュレーションによる再現や予測が可能であり,産業界や社会科学・人文学の一部でも使用されている[9].

データサイエンス(data science/data-driven science)の登場

コンピュータ容量の増加とともに,各方面にビッグデータが蓄積され,その分析に「データサイエンス」が登場した.データサイエンスという呼称については,明確な定義があるわけではない.同種の問題意識に立った内容が議論された源流を遡れば20世紀前半になるが,明確なネーミングは,前世紀末から今世紀はじめである[10].現在,多数の解説書,入門書が出版されている(たとえば,岩波データサイエンス刊行委員会編2015-7,シリーズ刊行中).企業にとっては,蓄積されたビッグデータをいかに有効に活用するかは死活問題であり,人材の確保が急務である[11].学術の世界でも,計量経済学におけるデータ分析はもとより,地球環境科学,人間行動学など重層的複雑系を扱う際には,大量のデータ分析が必要である[12].

ベイズ統計学(Bayesian statistics)の復活

計算科学,データサイエンスには,「ベイズ統計/推計学」が重用されるようになった.たとえば,先に挙げた岩波書店のテキスト第1巻の特集は「ベイズ推論とMCMCのフリーソフト」である.「ベイズの定理」以来,250年を経てベイジアンと頻度論者の長い論争も終局を迎えたようだ.端的にいえば,人間の思考パターンに沿っているといわれるベイズ統計の実用性に加えて,コンピュータ・ソフトの開発によって面倒な計算を免れた点も大きい.より基本的には,われわれの社会が,地球環境の変化,災害,戦争,テロ,核事故など人類にとって危機的状況を扱わざるを得ない事態に直面していることにある.厳格なフィッシャー頻度論では,不確かな情報のもとでの意思決定,ごく稀に起きる現象の確率を扱うのは困難である.第2次大戦下の暗号解読,冷戦下の軍事リスク研究,保険業務などの事例から,ベイズの効用はわかっていながら,激しい論争が続き排斥されてきたのは,厳密性,客観性を標榜する西欧近代科学の基本理念に抵触するからである(主観確率にかんする論考を扱っているのは,たとえばKyburg 1964).現在では,量子力学の解釈にも適用される(たとえば,von Baeyer 2016, 129-239:佐藤2015, 8-15).ベイズ主義は,単なる科学の道具の域を越えて「世界の見方を変える」科学思想になったともいえよう(マグレイン2013, 417).地球温暖化問題の各種の不確実性の評価尺度にも適用されている(付録を参照).

これら3種の数理科学:「計算科学」「データサイエンス」「ベイズ統計/推計学」を駆使した学術研究を,「21世紀型科学」と呼ぶことにする.いわば,デジタル時代の数理科学である.新しく立ち上がった分野もあるが,伝統的な分野から「21世紀型科学」への変身も多い(たとえば,気候学).第1章で述べたように,本稿の議論の出発点では,「科学」は自然科学を意味したが,ここに至って「科学」は,デジタル化が可能な社会科学・人文学の一部をも包摂することになる.21世紀型科学の多くは,西欧近代科学をルーツとしながら,その帰結は西欧近代科学の枠組みを超えた存在になると,筆者は考えている.

これら3種の数理科学は単なるツールであり,「科学の技術化」の延長線上にあるにすぎないの

ではないかという疑義もあろう．たしかに，天文学や宇宙論，高エネルギー物理学などでは，21世紀型科学は，ツール以上のものではない．しかし，次章で扱うが，計算科学シミュレーションでは，ディシプリン横断的な横へのつながりが容易である．厳格な境界をもつディシプリンを構成し，個々のディシプリンの独立性を厳密に保持し，細分化・専門分化を深めてゆく西欧科学と対比すると，違いは鮮明である．主観確率や人間の思考パターンに沿うベイズ主義は，客観性，厳密性を旨とする西欧精密科学の精神に悖る「異端」である．21世紀型科学のパフォーマンスの多くは，「世界を秩序ある体系として統一的に説明する」を基本理念とする西欧近代科学の根幹からは遥かに遠い．

一方，伝統的自然科学，デジタル化されない社会科学・人文学などは依然として健在である．今後も存在しつづけることは確かであるが，少なくとも21世紀前半における科学のメインストリームは，21世紀型科学であろう．

地球環境の変化が人間社会のサステナビリティを脅かすまでに拡大している事実など，巨大な重層的複雑系を扱う必要に迫られていることが，この種の科学に対する第1のプッシュ要因となっている．自然および人為災害，テロ，戦争などのリスクの増大，不確かな人間行動など，高度な不確実性のもとでの意思決定の必要もプッシュ要因である．外在的プッシュ要因の一つは，AIブームに象徴されるような産業界の状況（いわゆる第4次産業革命）にある．さらに日本の場合には，「科学技術イノベーション」というタームに象徴されるように，現政権によって科学技術が成長戦略という幻想を維持する道具とされているという背景がある．

3. 「21世紀型科学」の進展と新科学主義の台頭

3.1 21世紀型科学の特徴と可能性
以下では，主として地球環境など巨大な重層的複雑系を考察の対象としよう．数理モデルのコンピュータ・シミュレーションによって，過去の観測データの再現と将来の変化について不確実性を伴う予測がなされている．

大容量コンピュータ・シミュレーションと結合（coupling）モデル
大容量コンピュータ・シミュレーションの利点として，異なるディシプリンに属するモデル間の相互作用の扱いが，比較的容易であることが挙げられる．諸要素間の相互連結性（interconnectedness）は，デジタル社会の特徴の一つである．

たとえば，地球表層における炭素循環は，物理学による「大気海洋結合大循環モデル」（AOGCM）と「CO_2の生物地球化学的循環（biogeochemical cycle）モデル」を結合した「地球システムモデル」（ESM）によって扱われる（IPCC, WGI, AR5, 2013, 465–570: Chapter 6 Carbon and Other Biogeochemical Cycle）．

大気圏，陸域，海洋圏，生物圏といった地球環境を構成する多様な要素間の相互作用を入れて，各種のESMのプロジェクトが実行されている[13]．

「課題解決型研究」へのシフト
地球環境と人間の社会システムのあいだの相互作用が無視できなくなった現在，人間社会における課題に対応するには，地球システムモデルと人間社会システムモデルとの結合が必要である．文化，価値観，地域社会の特性などが密接に係わってくる大変難しい問題である．現時点では，両者間の橋渡しとして，たとえば自然科学の範囲で，既成のディシプリンごとに立てられた学問上の

研究テーマを人間生活に即したテーマに連結し，再編してゆく作業が進められている（たとえば，IPCC, WGI, AR5, 2013, 43-5: Technical Summary, TEF1 Water Cycle Change）．

現実に進行しているこれらの作業は，学問分野の「融合」や「統合」ではなく，学問分野ごとに分断された研究テーマを，人間社会に立脚した課題に連結し組替えることである．そのためには，学問分野の境界を超えた研究者の「協働」が必要であり，全体を俯瞰できる人材の育成が急務である．

3.2　新科学主義とは何か

こうした異質なモデル間相互作用の扱いを敷衍して，「地球（表層）環境」と，その上で営まれる「人間システム」（社会・経済・政治システムを含む）のあいだの相互作用を入れたモデルを構築して将来予測を算出し，持続可能な地球と社会システムのあり方を提示することが，やがて可能になるという「思い」が存在する．現実には，コンピュータの容量や資金，各種の不確実性の増加による限界があることはいうまでもない．現場の専門家のなかには，慎重な見通しもある（たとえば，河宮 2013, 41-42）．

地球システムと人間システムとの結合モデルによる将来予測に基づいて，ガバナンスのパターンを含む人間社会の持続可能なあり方を決めることが可能であるという思想，つまり「21 世紀型科学をもって未来をデザインし，その未来の実現へ向けた（幾通りかの）道程を提示し，その未来に向けて社会を変革してゆく」という思想を，筆者は「新科学主義」と呼ぶ．伝統的な科学主義が科学知を他の知識より上位におき，「科学をもって社会を律する理想社会を志向する」というユートピア思想であったことを想起すれば，ここで述べた「持続可能な社会を志向する科学主義」は，「新」をつけて区分するのが妥当であろう（桑原 2015, 72-3; 桑原 2017, 95）．

人間社会の未来へのシナリオ（単一ではない）の算出，サステイナブルな地球-人間社会系の実現に向けての最適なガバナンス・システムの導出，リスク・破滅に向かう臨界点（tipping points），閾値（thresholds）の予測と早期警告．こうした究極のゴールを志向する新科学主義について，現時点では，夢物語と一蹴するよりも，目標にいたる道程におけるいくつかの個別テーマの遂行を検討・分析することが社会的な実践としての対応策であろう．

新科学主義の目標を具現化しているのが，国際科学会議（ISCU），国際社会科学協議会（ISSC），ユネスコなどの国際組織連合が，2013 年に立ち上げた「Future Earth」である[14]．日本では，2013 年に学術会議のもとに「フューチャー・アースの推進に関する委員会」が設置され，2016 年には「提言」が公表された（日本学術会議 2016）．国立総合地球環境学研究所には，アジア地域センターが置かれている．

4.　「21 世紀型科学・科学思想・社会」をめぐる諸問題

この章で扱うのは，科学論にとって今後の重要な研究テーマであると，筆者が考える問題群である．21 世紀型科学は急激な発展の途上にある．それを対象とする批判的検討は容易ではないが，いくつかのテーマを設定してチャレンジする価値はあろう．

4.1　21 世紀型科学に内在する諸問題

（1）21 世紀型科学に内発的な大変革，つまり「科学革命」は起こり得るのか（「ニーダムパズル」に通ずる設問である）．科学のブレークスルーは，「ひらめき」「論理の飛躍」に負うところが大きい．したがって，「ひらめき」の余地がない（本当に余地がないのかも検討課題である）数理科学が牽引

する科学の潮流は，算出可能なテーマが出尽くしたところで終わる公算が高い．ただし，21世紀型科学の対象には，人間とその社会も含まれ，人間も社会も予測不能な内面をもっているから，「社会のための科学」の課題は汲めども尽きない．かつての中華帝国の「科学」と同様に，長期の持続可能性は高いかもしれない．

（2）21世紀型科学における重要課題の一つは，言語の問題である．いわゆる科学コミュニケーションのための解説用語の問題ではない．研究者自身にとっても「理解」とは自然言語で語ることができるということだからである．自然言語による仲間との議論も研究の進展にとって重要である．量子力学における解釈問題がいまだに論じられているのは，数学言語によって表現された内容を自然言語によって一義的に定めることができないためである．数理科学が中心である21世紀型科学には，同種の問題が存在する（付録を参照）．

また，人間中心の課題設定には，伝統的個別科学において厳密に定義された科学言語では十分ではない．人間スケールの概念の導入が必要になる．言語の問題は，目下，筆者がもっとも関心を寄せているテーマのひとつである．

4.2　学術の再編成と人材育成

第3章で述べた新科学主義が，現時点で社会一般に広く流布しているわけではない．しかし，学界のなかには，サステイナブルな地球環境と人間社会に到達するために必要とされる学術再編の問題に，21世紀型科学に内在する知の相互連結性の誤った解釈が見られる．学界においても学術政策においても「知の統合」「異分野融合」という文言が広く使われている（たとえば，学術会議2016；学術会議2014a）．「科学技術イノベーション」による経済成長を目指す政権の学術政策・産業政策と連動し，学術の再編が進行しつつある．科学論をはじめ，デジタル化されない分野は，21世紀型科学のサブシステム化するおそれが多分にある．

サステイナブルな未来のために必要とされているのは，全体を俯瞰し，地球環境と人間社会の喫緊の課題群に答えるべく，諸分野の連結・組替えを遂行できる人材である．学術の再編，教育，人材育成の問題にいかに対応するか．STSの理論，実践両面にわたる課題である．

4.3　テクノクラートの興隆とグローバル市民社会

人間生活に密接な関係をもつ地球環境変化の将来予測が，グローバルにも国家においても政策形成に関与するのは必然的な成り行きである．そのために，たとえば地球温暖化を扱う気候システム研究の場合には，査読論文の集積，統計処理，不確実性をもった予測の評価，さらに適応・緩和策の評価など一連の作業，および各種報告書作成のため，国連のもとに国際機関IPCC（Intergovernmental Panel for Climate Change）が設置され，世界各国から莫大な数の科学者，官僚が参加している．これらの人々は，テクノクラートと呼ばれるにふさわしい．21世紀型科学のもと，グローバル・テクノクラートの興隆は，テクノクラートの広義の定義が「社会を操作する技術専門家」であったことをあらためて想起させる（Armytage 1972）．操作主義（Operationalism）は，コンピュータ・シミュレーションによって未来をデザインするという新科学主義とほとんど重なり合う．「グローバル・テクノクラートをコントロールするのは誰か」が問われている．

かつて筆者は，「グローバル市民社会」について論じた（桑原2011c）．グローバル・スタンダードとなっている人権，平和，ジェンダー平等，格差解消などを国際機関と連携して推進する，それぞれの政府から自律したNGO/NPOのネットワークである．いまや「地球環境と人間社会のサステナビリティ」も，グローバル・スタンダートとしてグローバル市民社会が関与すべき課題であろ

う．グローバル・テクノクラートとの協働あるいは対抗をいかにすすめるか，STSにとっては，理論と実践両面の課題となる．

4.4　科学への「参加」の問題：21世紀型科学とデモクラシー

一般の人びとの科学技術政策への参加は，従前からSTSによって論じられてきた．21世紀型科学において，人間社会の課題をテーマとする研究では，一般の人びとがパートナーとして企画の段階から参加することが主張され，試みられている（たとえば，第3章で言及した「フューチャー・アース」の活動）．民主社会における参加の問題は，21世紀型科学の場合，それが社会と直結しているだけに，重要なSTSの課題である．同時に筆者自身がもっとも関心をもっているテーマのひとつでもある．アリストテレス・カント・ハーバーマスの市民社会論の系譜を超えて，地域コミュニティや多様な小規模コミューンのなかからの科学への参加の問題を考察したい（ここで「市民」というタームを使わず，「一般の人びと」とした理由である）．

5.　STSの未来に向けて：いま，なにをなすべきか

第4章で提起した課題群に取り組むには，まず，人間とその社会について，深い洞察力をもたなくてはならない．それには，専攻分野によらない共通の教養としての人文学，社会科学，文化としての自然科学・数理科学の知識が不可欠である．かつての日本の大学には，教養教育（リベラル・アーツ型）について，不十分ながら教養部という制度化された学びの場があった（科学論者にとっては，数少ない就職の場でもあった）．教養部がほぼ消滅して4半世紀を経た現在では，それぞれの大学において多様な教養教育実施への努力が重ねられてはいるが，学術の再編が進行するなか，将来は楽観できない．基本的には仲間と語らい自ら学びの場を切り開くほかない．

そのうえで，現代科学の変貌について具体的に知ることが必要である．つまり，インターナル・スタディーズのすすめである．科学のメインストリームは大きく変貌しつつあり，科学と社会が互いに内在的に関与しあっている．その実際を知らずして，科学批判のスタートは切れない[15]．21世紀型科学は，自然科学にかぎらず，社会科学・人文学の一部も含むから，アプローチはどこからでも可能である

ただし，どの方向からのアプローチにも行く手を阻む障壁が存在する．立ちはだかるのは，学問としての難しさではなく，21世紀型科学の中心に居座る大容量コンピュータである[16]．当事者以外は，立ち入る余地のないブラックボックスである（近年，「暗黙知」がふたたび論じられるようになった原因の一つであろうか）．

21世紀型科学のコアに踏み込めないのであれば，21世紀型科学にたいする「批判の学＝メタ・サイエンス」は成立し得ないのであろうか．これは，科学論者に対する究極の問いである．自然言語をもってする科学論は，デジタル時代の21世紀型科学に対する根源的批判を断念し，周縁に位置せざるを得ないのであろうか．現時点での筆者の答えは「否」．ブラックボックスの内容は不明でも構造は見える．あえてインターナル・スタディーズをすすめる所以である．

謝辞
ここに挙げた地球温暖化研究，地球環境変化の研究にかんする情報の多くを，神戸大学サイエンス・ショップ「市民のための，IPCCを根掘り葉掘り読む会」で得た．IPCC第4次評価報告書から第5次評価報告書まで8年余にわたり根掘り葉掘り読み議論し，必要とあれば原著論文を参照し，

高度のレベルを維持してきた集まりであり，現在も続行中である．主宰者の蛯名邦禎氏（神戸大学名誉教授）をはじめ参加者各位に記して感謝と敬意を表する．ただし，本稿で述べた見解は，すべて筆者個人のものである．

付録
「IPCC評価報告書」における不確実性(Uncertainty)の扱いとベイズ統計学

　気候変化の研究が対象とする気候システムは，巨大な複雑系かつ非線形系である．扱う現象は多岐にわたり，長期の変化が予測されている．当然，不確実性について検討しておく必要がある(Uncertaintyには，ケースに応じてさまざまな訳語があるが，気候学の場合は「不確実性」が用いられている)．

　ここでは，『IPCC第4次評価報告書』(以下，AR4)WGI, WGII, WGIII(WG = Working Group) (2007)および『IPCC第5次評価報告書』(以下，AR5)WGI, WGII, WGIII(2013)における不確実性の扱いを，WGIを中心に検討する．WGIは，物理科学的根拠(The Physical Science Basis，公定訳では「自然科学的根拠」となっているが，適切とは認めがたい．なお，physical scienceには，物理学, 天文学, 化学, 地質学などが含まれ, 国際的に共通のディシプリン分類のスタンダードになっている．対立概念はbiological scienceである)．WGII, WGIIIは，温暖化の自然・社会への影響，対応策から緩和策までが対象である．不確実性の扱いには，さらに注意が必要になる．

　2005年にAR4の執筆者に向けたガイダンス・ノートが発表された(IPCC 2005)．そこには，WGI, WGII, WGIII共通に3種の不確実性が挙げられている；

　(1)「予測不可能」(Unpredictability)
元来，予測困難な人間行動の予想(政治システムの変化など)，複雑系のカオス的変化

　(2)「構造的不確実性」(Structural Uncertainty)
不適切なモデル選択，合意形成が不十分な概念やモデルのフレムワーク，システムの境界や定義の曖昧さなどに起因する．

　(3)「数値の不確実性」Value Uncertainty
データの不在，不正確，非表示，不適切な空間的・時間的区切り，モデルパラメーターに関する知識不足などが原因とされる．

　自然科学から社会科学や政策評価までを含む各WGに共通に通用する不確実性のタイプを定めるという方針に無理があることは否めない．

　これら3タイプの不確実性の評価について，6通りのケースが示されているが，実際の『WGI, AR4』で使われたのは，2つの尺度――「確信度」(confidence)と「可能性」(likelihood)である．「可能性」は公定訳だが，統計学では尤度という訳語が定着している．本稿では尤度を用いる[17]．尤度は，フィッシャーとベイズそれぞれに算出方法が定義されているが，両者は同一の概念ではない．ガイダンス・ノートには明示されてはいないが，ここでの尤度はベイズ統計によるものである．確信度は，見解の一致度とエビデンスのクロスした定性的尺度であり，ベイジアンである．

　ガイダンス・ノートを受けて，2007年に公表された『第4次評価報告書WGI』では，(2)と(3)の2つのタイプの不確実性が採用された．2つの尺度に関する説明は，TS. Box 1に掲載されている(IPCC, WGI, AR4 2007, 22-3)．

　2つの尺度は併用されたり，単独で使われたりしているが，その適用基準がはっきりしない．また，知見(finding)の文章表現によって確信度が左右される．これらの批判(InterAcademy Council,

2010)を受けて，2010年には『第5次評価報告書』に対するガイダンス・ノートが発表された(IPCC, 2010)．

　これを受け入れて作成された2013年の『WGI, AR5』では，確信度の尺度は，図とカラーで示され，説明は丁寧になった(IPCC, WGI, AR5, 2013, 36, Technical Summary, Box TS. 1)．全体を通して文章表現が慎重になったという印象をもった(ただし，一般には，はっきりせずわかりにくくなった，という声もある)．

　一連の経過は，多様な意味をもつ不確実性という概念の表現の難しさを示している(WGII, WGIIIを精査すれば，このことはもっとはっきり現れるだろう)．また，不確実性の評価尺度(確からしさ，尤もらしさ)の表現の難しさも表している．確率・統計学が高度になり，数学的に洗練されるにしたがって，自然言語による表現が多義になるという事情が背後にある．これは，自然科学から社会科学・人文学と分野を超えた統一的扱いが，いかに困難であるかを物語っている．たとえば，「因果性」というタームの内容は自然科学の範囲内でも，物理科学，生物科学，環境学では異なる．まして，自然科学と社会科学では，さらに共通の自然言語で学問的内容についてコミュニケートすることが難しい．21世紀型科学における課題解決型研究にとって，言語の問題は，きわめて重要である．

　付録では，後藤邦夫2011:「気候の科学における不確実性の捉え方とその歴史的背景について——IPCC第4次報告書をめぐって」神戸大学学術講演会，神戸大学環境物理グループ主催(2011年3月26日)を参照した．

　■注

1) 本来ならば技術論もこのカテゴリに含めるべきだが，議論の輻輳を避けるため，ひとまず割愛する．しかし，本稿を通して科学について論ずる際，つねに技術の問題は念頭にある．
2) 筆者は，ジェンダー・スタディーズにおける「科学技術とジェンダー」というテーマを扱った際，「ジェンダー視点に立つ学術研究」というタイトルの論考において，フェミニストによる科学批判(feminist science critique)自体を対象化したメタ的研究，すなわち，メタ「メタ・サイエンス」の必要性を論じた(桑原2011a, 380)．
3) 同じくその際，科学知とともに科学思想・科学言説などが，それぞれの時代のジェンダーの問題に及ぼす影響の大きさに刮目した(桑原2011b, 336-8)．科学思想・言説のなかの女性像が，あたかも影絵のように人々の脳裏に大きく映ずるさまを，筆者は「科学の影」と呼んだ(桑原2004, 143-62)．
　ナチズムと科学思想の関係については，あらためて言及するまでもなかろう．「科学的社会主義」も政治思想と科学主義の結合の一例である．
4) たとえば, Gibbons 1994; Latour 1987．この時代のモード論に言及した論文が『科学技術社会論研究』第13号の特集「イノベーション政策とアカデミズム」にある(勝屋2017)．
5) 1980-90年代のSTSの主要論点：フェミニズム，ポストコロニアリズム，マルティカルチュラリズムをすべて織り込んだ論考としては，ハーディング(Sandra Harding)の一連の著作がある(たとえば, Harding 1998)．
6) たとえば，京都大学基礎物理学研究所，計算基礎科学連携拠点のレクチャーシリーズ：http://www.jicfus.jp/jp/research/lectureseries/(2017年7月24日閲覧)．
7)「計算センター」とは別ものである．たとえば，筑波大学「計算科学研究センター」におけるシンポジウム「学際計算科学による新たな知の発見・統合・創出」(下線は筆者による強調)の第9回(2017.10.10-11)は，計算科学研究センター設立25周年記念シンポジウム「計算科学の発展と将来」として開催された：https://www.ccs.tsukuba.ac.jp/symposium20171010/(2017年8月22日閲覧)．

8）人材の需要に呼応して，学生や若手研究者に対する教育が実施されている．たとえば，神戸大学「計算科学教育センター」「兵庫県立大学大学院シミュレーション学研究科」などが共催する「シミュレーション・スクール」http://www.eccse.kobe-u.ac.jp/simulation_school/kobe-hpc-summer-school-2017/（2017年8月17日閲覧）.

9）この文章のように，基礎方程式が存在する場合に対比して，存在しない場合に副次的に言及する記述方法は，物理科学中心の発想の表れである．シミュレーション自体に軸足をおいて考えれば，まず対象とする現象にかんするデータの集積があり，それに基づいてモデリングする，（たまたま）基礎方程式が適用できるケースであれば定式化を実施する，ということになる．筆者が，そのことに思い至ったのは，廣瀬通孝ほか著『シミュレーションの思想』による（廣瀬，小木，田村 2002, 18）．個人的感慨としては，いささか残念だが発想の転換が必要であろう．

　　2017年6月に公表された理化学研究所の『計算科学ロードマップ』には，文理双方にわたる多くの研究テーマが記載されている（国立研究開発法人理化学研究所 2017）．http://hpci-aplfs.aics.riken.jp/kentoukai/（2017年8月17日閲覧）.

10）大学のなかで，プログラムが組まれ，学科が設置された時点が，当該ディシプリンのスタートということになるが，データサイエンスは統計学と密接な関係にあり，統計学の講義に組み込まれることが多かった．データサイエンスは，特定のディシプリンというよりは，多くの分野の共通基盤，考え方として必須の存在である（Lohr 2016, 131-2）．日本の学界，海外の状況については，日本学術会議 2014b を参照．

11）総務省オンライン講座「社会人のためのデータサイエンス入門」）では，2015年秋には1万5千人が受講済みであったが，要望に応えて再開講（2015.11.17）された．
http://www.soumu.go.jp/main_content/http://gacco.org/stat-japan（2017.7.24. 閲覧）.

12）国際科学会議（ICSU）などが主催の国際会議（2017.10.8-13，ペテルスブルグ）のタイトルは，「Global Challenges and Data-driven Science」である．https://www.wcrp-climate.org/news/wcrp-news/1169-codata2017（2017年8月26日閲覧）.

13）たとえば，気象研究所地球システムモデル，MRI-ESM；http://www.mri-jma.go.jp/Project/1-21/1-21-1/1-21-1-sjis.htm（2017年8月27日閲覧）.

14）Future Earth の刊行物として，
　（a）Strategic Research Agenda 2014
　　　http://www.futureearth.org/sites/default/files/strategic_research_agenda_2014.pdf
　（b）Future Earth 2025 Vision
　　　http://www.futureearth.org/media/future-earth-2025-vision
　（c）Future Earth Design Report http://www.futureearth.org/sites/default/files/Future-Earth-Design-Report_web.pdf
　（ともに2017年8月30日閲覧）を挙げておく．
　（a）の和訳は，総合地球環境学研究所 2016『戦略的研究アジェンダ2014』；
　http://www.futureearth.org/sites/default/files/sra2014_japanese.pdf（2016年8月29日閲覧）.

15）本稿で，21世紀型科学の典型的事例として取り上げた地球温暖化問題については，『科学技術社会論研究』第9号が特集を組んでいる．しかし，インターナル・スタディーズに相当する論考は見当たらない．

16）この障壁は，計算科学に付随するものであり，外部からアプローチする科学論者だけにあるのではなく，科学コミュニティ内の同業者にも存在する．他のチームが出した結果が怪しいと思っても，大容量コンピュータによる計算をチェックする方策がない．再計算を実施する資金も人力も用意できないからである（地球温暖化問題で（まともな）懐疑論が突き当たる壁でもある．逆に懐疑論が絶えない原因にもなっている）．科学コミュニティ内で，研究にかんする対等な議論ができなくなる懸念がある．歴史的に確立されてきたピアレヴューの方法は再考が必要になるだろう．科学コミュニティにおける学問的主流派形成のメカニズムにも影響する問題である．

17）IPCC評価報告書の言語は国連公用語であるが，日本語への翻訳が部分的になされている．WG各巻についている "Summary for Policymakers"，"Technical Summary" など．一般に，官庁による和訳

を公定訳という.

■文献

Armytage, W. 1972：赤木昭夫訳『テクノクラートの勃興』筑摩書房；*The Rise of the Technocrats: A Social History*, Routledge & Kegan Paul, 1965.

Gibbons, M. et al. 1994: *The New Production of Knowledge: The Dynamics of Science and Research in Contemporary Societies*, Sage Publications；小林信一監訳『現代社会と知の創造』丸善，1997.

萩原一郎 2014：「計算科学における夢・ロードマップ」『学術の動向』2014-10，12.

Harding, S. 1998: *Is Science Multi-Cultural?* Indiana University Press.

廣瀬通孝，小木哲朗，田村善昭 2002：『シミュレーションの思想』東京大学出版会.

InterAcademy Council, 2010: *Climate Change Assessment, Review of the Processes and Procedure of the IPCC*, http://reviewipcc.interacademycouncil.net（2011 年 2 月 26 日閲覧）.

IPCC, 2005: *Guidance Note for Lead Authors of the IPCC Fourth Assessment Report on Addressing Uncertainty*, IPCC.

IPCC, WGI, AR4, 2007a: *Climate Change 2007: The Physical Science Basis. Contribution of Working Group I to the Fourth Assessment Report of the Intergovernmental Panel on Climate Change*, Cambridge University Press.

IPCC, WGII, AR4, 2007b: *Climate Change 2007: Impacts, Adaptation and Vulnerability. Contribution of Working Group II to the Fourth Assessment Report of the Intergovernmental Panel on Climate Change*, Cambridge University Press.

IPCC, WGIII, AR4, 2007c: *Climate Change 2007: Mitigation of Climate Change. Contribution of Working Group III to the Fourth Assessment Report of the Intergovernmental Panel on Climate Change*, Cambridge University Press.

IPCC, WGI, AR5, 2013: *Climate Change 2013: The Physical Science Basis. Working Group I Contribution to the Fifth Assessment Report of the Intergovernmental Panel on Climate Change*, http://www.ipcc.ch/report/ar5/wg1/（2017 年 8 月 30 日閲覧）.

岩波データサイエンス刊行委員会編 2015 ～：『岩波データサイエンス』各巻，岩波書店.

勝屋信昭 2017：「モード論の再考」『科学技術社会論研究』13，98-112.

河宮未知生 2013：「地球システムモデル」『天気』日本気象学会，60，41-2.

国立研究開発法人理化学研究所 文部科学省委託業務「HPCI の運用」今後の HPCI を使った計算科学発展のための検討会編 2017：『計算科学ロードマップ 2017』.

桑原雅子 2004：「ジェンダー概念と科学をめぐるポリティクス」『科学技術社会論研究』3，143-62.

桑原雅子 2011a：「ジェンダー視点に立つ学術研究」吉岡斉編集代表『新通史　日本の科学技術 1995 年-2011 年』第 3 巻，原書房，367-87.

桑原雅子 2011b：「「男女共同参画」政策の展開と科学技術」吉岡斉編集代表『新通史　日本の科学技術 1995 年-2011 年』第 3 巻，原書房，326-45.

桑原雅子 2011c：「グローバル市民社会・ジェンダー・科学技術」吉岡斉編集代表『新通史　日本の科学技術 1995 年-2011 年』別巻，原書房，177-99.

桑原雅子 2015：「新科学主義と 2010 年代の科学技術政策」『日本科学技術社会論学会第 14 回年次研究大会予稿集』，72-3.

桑原雅子 2017：「科学の変貌と科学思想」『日本科学史学会第 64 回年会研究発表講演要旨集』，95.

Kyburg, H.E. Jr. and Smokler, H. E. 1964: *Studies in Subjective Probability*, John Wiley & Sons.

Latour, B. 1987: *Science in Action*, Harvard University Press.

Lohr, S. 2016：久保尚子訳『データサイエンティストが創る未来』講談社.

マグレイン，S. 2013：富永星訳『異端の統計学ベイズ』草思社.

日本学術会議 2014a：フューチャー・アースの推進に関する委員会，持続可能な発展のための教育と人材

育成の推進分科会『提言　持続可能な未来のための教育と人材育成の推進に向けて』．http://www.scj. go.jp/ja/info/kohyo/pdf/kohyo-22-t199-1.pdf(2017 年 8 月 20 日閲覧)．

日本学術会議 2014b：情報学委員会，E-サイエンス・データ中心科学分科会『提言　ビッグデータ時代 に対応する人材の育成』．http://www.scj.go.jp/ja/info/kohyo/pdf/kohyo-22-t198-2.pdf(2017 年 8 月 20 日閲覧)．

日本学術会議 2016：フューチャー・アースの推進に関する委員会『提言　持続可能な地球社会をめざ して——Future Earth(フューチャー・アース)の推進』．http://www.scj.go.jp/ja/info/kohyo/pdf/ kohyo-23-t226.pdf(2017 年 8 月 20 日閲覧)

佐藤文隆 2015：「無人物理，有人物理」『現代思想』43(3)，8–15.

von Baeyer, H. C. 2016: *QBism: The Future of Quantum Physics*, Harvard University Press.

Weinberg, S. 1992: *Dreams of a Final Theory*, Pantheon Books；小尾信弥，加藤正昭訳『究極理論への夢』 ダイヤモンド社，1994.

Weinberg, S. 2015: *To Explain the World: The Discovery of Modern Science*, Allen；赤根洋子訳『科学の発見』 文藝春秋，2016.

Research Note

Scientific Change and the Rise of Scientism in the 21st Century: A Proposal for Activity of STS in Contemporary Japan

Motoko Kuwahara[*]

Abstract

This article deals with the change of science, which has begun in the mid—20th century and is rapidly growing now. The science studies of the wider sense, which include history of science, sociology of science, philosophy of science and STS, are not always successful in treating this new trend. Rather, facing at the new challenge the science studies might be reformed.

In the 21st century, with the rapid growth of capacity of computers, the computational science, the data science, and the Bayesian statistics are also growing. By means of such new mathematical science, changing traditional disciplines and new disciplines are now emerging. We may call these disciplines as "the science of the 21st century style". We discuss the characteristics of this "the science of the 21st century style", and the rise of new scientism, which is developing with the new disciplines. Also, we would propose the problems, which should be treated by the STS of Japan. In order to do these works, the internal studies of "the science of the 21st century style" should be necessary.

Keywords: Computational science, Data science, Bayesian statistics, New scientism, Sustainability

---

Received: September 5, 2017; Accepted in final form: May 12, 2018
[*] Gakujutsu Kenkyu Network; kuwahara@andrew.ac.jp

日本におけるSTS研究の展開

科学技術社会論学会予稿集の量的分析から

吉永　大祐*

要　旨

　東日本大震災の後，STS研究者たちの間で，STS研究の成果が果たして現実の社会において実効性を持ち得るか，そしてそれはいかにして獲得されるべきかを問う，自己省察の機運が高まっている．それに伴い，日本におけるSTS研究の展開を回顧することで，将来あるべき日本のSTS研究の姿を探求しようという動きがはじまっている．しかしながら，それらの多くは質的検討が中心であり，数量的分析を欠いている面がある．本稿は科学技術社会論学会の年次研究大会予稿集のテキストデータを量的に分析し，これまで質的研究で主張されてきた日本におけるSTS研究動向と比較した．その結果，STSのコミュニケーション化，科学コミュニケーションの教育啓蒙化など，これまでに指摘されてきた傾向が予稿データの分析からも見いだせることが確認され，STS省察に対して量的アプローチが寄与する可能性が示唆された．

1.　はじめに

　STS学会の設立から16年を経た今，日本におけるSTS研究の展開を振り返る議論が始まっている．かつて日本において，STSという学問分野そのものを考察対象とするいわゆる「STS論」が最も盛んに語られたのは，STS学会設立前夜である90年代の初頭から末にかけてのことであり，その話題の中心は海外の事例や議論の紹介であった（例えば，後藤による一連の報告（1996a, 1996b, 1997a, 1997b, 1998, 1999a, 1999b）など）．STS学会設立（2001年）の後は，STSとリスク（林2002），STSと技術者倫理（杉原2004），STSとジェンダー（桑原2004），STSと環境社会学（藤垣2004）など，STSを特定の問題領域や学問分野に応用することの有効性の主張を通じて，STS論が語られる例が増えていった．このような縦に掘り進む思考から論の水平展開への転換が起きたのは，分野としてのSTSが組織化され，研究の軸足として基礎づけられたためであると考えられる．ひとつの分野が確立され成長していく速度を鑑みれば，学会設立から十余年という年月は決して学問的成熟に十分足る時間とは言えないだろう．にもかかわらず，STS研究者たちが今になって「STS省察」を始めているのは，2011年の東日本大震災がSTSに落とした影，とりわけ学会外部からの

2017年12月19日受付　2018年5月12日掲載決定
＊早稲田大学現代政治経済研究所次席研究員，yoshinagad@aoni.waseda.jp

強い批判に晒された経験が動機として強く働いているように思われる.

　震災以来，日本のSTS研究者たちは自らの存在意義を試され続けてきたと言っても過言ではない. 地震発生を皮切りにドミノを倒すように次々と科学技術に関連する危機的状況が展開し，人々の間に混乱が広がりゆく中，科学と社会の関係性について学究し説いてきたはずのSTSという学問は結局，十分に存在感を発揮することができなかった. そればかりか，ウェブ上で盛り上がる「御用学者」批判言説と関連付けられ，STSが専門家批判に終始し混乱を助長するばかりの学問であると捉えられてしまい，続いて起こったSTS研究全体に対するバッシングに対して有効な反論を行なうことすら満足に出来なかった(佐倉 2016；田中 2016). STS学会は 2016 年，学会誌『科学技術社会論研究』にて「福島原発事故に対する省察」と銘打った特集を組んだが，その中で 5 名の研究者たちが日本におけるSTSを振り返る記事を執筆した「内省するSTS」という項目に紙幅を大きく割いていることからも，社会的批判を含め，震災を巡る様々な経験がSTS研究者たちに研究分野そのものの省察の必要性を痛感させる契機となっていることが伺える. 震災はいまだ終わってはいないが，この数年間燻り続けた「STS研究の成果が果たして現実の社会において実効性を持ち得るか」，「いかにしてそれを獲得するべきか」という，STS研究者のアイデンティティの根幹に関わる疑念や想いを言挙げする機運が十分に熟したこと，そしてこれを乗り越えねば日本のSTSの将来はないという積もり積もった危機感が，昨今のSTS省察のムーブメントを駆動していることに相違ないだろう.

　「日本のSTSを振り返る」と言っても，その歴史はまだ数十年と浅く，黎明期からキーアクターとして活躍してきた研究者の多くは，いまだ現役の研究者として分野を主導している. 自然，分野の展開の歴史と彼ら個人の活動には重複する部分が多く，ゆえに彼らの記憶に基づくテクストが重要な一次資料となっている. だが，研究者個人による主観的な体験のみで構成された過去の記述は，ややともすると共同体内部で共有された集合的な記憶や枠組みに強く影響されたものとなるため，多くの語りを統合した歴史的な記述が実は単眼的な見方を反映してしまう可能性もある. そのような過誤を避けるためには，客観的な立場から得られた数量的なエビデンスと，主観的な体験に基づく分析や述懐と相互参照しながら多角的な検討を加えていくことが不可欠である.

　そこで本稿では，STS省察に対して客観的視座から寄与することを目的とした試験的な量的分析を実施し，得られたデータとこれまで質的な観点から述べられてきた各説との照合を試みる.

2.　分析対象

　特定分野の研究動向を量的に分析する場合，分析対象として原著論文が掲載された学術雑誌を選択する事例が多いが，STS学会の学会誌である『科学技術社会論研究』は発行ペースが比較的緩やかであり，また原著論文の掲載数も少ないことから，計量分析を実施するのに十分な数のサンプルが得られず，長期間の推移を見るのに不向きであると考えられる. そこで，毎年概ね 2 日間に渡って開催され，多数の所属研究者が研究成果を発表している研究大会に着目した. 学会発表の場で提示するプレゼンテーションの要旨を記述したものである発表予稿は，これまでの「論文未満の不完全な成果物」という印象に反し，科学的コミュニケーション過程において原著論文とはまた異なる役割を果たすことが明らかとなっている(Drott 1995). とりわけ，研究が未完成な段階でも見解を述べやすいそのインフォーマルな性質は，萌芽的な問題や関心に関して同僚研究者間での情報交換を促進していると言われている(Usée, Larivière & Archambault 2008). ゆえに，予稿集を分析することは，学会内に登場した新規の対象や概念の把握や研究集団の特定に有効であると考えられる.

上記の理由により，本稿ではSTS学会の学会予稿集を分析対象として採用し，これまでにSTS学会が発行した学会予稿集のうち第1回から第15回までの15回分（2002年〜2016年）を収集した．さらにコンピュータによる計量分析に供するため，PDF形式で取得できた一部を除き，紙に印刷された冊子のものをイメージスキャナとOCRアプリケーションで処理し，デジタルデータへの変換を実施した．

　分析にあたり，試料を5回ごとに3つの期間（第1期：2002年〜2006年，第2期：2007年〜2011年，第3期：2012年〜2016年）に分割した．これは各回の分析だけでは捉えにくい傾向の存在を，期間ごとに比較することでより明瞭に把握できるようにするためである．また，テキスト分析で実施する多変量解析では，サンプル数の不足が結果に大きく影響するため，期間ごとにデータを集約することでそれを回避する目的もある．以下の分析では，分析目的に応じて回別データと期間別データを適宜選択して検討を実施した．

　学会発表のプログラムは，概ね毎回，「基調講演」などの全体で行われるイベントと，「セッション」と呼ばれる単一もしくは複数の個別の研究発表やワークショップ企画などが実施される時間枠で構成されている．予稿集には基調講演の要旨も掲載されている場合があるが，本研究の目的上，分析はセッションに組み込まれた予稿のみを選択した．また，セッションによってはセッションの目的や概要を記載した予稿が別途掲載されているが，各発表の要旨と内容の重複が多く，語の頻度を利用した計量分析ではバイアスの原因となると考えられたため，こちらも分析には供しなかった．

　さらに，セッションには学会事務局によって内容が近いと判断された発表で構成される「一般セッション」，オーガナイザーが集めた研究者たちによる「オーガナイズド・セッション」，そしてより実践的もしくはオーディエンスの貢献度の高い形式である「ワークショップ」の3種類が含まれる[1]．オーガナイズド・セッションとワークショップはオーガナイザーである研究者が自ら取りまとめたセッションであり，普段から交流が深く互いに研究内容の近接性を認めている研究者同士で組まれている場合が多い．一方で，一般セッションは学会進行上の必要性から組まれた便宜的なグルーピングであり，必ずしも著者間の関係性が近いとは限らない．しかしながら，一般セッションもセッションタイトルに応じた研究が集められており，学会事務局によって研究内容が近接していると判断された著者同士であることから，本分析ではこれらのセッションの種類を区分せずに扱うこととした．

3.　人員の変化

3.1　著者数の推移

　図1は，各回の著者数の推移を示している．なお，本稿において「著者」とは，学会予稿に記された全ての研究者のことを指す．第9回のみやや異常な数値となっているが，これはこの回が4S（Society for Social Studies of Science）との共同開催であり，用意された日本語セッション数が例年より大幅に少なかったためである．次項以降の分析でも第9回の分析結果も併記するが，左記の理由により回別分析の場合は参考としてのみ使用することとする．

　著者数は第1期を通じて増加し続け，2回目以降に新規に発表する新出著者数も毎回約7〜80名で安定しており，新設されたSTS学会が成果発表の場として認められ，順調に成長していったことがわかる．しかし，第6回をピークに新出著者数，合計著者数ともに回を追うごとに漸減し，第3期には合計著者数こそ第1期の水準を保っているものの，新出著者数は約半数まで減少した．発表研究者の流入数の低減は，潜在的なメンバーたちが次々と参入してくる設立初期と比べて学会

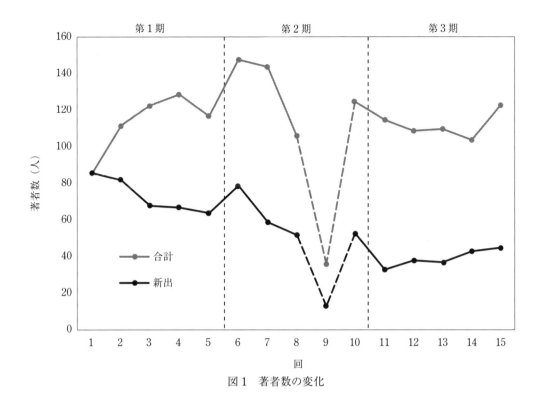

図1 著者数の変化

が十分に成熟したことを示す一方で，2000年代初頭に見られたSTSを横に押し広げていく動きが停滞し，他の学問分野から新たな研究者を引きつけるような新領域の立ち上がらなかった結果，学会の新陳代謝が低下していったとも考えられる．

　第3期になると，新出著者数の減少も底を打ち，微かに回復傾向を見せるようになる．これは，東日本大震災を契機として科学技術と社会の間で生じる問題への注目が集まったことが，再び他領域の研究者がSTS研究に新規に参入する動きが生じたためではないかと推測される．

3.2　著者所属先の所在県

　予稿に付記された所属情報から，著者の所属する組織の所在する都道府県名をカウントし，相対的な人数に応じて白地図を色分けした．回別の推移では，東京とその近郊が顕著に多いことや各地方の主要都市がある都道府県が目立つことなど，予め想定される傾向以外は確認されなかった[2]．一方で，期別の分析結果(図2)では，第3期で宮城県の研究者数が相対的に増加していることが見て取れる．県別の著者数の推移でも，宮城は第3期に急激に人数を増やしており，相対的にも目立つようになっていた(表1)．

　宮城は被災県かつ研究者数の多い国立大学を持つことから，震災関係の研究発表が増えたことを示していると考えられる．そこで，地域別の比較を実施したところ，震災の主たる被災地となった東北地方の著者割合の増加が確認された(図3)．しかし，宮城と山形で顕著な増加が見られる一方で，被災県として大きく注目され，研究テーマとしても度々取り上げられた福島はほとんど増加が見られず，STS研究の主体とはならなかったことがわかった(表2)．

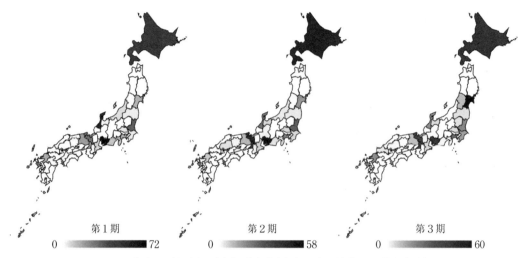

図2 著者の所属先の所在都道府県(東京除く,数値は人数を表す)

表1 県別著者数上位10(人)

第1期		第2期		第3期	
東京	355	東京	359	東京	290
愛知	72	愛知	58	宮城	60
石川	58	北海道	50	北海道	44
北海道	48	京都	48	愛知	43
茨城	33	大阪	45	京都	39
京都	28	茨城	28	大阪	39
兵庫	18	石川	23	神奈川	27
大阪	17	神奈川	21	茨城	19
福岡	15	宮城	16	福岡	19
宮城	13	兵庫	10	石川	18

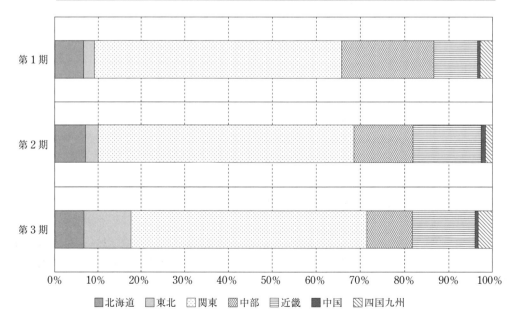

図3 地域別著者比率

表2 東北6県の著者数(人)

県名	第1期	第2期	第3期
宮城	13	16	60
山形	1	1	9
福島	3	3	4
青森	0	1	1
岩手	0	0	0
秋田	0	0	0

4. 対象の変化

予稿本文のテキストデータを用い，語の出現頻度による対応分析[3]を実施し，回／期ごとにどのような対象について論じられてきたか，その傾向の推移を可視化した．なお，分析に供する単語は，TF-IDF[4]による重み付けの結果，上位150位以内に入る名詞とした．

4.1 全体の傾向——STSの"コミュニケーション化"

図4は，回別データで対応分析を実施した結果である．「学会」「倫理」「制度」などが特徴的な第1期から，徐々に「学生」「コミュニケーション」「食品」などに近接していき，震災後初の開催となる第10回以降は「原発」「事故」「医療」「政府」など，東日本大震災と強く関連する単語の周辺に布置されている．第1回から第8回にかけての第2象限から第4象限への移動は，「コミュニケーション」という単語に引き寄せられるように起きており，この間にコミュニケーションという単語を含む研究が増加したことがわかる．

この結果には，STS研究におけるコミュニケーションをテーマとする研究の隆盛，即ち「コミュ

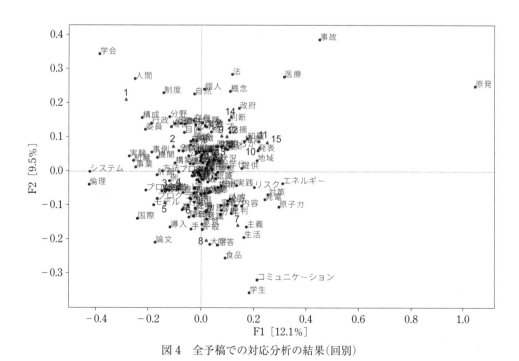

図4 全予稿での対応分析の結果(回別)

ニケーション化」の進行が反映されていると考察することができる．木原によれば，2000年代に入ってからは，科学技術行政の政策的潮流に棹さす形で，STSにおける科学技術コミュニケーションへの関心と関与が高まっていったと言う(木原 2010)．中島は，このコミュニケーション化の流れの中で「科学技術社会論学会の年会ではこの主題に関連する研究発表が多くなった」と述懐している(中島 2016)．対応分析の結果は，これらの既存の説を支持しており，2000年代を通じてSTSのコミュニケーション化が進行したことを証明していると言える．

4.2 「コミュニケーション」の傾向――科学コミュニケーションの"教育啓蒙化"

前節の分析では，回を重ねるほどに「コミュニケーション」への注目が高まり，学会の中で語られるようになっていく様子を確認することができた．しかし，ひとくちに「コミュニケーション」と言っても，その目的や対象，スタイルは一様ではない．齋藤・戸田山(2009)は，これまで様々な科学技術から社会へのアウトリーチ活動が登場してきたことを「科学コミュニケーション概念の変遷」として分析しているが，これはむしろ，近年になって登場した概念である科学コミュニケーションによって，過去に実践されてきたアウトリーチの数々を遡及的に包摂する試みと解釈すべきであろう．現在の科学コミュニケーション研究は，市民に情報提供して健全な民主主義的意思決定に資する大規模な会議から科学愛好家による個人運営のブログ執筆に至るまで，様々な目的や形態の活動を対象としており，STSにおけるメジャーな研究テーマ群を形成している．

それでは，STS学会において議論された「コミュニケーション」は果たしてどのような実践であり，そしてその傾向はどのように変遷してきたのだろうか．この問いに答えるため，「コミュニケーション」という語を本文中に含む予稿のみを対象として，期別データでの対応分析を実施した(図5)．

第1期は左側象限に布置され，最も特徴的な単語として「会議」が見られ，初期のコミュニケーション研究が「コンセンサス会議」を頻繁に取り上げていたことがわかる．一方で，第2期はやや右下，第3象限内に布置されたが，右下端には「学生」「患者」の他，「講義」という単語が現れていた．

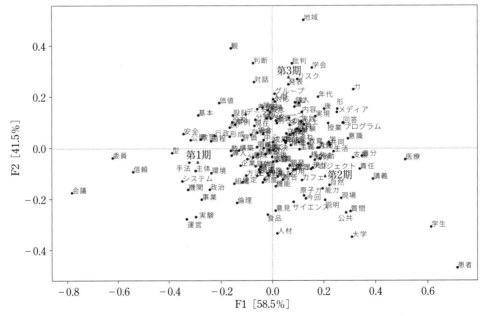

図5「コミュニケーション」を含む予稿での対応分析の結果(期別)

第3期は「地域」「批判」「リスク」など，やはり震災に関連する単語が強く現れていた．

第1期と第2期の間での推移は，これまでも指摘されてきた，科学コミュニケーションの「教育啓蒙化」を示していると解釈できるだろう．2005年頃より，博物館のような元来より科学コミュニケーションに分類される活動を主たる任務としてきた組織だけでなく，大学でも科学コミュニケーションが注目されるようになり（小林2007），同時にサイエンスカフェが「元年」を迎え，多様な主体が科学コミュニケーションに参入することとなった（中村2008）．一方で，このような科学コミュニケーション上の変化は，欠如モデル的発想に基づいて知識のない人々に科学技術を教え込むことで説得しようという，「教育啓蒙型」と呼ばれる日本における科学コミュニケーションのスタイルとして，2000年代後半にその問題が指摘されるようになっている（小林2007；中村2008）．

対応分析の結果からは，STS学会の研究発表の場もまた，教育啓蒙型の科学コミュニケーションによって浸潤されていく様を見て取ることが出来る．2000年代前半ではコンセンサス「会議」などの「政策」決定「過程」に人々の意思を反映させるためのコミュニケーションが注目されていたが，2000年代半ばから末にかけて，「大学」や「医療」などの「現場」において「学生」や「患者」などに「講義」することで科学技術的内容を「説明」するコミュニケーション実践が対象となっていった．これは，STSにおけるコミュニケーション研究の想定するオーディエンス像の主流が，熟議を介して意思決定や専門家との間で相互作用を期待された「公衆」から，科学技術への理解を求める（一方向的）コミュニケーションの対象である「聴衆」へと変化していったことを示しているとも言える．この第2期における科学コミュニケーションの変化が，第3期における危機的状況でのコミュニケーション実践に対してどのように影響を与えたかについては，さらに深く追究していく必要があるだろう．

4.3 新出著者の傾向

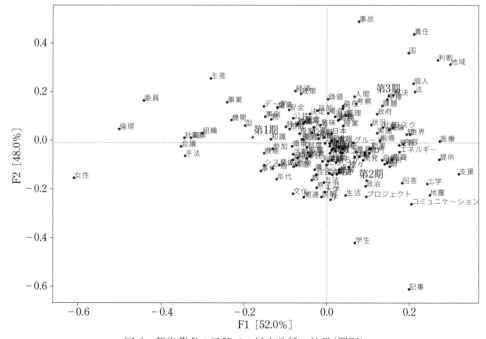

図6　新出著者の予稿での対応分析の結果（期別）

各期間における新出著者は，果たしてどのような研究テーマを通じてSTS研究に参入したのか，新出著者を含む予稿のみを使って対応分析を実施した(図6)．回別分析の場合，各回の布置に傾向らしい傾向は見て取れなかった．一方で，期別分析では第1期が「女性」「倫理」に大きく振れており，ジェンダー論や技術者倫理分野での新規参入が多かったことが伺える．第2期はやはり「コミュニケーション」に強く振れているが，とりわけ特徴的な単語として「記事」が現れていた．これは「新聞記事」という連語で現れる場合が多く，マスメディアの分析を実施した研究が増加したことを示している．第3期は第2期とともに右側の象限に布置されており，第1期の新出著者たちの研究分野は，その後の新出著者たちの出現単語の傾向からやや離れている．この結果は，初期に参入した研究分野は新規参入の研究者を引きつけることは出来ない中，コミュニケーション分野が顕著に成長していったことを示唆しており，3.1の分析結果を補強するものであると言える．

5. 結論

　本稿は，近年盛んに議論されている日本におけるSTSの展開に対して，客観的視座からの証拠を提供することを目的に，STS学会の年次研究大会予稿集(15回分)の量的分析から研究動向の抽出を試みた．その結果，STSのコミュニケーション化，科学コミュニケーションの教育啓蒙化など，これまでに指摘されてきた傾向が予稿データの分析からも見いだせることが確認され，STS省察に対して本アプローチが寄与する可能性が示唆された．

　結果からは，東日本大震災はSTSに危機をもたらし省察する機会を与えただけでなく，STS学会が成熟する中で陥りつつあった学問的沈滞[5]から抜け出すきっかけを与えたようにも見える．裏を返せば，それはまだSTSという学問分野の存在が必要とされている証左でもあると言えよう．しかし，それに甘んじているわけにはいかない．反省し，教訓を糧に変わっていかねばならない．そのためにも引き続き，日本におけるSTS研究の展開を総括していく作業を不断に進めていくべきである．

　本稿では，STS学会内部での傾向だけをもとにSTS研究全体の動向を論じているが，このような敷衍が妥当かどうか，今後より慎重に検討していく必要がある．そして，その妥当性の如何にかかわらず，今後はSTS学会以外でのSTS研究の動向を確認でき，かつ数量的検討にも耐えうる資料を探索することで，より広く分野全体を理解する分析を志向していかねばならない．また，研究発表が採択されなかった研究者や，学会での発表を積極的に行わない研究者の存在を考慮していない点についても留意すべきであろう．

　これらの限界はあるが，いくつかの結果で既存の説との整合性が認められたことは，予稿集の計量分析が有用であることを示しているものと思われる．識者たちからの本報告へのフィードバックを募りつつ，今後も更なる分析を進めていきたい．

　最後に，試みのひとつとして，各期における研究者同士の人的ネットワーク図を付録として掲載する．このネットワーク図は，STS学会において同一のオーガナイズド・セッションおよびワークショップに参加した頻度の高い研究者同士が近接するように描画されており，研究者名のフォントサイズはPageRankと呼ばれる，ネットワーク上での影響力を表す値に応じている．これは研究集団の動向を把握する上で有用であると考えられるが，高度に文脈的なデータであり，解釈には多くの意見や傍証を統合していく必要がある．この図を提示することで，STS省察をさらに深める議論の喚起に資することができれば幸いである．

■注

1）第13回より，ワークショップはオーガナイズド・セッションに吸収され，2017年現在では一般セッションとオーガナイズド・セッションの2種類のみとなっている．

2）大会参加人数の地域差には，大会の開催地が影響することも想定されたが，データからは両者の間に強い関連性は確認されなかった．

3）対応分析(コレスポンデンス分析)とは，度数表の行と列の関係を，共通の低次元空間におけるポイントとしてグラフィカルに提示する記述的多変量解析である(Clausen, 1998 = 2015)．本稿で対象とした文書データの場合，各文書をその文書における単語の出現頻度のベクトル(bag-of-words)に変換した上で対応分析を実施することで，文書および単語の関係性の遠近を，二次元散布図上で同時に示すことができる．

4）語の出現頻度と文書頻度から単語の重みを決定する手法であり，少数の文書に複数回登場する語ほど，特徴的な語として評価される．

5）非公式な場においてではあるが，筆者は複数の所属研究者から，この時期に"学会離れ"を考えたという話を聞いている．

■文献

Clausen, S. 1998: *Applied Correspondence Analysis - An Introduction*, Sage Publications; 藤本一男訳『対応分析入門：原理から応用まで』オーム社，2015.

Drott, M. C. 1995: "Reexamining the role of conference papers in scholarly communication," *Journal of the American Society for Information Science*, 46(4), 299–305.

藤垣裕子 2004：「科学技術社会論(STS)と環境社会学の接点」『環境社会学研究』10，25–41.

後藤邦夫 1996a：「"STS" あるいは「科学技術研究」についてⅠ(1)」『桃山学院大学人間科学』10，77–118.

後藤邦夫 1996b：「"STS" あるいは「科学技術研究」についてⅠ(2)」『桃山学院大学人間科学』11，63–87.

後藤邦夫 1997a：「"STS" あるいは「科学技術研究」についてⅡ(1)」『桃山学院大学人間科学』12，31–46.

後藤邦夫 1997b：「"STS" あるいは「科学技術研究」についてⅡ(2)」『桃山学院大学人間科学』13，135–65.

後藤邦夫 1998：「"STS" あるいは「科学技術研究」についてⅡ(3)」『桃山学院大学人間科学』14，93–110.

後藤邦夫 1999a：「"STS" あるいは「科学技術研究」についてⅡ(4)」『桃山学院大学人間科学』16，123–38.

後藤邦夫 1999b：「"STS" あるいは「科学技術研究」についてⅡ(5)」『桃山学院大学人間科学』17，41–58.

林真理 2002：「リスク概念とSTS」『科学技術社会論研究』1，75–80.

木原英逸 2010：「科学技術コミュニケーションの新自由主義的偏向」『科学哲学』43(2)，47–65.

小林傳司 2007：『トランス・サイエンスの時代：科学技術と社会をつなぐ』NTT出版.

桑原雅子 2004：「ジェンダー概念と科学をめぐるポリティクス：科学技術社会論からのアプローチ」『科学技術社会論研究』3，143–62.

中島秀人 2016：「わが国STSの四半世紀を回顧する：科学技術社会論はいかにして批判的機能を回復するか」『科学技術社会論研究』12，201–12.

中村征樹 2008：「サイエンスカフェ：現状と課題」『科学技術社会論研究』5，31–43.

齋藤芳子，戸田山和久 2009：「日本における科学コミュニケーション概念の変遷」『科学技術社会論学会年次学術大会講演要旨集』，353–6.

佐倉統 2016：「優先順位を間違えたSTS：福島原発事故への対応をめぐって」『科学技術社会論研究』

12, 168–78.

杉原桂太 2004：「なぜ技術者倫理教育にSTSが必要か」『科学技術社会論研究』3, 21–37.

田中幹人 2016：「STSと感情的公共圏としてのSNS：私たちは「社会正義の戦士」なのか？」『科学技術社会論研究』12, 190–200.

Usée, C., Larivière, V. & Archambault, É. 2008: "Conference proceedings as a source of scientific information: A bibliometric analysis," *Journal of the American Society for Information Science and Technology*, 59(11), 1779–84.

■付録

第1期

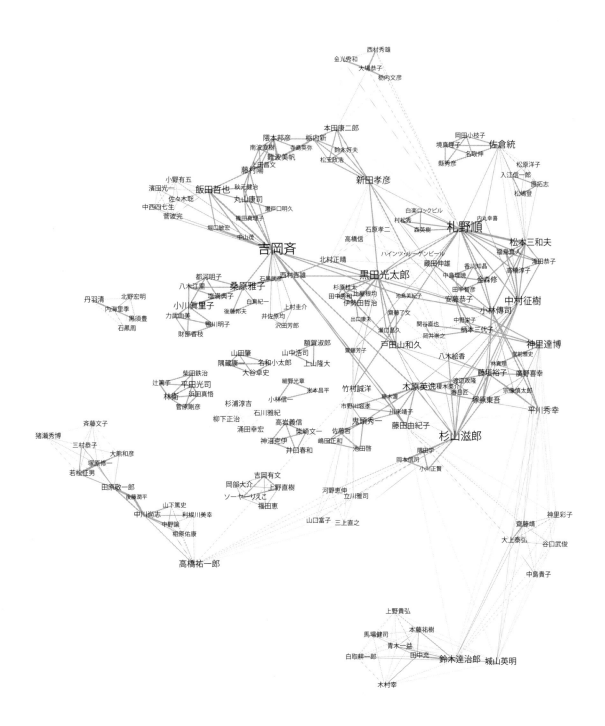

第 2 期

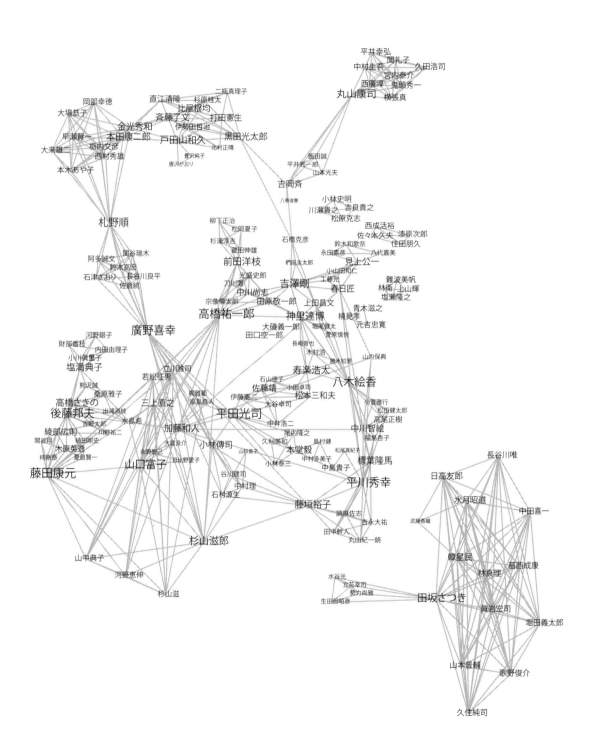

第3期

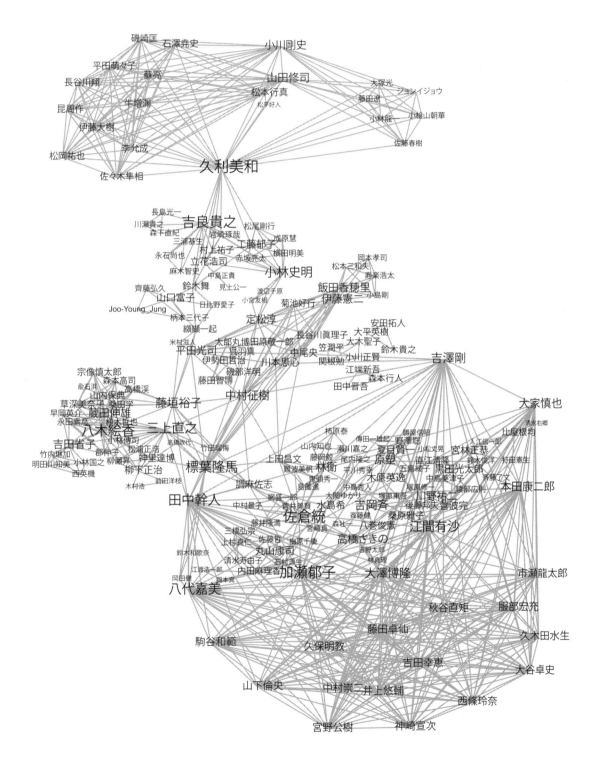

Research Note ■Journal of Science and Technology Studies, No. 15（2018）■

Trembling Identity: A Bibliometric Analysis of the Development of STS Community in Japan

YOSHINAGA Daisuke*

Abstract

After the 2011 Great East Japan Earthquake, there is growing momentum for looking for the way how to apply STS knowledge to the society among STS scholars in Japan. Accordingly, they began to attempt to delineate the trajectory of the development of STS in Japan and explore the ideal future of it. However, most of the previous studies are qualitative investigations relied on the memories and experiences of the members of their community and there seems to be a lack of quantitative-based discussions. In this article, the author conducted text mining with the conference proceedings of the Japanese Society for Science and Technology Studies (JSSTS) to identify the chronological shift of the trend of research of STS and compared with the preceding studies with a qualitative approach. The results indicated the existence of trends in STS studies that several previous studies had asserted, such as the rise of science communication and its propaganda shift. The author concluded that the quantitative approach could contribute to the discussions about the identities and future selves of STSers in Japan.

Keywords: STS studies in Japan, Scientometrics, Text mining, Social network analysis

---

Received: December 19, 2017; Accepted in final form: May 12, 2018
*Waseda Institute of Political Economy, Waseda University; yoshinagad@aoni.waseda.jp

論　文

原著　　　　　　　　　　　　　　　　　　　■科学技術社会論研究　第 15 号（2018）■

身体経験としての「男性不妊」

無精子症事例に焦点をあてて

竹家　一美*

要　旨

　本稿の目的は，無精子症と診断された当事者の「男性不妊」をめぐる身体経験を明らかにすることである．なかでも，顕微鏡下精巣内精子採取術といった侵襲的な手術をめぐる身体経験に焦点をあてていく．そのため本稿では，患者だけでなく彼らに影響を与える泌尿器科医にもインタビューを行い，診療の場での相互作用も分析の対象とした．5 名の医師と 6 組（その内の 2 組は夫婦同席）の患者の語りを分析した結果，①手術の対象は夫の身体だが，医師は患者を夫婦単位でみていた，②無精子症をめぐる心理社会的な衝撃は，夫のみならず妻にも影響を及ぼしていた，③結果の如何にかかわらず，手術を否定的に語る人は皆無であったということが明らかになった．さらに，たとえわずかでも精子回収の可能性さえあれば，最先端の侵襲的技術でも希望する患者は少なくなく，無精子症事例では男性身体に対する侵襲性よりもその可能性の方が，より重要であることが示唆された．

1．問題の所在

　近年，日本では男性不妊に対する関心が高まっている．少子化対策を背景に，男性不妊治療の助成制度[1]を設ける自治体が相次ぎ，男性の不妊検査・治療を促す動きが出てきた．
　一方で，日本には「不妊は女性の問題」という社会通念も根強い．1999 年に東京女性財団に委託され，不妊経験者 54 名（男性 12・女性 42）にヒアリングを実施した江原は，その結果から，男性不妊という問題を隠蔽している社会構造の存在や，不妊は男性にとっても女性と同じかそれ以上のスティグマとなることを指摘している（江原 2002）．
　この「不妊は女性の問題」という通念は，先行研究にも見て取れる．日本には，不妊と女性に関する膨大な研究蓄積はあるが，男性不妊を主題とする研究は極めて少なく，「男性と生殖との関係は『沈黙』によって特徴づけられる」（田中 2004，218）と言われてきた．
　ただし，限定的ながら男性不妊に関する研究も行われてはいる．例えば久慈ら（2000）は，非配偶者間人工授精（Artificial Insemination by Donor: AID）[2]で子を得た男性 146 名のアンケート結果

2017 年 4 月 20 日受付　2017 年 9 月 16 日掲載決定
*お茶の水女子大学大学院人間文化創成科学研究科，wontarou@gmail.com

から，大半が子への出自の告知に消極的であると報告した．また南（2010）は，精子提供者の匿名性を廃止した海外の事例を分析し，AIDの顕在化は社会的に不可視化されてきた「男性不妊の存在」を明らかにし，異性愛／男性中心主義に基づく近代家族観における「父」の意義を揺るがすものであると指摘した．他方AIDで生まれた人との関わりを通して，社会福祉の立場から彼らの支援を目指す研究（才村編 2008）や，医師・法学者の言説を主軸として分析し，日本でのAID導入史を跡づけた研究（由井 2015）もある．こうしたAIDをめぐる研究群は，いまだ議論が続く第三者が関わる生殖医療の法整備に資する研究として意義深いが，本稿からすると不足点もある．それは，自らの不妊に対する当事者の視点である．

　その点で注目すべきは，『我が国における男性不妊に対する検査・治療に関する調査研究』（湯村 2016）である．不妊治療に携わる医療職者および当事者に対する同調査は，本邦初の試みであり稀少性が高い．中でも本稿が評価するのは，男性 140 名・女性 193 名という当事者の回答数である[3]．無記名式ウェブアンケートとはいえ，「男性不妊の当事者はほとんど『語らない』」（田中 2004, 207）とされてきた日本において，140 名という数はその存在を顕在化させるに足る初めての値と言える．一方，不妊男性にインタビューを行い，彼らの経験を捉えようとする研究も注目される．山口ら（2016）は，無精子症男性 19 名の語りを通して，その診断告知が彼らを危機的状況に陥れることを見出し，男性の特性に配慮した看護の必要性を指摘した．また竹家（2017）は，ジェンダーの視点から 8 名の不妊男性の語りを分析し，彼らがジェンダー・アイデンティティよりも妻との関係において規範や期待を感じていることを明らかにした．これらは，男性不妊治療の実態やそれに伴う問題を，男性自身の視点から浮かび上がらせた貴重な研究であり，日本の不妊研究においては先駆的な試みと位置づけられる．だが本稿からすると，不足点も挙げられる．

　それは「顕微鏡下精巣内精子採取術（Microdissection Testicular Sperm Extraction: MD-TESE）」等の先端的手術をめぐる男性の「身体経験」への着眼である．不妊治療に関しては，男性不妊の場合でも「男性への医療介入は精液もしくは精巣から精子を採取することに尽きるため，一連の作業過程のほとんどが女性を対象とし，身体に侵襲的なものである」（柘植 2012, 116）と女性身体への侵襲性が指摘されてきた．ここで侵襲とは『看護・医学事典』（井部ほか 2015）によれば，「生体に対して害を与えること，或いはその可能性が高いことを意味する言葉」と定義される．とすれば，女性身体は検査から施術まで常に侵襲されていることとなり，そこに批判の矛先が向けられるのはもっともである．しかし他方，従来の議論において男性身体が等閑視されていた点は否めない．無精子症患者は恐怖や苦痛を感じつつも「妻のため」に手術を受けていた（竹家 2017）という事実を踏まえるなら，男性への医療介入を「精子採取に尽きる」と切り捨てるのではなく，当事者の視点から当該手術をめぐる身体経験を明らかにすることが重要である．精巣を切開して精子を探すといった侵襲的な技術を，当の男性はどのように受け入れ，経験するのか．これを明らかにするためには，診療というミクロの場に着目し，そこで生じる相互作用をみる必要がある．なぜなら，当事者は何らかの規範を参照して当該技術を選択・決定し，受け入れるものと思われるが，その規範は個別状況的な相互作用，すなわち「状況定義」（坂本 2005）[4]によって規定されていると考えられるからである．

2. 身体経験をめぐる知見と本稿の目的

　まずは，議論の鍵となる「身体経験」についてみておく．江原（2002）によれば「身体」という言葉で表現されている事柄には 2 つの意味がある．1 つは，意識の客体としての身体で，意識にとっ

て身体は，自分の身体に触れられるという意味で，身体以外の他の物質と同様の位置にある（物質としての身体）．もう1つは，身体経験という意味での身体で，これはさらに，①身体による知覚という意味での身体経験，②随意筋を動かす動作経験，③痛み，感情，性的衝動など自分の身体状況に関する経験に区別される．これらは全て経験であるため主体を意味する．つまり，身体には客体でありながら主体でもあるという両義性がある．加えて，その身体が自分であるにも関わらず，意識の外にある，意識によって完全にはコントロールできないという共通性もある．両者は「知識」の中で関連づけられ，一般に「意識では完全にコントロールできない身体経験が『帰属』させられる場所が，物質としての身体である」（江原 2002, 97）と考えられている．

　さて，我々は他者の身体経験を直接経験することはないが，「他者も自分と同じ身体経験を持つだろうということを『想像』して，他者の身体を『構築』している」（江原 2002, 98）．物質としての身体を参照点とし，それと身体経験を重ね合わせるという「思考の習慣」で，他者の身体をモノではなく意識を持つ共感可能な「他者」として「構築」しているのである．社会通念において表れる身体とは，この思考の習慣によって作られた身体であり，身体を「社会的に構築」されたものとする見方には，「社会に流通している『他者の身体』についての様々な通念について，再考する視点を提供する」という意味がある．つまり我々は「他者の身体経験を一定の考え方の枠組みの中で『構築』している」わけだが，江原によればその構築には，医師を典型とする権威や権力が作用しているのである（江原 2002, 102-5）．

　では次に，不妊男性の身体経験が構築される例をみておく．カウンセリングが普及している欧米では，臨床事例として不妊男性の語りも報告されているが，そこでは「完璧な男性の雛型から外れた」など自身の男性性を否定するような語りが目立つ（Wischmann and Thorn 2013, 239）．一方，当事者の語りとは別に，社会に流通する言説を分析した研究もある．例えばギャノンらは，英国の新聞記事を分析し，性的能力の身体的側面に男性不妊が影響しないことは常識であるにもかかわらず，男性不妊と性的不能（impotence）を統合し，ステレオタイプ的な男性性を構築しようとする新聞の傾向を見出している（Gannon et al. 2004）．

　翻って日本では，不妊男性自身の語りが表に出ることは稀である．しかしだからといって，彼らの身体経験に関する言説が社会の中に流通していないわけではない．では，誰がそれを語っているのか．実は，それを語っているのは大半が女性である．メディアを見れば，男性不妊の夫をもつ妻が，夫への配慮や不満を示しつつ代弁しているのがわかる．江原によれば，その妻たちに影響を与えているのは，彼女たちの主治医，すなわち婦人科医である．「男は自分に原因があると分かると自信を失ってしまう．ショックが大きいので，精液の状態がさらに悪くなるかもしれない」（江原 2002, 51）といった男性医師の助言に従い，夫に事実を伝えない妻も少なくない．この場合，妻たちは医師の考え方を採用して，夫の身体経験を構築する枠組みを「構築」している．だがはたして，この枠組みは的を射ているのだろうか．

　同様の枠組みは週刊誌の記事にも出現する．男性不妊記事の中では「女性が男性を思いやり，面子を立てることの重要性」（田中 2004, 201-2）が婦人科医によって強調されている．つまり，我々の社会に流通している「男性不妊」についての言説は，当事者の身体経験ぬきで語られ，その源泉は婦人科医である場合が多いのである．このことは，日本の不妊治療が婦人科主体であり，男性不妊の専門医である泌尿器科医が非常に少ないという実情（湯村 2016）に鑑みて，当然の帰結であったとも言えよう．

　以上を踏まえると，不妊男性の身体経験に着眼する意義は2つある．第1は，社会に流通している「男性不妊」に関する通念について，再考する視点を提供しうることである．上述したように

当該通念が当事者の身体経験を疎外する形で構築されているならば，それは当事者の実情と乖離している可能性が高い．第2はMD-TESE等の侵襲的手術を経験する「身体」を，社会的に構築する手がかりを提供しうることである．無精子症[5]の治療法として2000年頃米国から導入された同手術は，その治療費を国が助成対象とした時点（2016年度）で，日本社会に認められ，正当化されたものと言いうる．しかし他方，その侵襲的な手術に対する当事者の身体経験については，ほとんど明らかにされていない．

　そこで本稿では，無精子症事例に焦点をあて，当事者の「男性不妊」をめぐる身体経験を明らかにしていく．そのため本稿では，当事者のみならず，彼らの身体経験に影響力を持つ泌尿器科医にもインタビューを行い，診療の場で生じる相互作用も対象に入れて分析する．

3. 調査の概要

　調査は2016年5〜7月に実施した．調査対象者の募集は，不妊男性への接触が極めて難しいこと，および医師自身にもインタビューを行いたいことから，日本生殖医学会が認定している「泌尿器科領域生殖医療専門医」（2015年4月現在47名，以下「泌尿器科専門医」）宛に調査協力依頼状を郵送して行った．依頼状には，調査の趣旨と倫理的配慮等を記した上で，医師本人への調査協力と，患者／元患者の紹介を依頼し，後日協力の可否を確認した．その結果，医師本人からは14名の承諾を得たが，実際に調査に至ったのは5名であった．

　患者を紹介してくれた医師は唯1人であり，結果的に8組の協力を得たが，本稿では目的に鑑み，その内の無精子症の6組（2組は夫婦同席）を対象とする．協力者の同意を得る手順は以下の通りである．①医師経由で，調査趣旨，個人情報の保管・公表の扱い（データは研究目的以外には使用せず，結果の公表も学会報告・学術論文に限定），筆者の連絡先等を記した「調査協力依頼状」をメール添付で送る．②それを読み承諾した患者の情報が医師から筆者に届く．③筆者から協力者に連絡し，調査日時・場所を決める．④調査時，依頼状の内容を再度口頭で説明し，同意書に署名をもらう．なお，本調査は全て「お茶の水女子大学人文社会科学研究の倫理審査委員会」の承認を得ている（通知番号 第2016-4号）．

　所要時間は40〜90分程度，場所は協力者が指定した喫茶店等（医師の場合は診察室）で，半構造化インタビューを行った．主な質問項目は，自身の不妊を疑ったきっかけ〜検査・治療・現在までの経緯と心境，妻や周囲との人間関係，不妊治療に際しての困難や葛藤など（医師の場合は治療の実際や患者との関わり方等）で，内容はすべて協力者の承諾を得て録音し，それを文章化してデータとした．

　分析では，各自のデータを精読し，問題意識に関連する箇所を取り出すことから始めた．医師の語りに関しては，直接「身体」への言及がなくても，患者の感情や情動に触れる可能性があるものは全て，当事者の語りに関しては，本人はもとより妻が夫の不妊治療を身体経験しているような語りも含めて，それぞれ抽出した．そして協力者間に共通する語りや意味づけを掬い上げるとともに，個別的で特異な語りにも注目しつつ，その意味を検討した．

　次章以下，引用文中の（　）内は筆者による補足で，＊は聞き手（筆者）の発話である．

4. 分析

4.1 医師から見た「患者」

最初に，無精子症の治療の実際を把握するため，医師の語りからみていく．協力者である5名の泌尿器科専門医は40〜60代の男性で，所属は一般病院が2名(Z・V医師)，大学病院が3名(Y・X・W医師)，全員が産婦人科医の不妊クリニックでも診療していた[6]．

5名の語りから，無精子症事例では手術に際し「全身麻酔か局所麻酔か」，「切開する精巣は一側か両側か」などの相違はあるものの，初診から手術までの流れに大差はないことがわかる．それは「無精子症だと話はシンプルで，どういう原因なのかを診るのと，どういう手術をするのかといったご相談です」(Z医師)というように，初診時からの手順が明確だからである．では実際，医師は患者にどのように接しているのだろうか．

男性不妊外来では通常，患者はまず詳細な検査(精液検査，視診・触診，血液検査，超音波検査等)を受けなければならない．ただし無精子症患者の多くは，婦人科医の紹介なので，自身の精液中に精子がないことは知っている．よって「ある程度わかって来ているんで，そこであまりショックは受けない，見た感じですけどね」(Y医師)というように，その検査結果に動揺する人は少ない．だが，精子回収率がほぼ100%の閉塞性無精子症と3割程の非閉塞性無精子症とでは，受ける衝撃は異なるのではないだろうか．この点に関連して語られたのは，インフォームドコンセント(IC)とその際の「夫婦同席」である．「今ってICの時代なので全部包み隠さず，基本的にはそれが今の医療，普通に話しています」(X医師)，「全くそのまま言ってますね，データを示してですね，これぐらい精子が採れますよ，採れればスタート地点だよって」(Z医師)など，事実をすべて説明した上で「やるやらないは最終的には患者さんに委ねます」(X医師)というのが医師に共通する態度である．そしてその選択の際，医師が重視しているのは妻である．「夫婦で来てる時は，もちろん診察は本人だけですが，最後の説明は必ず二人で聞いてもらうようにしています．なぜかって言うと，夫に説明するとたぶん奥さんにちゃんと説明できないですから．特に無精子症みたいな話になっちゃったら絶対に説明できません．だから，ちゃんと説明が必要な場合には，再来時に必ず奥さん連れて来てって言って，二人に説明しています」(W医師)．つまりW医師は，夫の手術には妻の承認が不可欠だが，夫には説明能力が欠けていると考えているのである．次に示すV医師は，承認はもとより妻との連携の必要性も強調する．

 ＊：ほとんどの方は手術に進まれるんですか？
 Ｖ：強制はしません．要は切られるわけですよね，痛い思いして(中略)テセ[7]に関しては，睾丸を切る方法しかお父さんになる手段はないんですよとお話しして，パーセンテージね，精子が採れる，それぞれ閉塞性と非閉塞性で違うってことですね．あとテセをやるってことは顕微授精を前提としてますよね．だから奥様にも負担がかかるよと．だから，それはもうご夫婦で望まなければできませんよって．片方がOKでも片方が嫌だっていうならできません．だから，必ずご夫婦の意思を伺って次のステップに行く．
 ＊：ざくっとで，どれくらいの方が手術に進まれますか？
 Ｖ：ほとんどじゃないですかね，だって，特にテセに関しては無精子症ですからね．

非閉塞性無精子症の場合，MD-TESEを行っても約7割は精子が回収できない上に，出血や感染，

男性ホルモンの低下というリスクもある．加えて費用は保険外診療で30万〜50万円と高額であるが，それでもV医師の患者は「ほとんど」が手術を受けるという．同じような状況は，「半分以上」（X医師）から「諦めるって人はまずいません」（W医師）まで幅はあるものの，他の医師からも聞くことができた．

　さて，手術して精子が回収できれば問題ないが，できなかった場合，医師は患者とどう向き合うのだろうか．この点，結果を伝える時期と伝え方には異同があったが，共通していたのは「手術当日には伝えない」ことであった．実は，大半の病院では精子が見つからない場合，手術中にとった組織を提携先の不妊クリニックの培養士に委託し，複数の目で徹底的に探索してから結果を判断する．一般に結果は当日中に出るのだが，その伝達は最も速いY医師で翌日，最も遅いW医師では1か月後であった．以下にその語りを示す．

> Y：伝え方にはすごく気を付けていて，手術した日に見つかった人は，その場で「見つかりました」と言って（精子を）凍結するんですけど，見つからない人は「その日ずっと探します」って患者さんにお伝えして，次の日に電話してもらって最終結果をお伝えしています．それは今までの経験から（スタッフ）全員で決めています．やっぱり面と向かってやると，大体奥さんに泣かれて長くなって話が辛くなるので，翌日に患者さんに電話してもらって，電話で手術した医者が話します．それが，一番トラブルがない．

　Y医師は，精子不在の結果は「翌日に患者に電話で」伝えるのが「一番トラブルがない」とされている所属先の規定に則り，患者と向き合っている．彼の語りから当該病院では，過去に面談で「奥さんに泣かれて辛くなる」経験があったこともわかる．つまりここでは，患者の妻との接触を避けるため，このような方略がとられているのである．

　一方，W医師は1か月後に夫婦を前にして，精子不在の結果を伝えるという．

> W：手術で組織とったら，不妊クリニックの培養士に来てもらって，持ち帰って見てもらうんですよ．そうすると大体2時間ぐらいで結果がわかるんですね．で，連絡がきて，精子がいたってことであれば，そこで患者さんに「いましたよ」って言いますし，いなかった場合には，すぐにいなくても捨ててしまうわけではないんで，1回全部，仮凍結するんで，患者さんには「ちょっとすぐに見つからなかったんで，一応全部保存してありますんで，1か月後，色々詳しく見てから，1か月後に結果を説明しますので」って言って帰ってもらうんです．見つからなかったって言うと，患者さんはもうそれでダメだって諦めちゃうだろうから．ただその間1か月くらいありますから，たぶん夫婦で心の整理をしてきて．詳しく見たけどだめだったって言います．
> ＊：その時，一昔前だと奥様が泣き崩れるとかってのがあるかと思うんですが，最近は？
> W：泣き崩れる？　えーっとですね，涙ぐまれる人は時々いますよ．崩れるってとこまではないですけど（笑）見つからない可能性の方が高いって知ってますし．

　このようにW医師が1か月の間を置くのは，「夫婦で心の整理をしてきて」もらうためであったが，それでも涙ぐむ妻は「時々」いるという．似たような妻の反応は，他の医師からも語られた．「2つに分かれますね．予想してましたってのと，泣き崩れるっていう…でも最近，減ってきてますね．ネットでみんな見てるから」（Z医師），「僕の前では冷静に受け止めてますね…でも，家に帰っ

114

てよく泣いてらっしゃるみたいですね」(X医師)など,号泣こそしないが,少なからぬ妻たちが「泣く」という感情を抑えきれない様子が窺える.他方,夫の反応としては一様に「淡々と」という表現が用いられていた.

以上,泌尿器科専門医にとって執刀対象は夫の身体であり,その意味で「患者」は夫であるが,医師は患者を「夫婦」単位で見ていた.それは診療の場で終始一貫,夫以上に妻が医師の言動に反応しがちなためであろう.すなわち医師の目には,診療の場での状況定義を構築する主体は妻,夫はそれに従属する客体として,映っていたものと思われる.

翻って,婦人科医は夫をいかに見ているのか.この場合,夫婦のいずれに原因があろうとも,夫は状況成員ですらない可能性がある.採精は自宅でもできるので,夫不在の診療は珍しくない.その際,夫は精子を提供するだけの存在とみなされるが,夫側にも来院への抵抗がある.ここに「不妊は女性の問題」という通念の作用が見える.夫は「患者」を免れ,「不妊は女性の問題」という身体観が再生産されるのである(江原 2002).

4.2 身体経験としての無精子症

次に当事者の語りをみていく.前節で明らかになったように,医師にとって患者の妻は患者と同等か,それ以上の存在であった.よって,夫婦でインタビューに応じた2組については,妻の語りも分析の対象とする.全協力者8名の情報を表1に示す[8].

表1 インタビュー協力者情報

仮名	年齢	男性不妊原因(症状)	治療法	治療結果 → 現状
A夫	30歳	非閉塞性無精子症	MD-TESE	精子不在(30歳)→現在選択肢を模索中
A妻	30歳			
B	44歳	非閉塞性無精子症	MD-TESE	精子不在(43歳)→現在AID予約中
C	52歳	閉塞性無精子症	MESA	精子回収(44歳)→顕微授精で2子
D夫	37歳	閉塞性無精子症	MESA	精子回収(36歳)→顕微授精で妊娠中
D妻	36歳			
E	29歳	非閉塞性無精子症	MD-TESE	(MD-TESE手術日の数日前に調査)
F	48歳	非閉塞性無精子症	MD-TESE	精子回収(34歳)→顕微授精で双子

まずは無精子症の宣告をめぐる語りに注目する.経緯としては全員同じ,すなわち妻が婦人科で不妊検査を行い,同院で促され夫も検査をしたところ発覚したという流れである.しかも,その結果を聞いた反応も「想定外のショック」で一致していた.中には,妻が正常であることを聞き,不安を感じていた人もいたが,全員が口にしたのは「まさか0とは」という言葉であった.そのショックを最も具体的に表現したBの語りをみてみよう.

B:一応その〜精子というものが普通に出るわけですよね.白いものが出るわけですから,全くないと言われた時には,やはりかなりショックでしたね(中略)もしかしたら精子の動きが悪いとか,少ないのかなとかはありましたけど,まさか0とは思いもしなかったんで,驚きましたね.

他5名の男性も，当初は正常な性交を根拠に無精子症を否認していた．では，なぜ彼らは自身の無精子症に納得できたのか．それは，検査で2回とも0を証明されたからである．

　　　B：(泌尿器科に)行く時点で，当然もう私に，最初の検査で精子がありませんよという状態で行ってますから，そこで再度検査して，やはりないと．2回検査して全くないものは，やはりないと判断せざるをえないわけですから．手段としては手術して採取できるのがあります，と聞きましてね．方法が限られるんであれば諦めるか，手術を受けるしかないですので，そこに迷いはありませんでした．

　このように2度目の宣告でBは無精子症を認めるのだが，同時に「手段」があると聞き即決する．侵襲的な手術には「怖さ」もあったが，「当然妻も」同意したという．他方Dの場合は，夫より妻の方がより衝撃を受け，納得することができなかったと語る．

　　　＊：泌尿器科の先生は，どういう感じで仰るんですか？
　　　D夫：(精子は)いないね，0だねって(笑)
　　　＊：それを聞かれた時は？
　　　D夫：でももうわかってたから．やっぱいないんだって思って．
　　　D妻：結構私の方がショックでした．何か理屈があれば，こういう原因でいないっていうのがあれば納得できるのに，全く理由がない，全く納得いかないんで，先生と1時間くらい話して，何でそんな風になるんですかねって．でも先生も原因がわかんない(中略)あと私，その〜(精巣を)切るまでは最終的にわからないって言われたんですね．
　　　D夫：切ってもいるかいないかわからないって．
　　　D妻：それもショック，必ずいるならいいけど，切ったけどいなかったってなったら．
　　　D夫：それは僕のセリフだよ(笑)切ったけどいなかったって，最悪．

　A夫婦も，妻の方が感情の起伏を表す．手術当日までの数か月間の思いを伺った．

　　　A夫：俺としては切りたくないじゃないですか．でも嫁のこと考えると少しでもいい結果が出ると思って切ってるし，1回切ってことがすめばって思って．不安と期待と半々．
　　　A妻：私は結構，波が激しくって，落ち込んだり泣いたりしてたよね．
　　　＊：それは奥様ご自身のっていうより，ご主人の手術の結果がって？
　　　A妻：やっぱ不安も，手術してダメだったらどうしようとか，痛い目あわせちゃうし，申し訳ない気持ちとか，何で私たちだけって…

　このように，妻たちは夫の無精子症を我が事のように感じ，「ショック」を受けたり「落ち込んだり泣いたり」していた．ただし，夫はそのような妻の様子に気づかないのか「奥さんは気丈に振舞ってくれてる」(E)など，手術までは感謝を表す語りが目立つ．
　では，手術の実際をみてみよう．まずは2度MD-TESEを受けたFの語りである．

　　　F：2回やってるんで，僕．1回目は失敗したんですよ．着床しなかったのかな？
　　　＊：顕微授精の方ですね，精子は採れたけれども？

116

Ｆ：よくわかんないけど最初のは失敗．１回目は全然麻酔が効かなくて，痛かったんですよ．
　　で，２回目は先生が考えてくれて，完全に僕，寝ちゃってて．

＊：手術について先生からご説明を受けて，迷いはありませんでしたか？

Ｆ：迷いはありましたけど，あの時はもう，そうするしかなかったですね．嫁の執念がすごく
　　て，何とかしたいと．ただかなり痛かったですよ．

＊：麻酔が効かなかったんですものね．

Ｆ：女性でこれわかるかな，睾丸ってあるでしょ，それを覆っている部分を，睾丸をつかんで
　　10ｍぐらい引っ張ったような痛み，わかるかな〜引っ張られるぐらいな痛み，あれはき
　　つかったですね〜やるならちゃんと麻酔かけて欲しいですね（笑）

＊：その時，恐怖感って残りますでしょ？　でもそれでも２回目をやられたっていうのは，や
　　はり奥様の熱意に負けて？

Ｆ：そうですね…痛くないようにできますかって聞いて，先生が眠らせてくれて，寝てたら終
　　わってたって感じだから，あれなら誰でもいけるんじゃないですか．うん，だから僕が，
　　運が良かったのは●●先生に辿り着いたことですよね．

　十数年前の経験ながら，Ｆにとって手術自体の記憶は曖昧でも，身体の痛みは鮮明だった．しか
しその痛みも，子どもが誕生した今日では「幸運物語」の一段階として意味づけられている．同様
に子に恵まれたＣも，「結果的に子どもを二人も授かれましたが，これが20年前だったら無理だっ
たかもしれない」と医療技術への感嘆を語った．

　他方，精子が回収できなかった事例もみてみよう．該当者は２組だが，手術への後悔や男性性の
否定などは語られず，２組とも次の段階を見据えていた．Ｂ夫婦はAIDを予約し，その日を待って
いた．Ａ夫婦は，夫が妻に合わせる形で将来を模索していた．

＊：今はどんな感じなんですかね？　精巣は，両方切ったんですか？

Ａ夫：両方切ってダメだったんで，AIDか養子縁組をって言われたんですよ．

Ａ妻：（先生がAIDへの）紹介状書くよって，いつ行くかは未定だけど書いてくれて．あと「セ
　　　ントマザー」（への紹介状）も．最後の砦じゃないけど，気持ち整理つけるために，もし
　　　かしたらそっちも行きたいって思いを伝えたら，２通書いてくれて．

Ａ夫：今は，そっち行くためにお金と時間がいるじゃないですか．なんで，お金ためて仕事も
　　　一段落つけようと思ってやってる段階で，まだ予約，何もしてないんですけど，そこま
　　　でやらないと，本人の気が済まないじゃないですか．

Ａ妻：どっちに転ぶかわからないけど，まぁ悪い方に転ぶ可能性の方が高いけど，それでもや
　　　らないよりは，やって後悔した方がいいかなって．私の気持ちを言って．

＊：そのことについては，だいぶ話し合って？

Ａ妻：きつかったよね〜私がきつくって（笑）

Ａ夫：毎日ぐちぐち言われるんなら，やるだけやって納得してって感じですかね．

＊：セントマザーは，精子提供を受けてってことですか？

Ａ妻：いや〜もう一回，最後のテセをやる，精子細胞から培養して，精子の一個前の段階のを
　　　培養して（顕微授精を）っていうのの成功率が，倫理的にアレなのかもしれないけど…セ
　　　ントマザーも前から調べてたんですけど，先生に言ったら書いてくれて．だからまだ，
　　　精子提供の前にそれをとりあえずやって，痛いけど，今度は全身麻酔で．

ここで語られる夫の身体は，まるで夫婦の共有物のようである．「そこまでやらないと，本人の気が済まない」という夫の語りは，換言すれば「もう一回精巣を切らないと，妻の気が済まない」となる．つまり夫の精巣は，妻を「納得」させるために切られるのである．

　語りに登場する「セントマザー」とは，セントマザー産婦人科医院(北九州市)を指し，無精子症に悩む夫婦からは「最後の砦」とも呼ばれている．なぜなら同院はMD-TESEを超える技術，「円形精子細胞卵子内注入(Round Spermatid Injection: ROSI)」[9]により子どもを誕生させた国内唯一の病院だからである．実はBも同院を訪ねROSIを希望したのだが，不可能と診断されていた．MD-TESEの後よりも「妻は泣きましたね，その時はかなり激しく長い時間…それを見ているのは辛かったですね…私は，一番」というBの語りは，最後の砦が潰えた瞬間の，夫婦の悲しみの深さを表出するものと捉えられる．

5. 考察

　ここまで，泌尿器科専門医とその患者(夫婦)の語りを，患者の身体経験に着目して分析してきた．結果は次の3点にまとめられる．第1に，手術の対象は夫の身体だが，医師は患者を夫婦単位でみていた．第2に，無精子症をめぐる衝撃は夫のみならず妻にも影響を及ぼし，無精子症を我が事のように捉える妻もいた．第3に，結果の如何にかかわらず，手術を否定的に語る人は皆無であったが，診療の場では夫よりもむしろ妻が主導権を握っていた．

　以上から，無精子症事例における1つの特徴が指摘できる．それは，無精子症をめぐる身体経験の当事者は，夫のみならず妻でもあるということだ．「物質としての身体」は夫の身体でも，身体経験としては妻も無精子症を経験していたのである．そのことは，5名の医師の語りからも見て取れる．ICや精子不在の結果を伝える場で，彼らは夫よりむしろ妻に配慮していたし，妻もまた医師と積極的に関わっていた．その意味で，無精子症は夫婦で経験する「病気」とも言えるが，その経験の仕方には差異がある．

　当然のことながら，夫は無精子症の身体を有するため，その身体経験は直接的である．「考えると怖くて眠れない」(E)など，手術には同意したものの払拭できない恐怖を，多くの夫が身体経験として感じていた．

　一方，妻は物質的身体を持たないため，夫と同じ恐怖は感じられない．手術を指して「痛いけど」と妻が言うのは，社会に流通している「男性身体」についての通念による夫の身体の構築であり，これは夫婦間に限らない．では，夫婦間に限定すると何が見出せるのか．本稿が注目するのは，精子不在という結果に対して「泣く」など，夫以上に妻が見せる感情の表出である．ただし，夫の結果を知って「泣く」のは妻だけではない．本調査でも「母が泣いた」と語る人はいた．だが妻と母とでは，その立場性ゆえ，涙の意味が違う．「不妊は，個人の身体の状態ではなく，夫婦間の状態」(江原2002，179)なのだから，母は当事者にはなれない．おそらく母の涙は，責任感や同情(柘植2012)，ないし孫が得られない喪失感によるものであろう．とすれば，母の涙は確かに息子の無精子症に由来するけれども，当事者と同じ次元で身体経験をしているとまでは言えないだろう．

　では，夫は妻の不妊症をいかに身体経験するのか．これも一概には言えないが，先行研究をみる限り，妻に伴う夫の感情は主に無力感と気遣いである．採精以外にできることはないと無力さを感じ，妻の心身両面を案じてはいるが，主体的に医師と関わることはない．

　結局，当事者が「不妊は夫婦の問題」と認識していても，治療の場には夫婦間の非対称性が存続しているのである．したがって不妊の原因が何であれ，女性主体で不妊治療が行われている限り，

当事者同士とはいえ，夫婦が同じ次元で身体経験をするとは考え難い．

　その根底にあるのは「不妊は女性の問題」という通念であろう．そのため，不妊をめぐる社会的圧力は男性ではなく女性に向かい，ゆえに妻にとって子どもを産むことは，より切実な問題となる（江原2002）．だからこそ，本稿の妻たちも診療の場で一貫して主導権を握り，手術を受けるか否かを決める際，「やらない後悔」を持ち出したのだ．医師に「それしか手段がない」と言われれば，たとえ可能性が低くても「やらない」という選択肢は，妻にはない．またその妻の状況を理解しているなら，夫としては侵襲的な手術でも受けざるを得ない．つまり，そこで重要なのは侵襲性ではなく可能性なのである．1度失敗したFは2度目を，精子不在が判明したAとBはROSIを妻に要請されているが，注意すべきは夫の施術のその先に顕微授精があるという点だ．夫に手術を要請すれば，妻自身も侵襲的な技術を受け入れる必要がある．しかも，最終的に出産に至る可能性は決して高くはない．それを承知で夫婦が手術を選択する時，夫にとって不妊は夫婦の問題だが，妻にとってはそれ以上に，医療で解決すべき規範的問題と意味づけられているように思われる．

　では，無精子症治療の場における状況定義とは何だろうか．それは「子どもが欲しいなら精巣を切るべき」という規範であろう．「やらないよりは，やって後悔した方がいい」と妻が言う時，その期待は「結果」ではなく「行為」に向けられる．その行為を夫が「妻への愛情表現」（竹家2017），もしくは「夫としての役割」と捉えるなら，彼には手術を受けるという選択しかない．このように無精子症事例では，手術の当事者は夫なのに，その選択・決定，換言すれば「自己決定」が妻の考えでなされる例は，実際にある．従来の不妊をめぐる議論では，社会的圧力による妻への治療の強制が非難され，女性の自己決定権が憂慮されてきたが，男性の自己決定権が脅かされる状況もあるということを，本稿は明らかにした．

　ただしそれは，日本における「不妊は女性の問題」という通念の根深さを現してもいる．泌尿器科専門医がICや結果の告知等の重要場面に妻の同席を必須とするのも，そしてそれゆえに，精子採取術の選択・決定の場に妻が居合わせるのも，その通念の作用であろう．よって問題は，その意思決定が「自己決定」であるかないかの判断ではない．そこに至る背景や過程を検証して，「なぜその意思決定がなされたのかをこそ問うべき」（柘植2012, 186）なのである．それに従えば，本稿の分析からはやはり，決定の背景にある「不妊は女性の問題」という社会通念の規範性を指摘したい．そして本稿でみたように，結局それは夫である男性にも作用するという現実も忘れてはならないだろう．

謝辞

　本調査は2015年度科学技術社会論・柿内賢信記念賞奨励賞の研究助成により行われました．ご協力くださった当事者および医師の皆様に，心より感謝いたします．

　■注

1）2014年度に三重県が新設．各自治体も続き2016年度からは国も開始．夫が精子採取術を受ける際などに費用の一部を助成する．助成対象・金額や「特定不妊治療（体外受精・顕微授精）費助成制度」を申請した場合に限るか否か等の条件は各自治体による．なお，顕微授精は男性不妊症に適応される体外受精の応用技術で，主流は一個の精子を卵子に直接注入する細胞質内精子注入法である．
2）精子を人為的に子宮内に注入する技術を，夫以外の精子で行うもの．
3）対象は不妊治療経験者・不妊を危惧する男性．女性の回答は夫について（湯村2016）．

4）「状況定義」とは，行為者が個々の行為を通じて提示していく「いま－ここ，の状況の解釈」（坂本 2005, 134）を指すが，状況成員は，ある規範が真にそこで共有されているか否かを知ることはできず，手がかりは他成員の行為が，ある規範に従っているか否かの判断のみである（坂本 2005）.

5）無精子症には，精子は造られるが精液中に出てこない「閉塞性」と，精巣の異常である「非閉塞性」がある．閉塞性の治療には，手術用顕微鏡で精上体管を確認しつつ採精する MESA，精巣に小さな切開を入れ組織を切除し採精する C-TESE などがあり概ね精子が採れる．一方，非閉塞性の治療には，精巣白膜を大きく切開し手術用顕微鏡で精子の存在する精細管を探索する MD-TESE があるが，精子回収率は 3 割程である（湯村 2016）.

6）泌尿器科専門医は全国で 47 名しかいないため，仮名を用い個人情報は最低限とした.

7）「テセ」は「パーセンテージね（略）閉塞性と非閉塞性で違うってこと」とあるので，C-TESE と MD-TESE の両方を指している.

8）夫婦同席と夫単独の語りを同様に扱う点には問題もあるが，本稿ではパットンの利便性の基準—所与の状況下で最も得易い事例を選択すること（Patton 1990）に依拠したい．個人面接が原則だと何度も説得したのだが，2 組だけは妻が同席に固執したため，事例の稀少性を鑑みて承諾した．それに加え筆者の性別による影響も否めないが，「ジェンダーも調査過程を通して不断に達成されつつあるカテゴリーにほかならない」（桜井 2002, 100）とすれば，支障はないと考える．筆者の性別を承知の上で趣旨に賛同し協力したという点で，自らの不妊経験を語れる男性と判断しうるのではないだろうか．ただし語りの分析は，ジェンダー・バイアスに十分配慮した上で行った.

9）精巣の組織の中から円形精子細胞（精子が成熟する前段階の細胞）を採取し，ガラス管で卵細胞に注入する顕微授精．2012 年，セントマザー産婦人科医院で同法による日本初の子どもが誕生した（https://www.stmother.com/）（2017 年 3 月 15 日閲覧）.

■文献

江原由美子 2002：『自己決定権とジェンダー』岩波書店.

Gannon, K., Glover, L. and Abel, P. 2004: "Masculinity, infertility, stigma and media reports," *Social Science & Medicine*, 59, 1169–75.

井部俊子, 箕輪良行監修,『看護・医学事典』編集委員会編集 2015：『看護・医学事典 第 7 版増補版』医学書院.

久慈直昭ほか 2000：「非配偶者間人工授精により挙児に至った男性不妊患者の意識調査」『日本不妊学会雑誌』45(3)，219–25.

南貴子 2010：『人工授精におけるドナーの匿名性廃止と家族：オーストラリア・ビクトリア州の事例を中心に』風間書房.

Patton, Q. 1990: *Qualitative Evaluation and Research Methods*, Sage.

才村眞理編 2008：『生殖補助医療で生まれた子どもの出自を知る権利』福村出版.

坂本佳鶴惠 2005：『アイデンティティの権力 差別を語る主体は成立するか』新曜社.

桜井厚 2002：『インタビューの社会学』せりか書房.

竹家一美 2017：「『男性不妊』という経験—泌尿器科を受診した夫たちの語りから」『ジェンダー研究』20，73–86.

田中俊之 2004：「『男性問題』としての不妊」『不妊と男性』青弓社，193–224.

柘植あづみ 2012：『生殖技術』みすず書房.

由井秀樹 2015：『人工授精の近代：戦後の「家族」と医療・技術』青弓社.

湯村寧 2016：『我が国における男性不妊に対する検査・治療に関する調査研究』（平成 27 年度厚生労働省子ども・子育て支援推進調査研究事業報告書）横浜市立大学.

Wischmann, T. and Thorn, P. 2013: "(Male) infertility: what does it mean to men? New evidence from quantitative and qualitative studies," *Reproductive Biomedicine Online*, 27, 236–43.

山口典子，中村康香，跡上富美，吉沢豊予子 2016：「無精子症の診断を受けた時の思い」『日本母性看護学会誌』16(1)，49–56.

Article　　　　　　　　　■Journal of Science and Technology Studies, No. 15 (2018)■

Male Infertility as Physical Experiences: The Case

of Azoospermia

TAKEYA Kazumi*

Abstract

　The purpose of this paper was to clarify the physical experiences of male infertility of couples who were diagnosed as azoospermia by urologist. Even within patients' physical experiences while receiving invasive reproductive treatment measures such as microdissection testicular sperm extraction was investigated. Interviews with five urologists and six couples revealed three points: (1) the urologists performed the surgery on male testes for his azoospermia, but on the other hand they regarded the couple as the patient; (2) the psychosocial impact of azoospermia was affecting both men and women; and (3) nobody complained about the surgery (e.g. TESE/MESA), even if there was any disappointment. Furthermore, more or less, patients requested the urologists to go into more invasive reproductive treatment measures, even though there is a little possibility to extract his sperm. Also, the paper suggests that the possibility is prior to the invasiveness of male body for the case of the azoospermia.

　Keywords: Physical experience, Male infertility, Azoospermia, Urologist, Invasiveness

---

Received: April 20, 2017; Accepted in final form: September 16, 2017
*Graduate School of Humanities and Sciences, Ochanomizu University; wontarou@gmail.com

身体経験としての「男性不妊」　121

研究ノート

資料　　　　　　　　　　　　　　　　　　　　■科学技術社会論研究　第15号（2018)■

2017年度科学技術社会論・柿内賢信記念賞　特別賞受賞記念講演

市民科学の取り組みからみたSTSの10の課題

上田　昌文*

日時：2017年11月25日（土）
場所：九州大学病院キャンパス　コラボステーションⅠ　2F視聴覚ホール

はじめに

　特別賞をお与えくださいまして本当にありがとうございます．「市民科学の取り組みからみた10
の課題」と題しましたが，私たちが「市民による市民のための市民が創る科学」とは何だろうか，
それはいかなる意味で必要か，あるいは本当にそういうことができるのだろうか，ということをい
つも念頭に置きながら活動してきて―実際に手がけているのは多少幅広いといえども数分野にすぎ
ないのですが―その中で気付いたことを皆さんへの問題提起として，まとめてお話したいと思いま
す．

1．「志縁」の組織化と政治的課題の「カスタマイズ」

　20年もやっていると私たちの所にいろいろな人が集まることになります．都会にいる人の大き
な特徴として，地縁，血縁がどんどん薄れてきて，「職縁」（職業上のつながり）しかない，という
ことがありますが，そういう中で「職縁」を超えて，いわば志を同じくする人が集まり，その「志
縁」で結ばれることの楽しさを共有することができる場があるかどうかが，問題になります．そう
した場の一つに，私たちのNPOはなっていると言えます．これは非常に大きな意味のあることで，
市民科学研究室（市民研）の力の源泉は多分そこにあると思います．市民研に関わる人というのは，
「市民科学」というのは何となく漠然とした言葉ではあるのだけれども，「市民科学」のアプローチ
に興味を持って期待してくれている人たちの集合だと言えます．組織としてみると，お金は本当に
微々たるもので，専従は私一人です．事務局にはお金を払っていますが，他のスタッフや研究会の
メンバーにはボランティアで参加してもらっています（研究費と，あと自己申告すれば交通費は支
給します）．

2017年12月12日受付　2018年5月12日掲載決定
＊NPO法人 市民科学研究室，ueda.akifumi@shiminkagaku.org

例えばどういう支援をいただいて成り立っているかというと，まずは会員が2種類あり，1万円のレイチェル会員と3000円のダーウィン会員です．レイチェル会員の比重が結構高いのが特徴です．それから，時々有志から高額のカンパが来ます．例えば1カ月前に事務所の引っ越しをしたので大変お金がかかって困ったのですが，何とか集まらないかと思ってお願いをしたら30万円のカンパが集まったということがあります．

　活動と発信の場として持っているのが，誰でもが参加できる「市民科学講座」，各種の調査をすすめるいくつかの「研究会」，そして隔月で発行する機関誌『市民研通信』，そして会員のほぼ全員が入っているメーリングリストなどです．市民科学講座は今まで大小含めて400回近く（年に10回程度）やってきたのですが，科学と一見関係のないようなテーマもいろいろ入れています（表1）．自前の発表（Cコース）が結構多いのが特徴です．

　形態はだんだん整理されてきて，外部の専門家を呼んでじっくり話を聞くいわゆる講演会（Aコース），親しい研究者やライターや事業者らを呼んで私と対論する形で行う講座（Bコース），自分たちの自前の発表（Cコース），そして，事務所を使って飲み食いしながら本当にざっくばらんにわいわい騒ぐ談話の場（Dコース）に分けています（表2）．本当にいろいろな人を呼び込んで組んでいて，聴衆の皆さんの中にもお呼びした方がいらっしゃいます．開催後は全て記録に起こして，無償で皆さんに提供するという形を取っています．

　市民研には，環境電磁界，ナノテクと社会，食の総合科学，科学コミュニケーションツール，低線量被曝，生命操作・未来身体，住環境，科学のねじ曲げ（Bending Science）と，現在九つの研究会があります．ただ，一つ悩みとして，やはり東京中心というのが否めないのです．遠方の方にど

表1　市民科学講座の開催例（2011年，東日本大震災の年でみると）

1月8日	D「環境の仕事とは？～コンサルティングの仕事からみえるもの～」
2月20日	C「味噌づくり講座」
3月19日	C「『笹本文庫』の設立を祝う会」
4月29日	B「震災後の世界で何をするか～科学コミュニケーションの役割を問う」
5月8日	B「三陸と東京湾の漁師町　大震災以前の姿から」
5月10日	C「放射線リスクのとらえ方・減らし方～汚染の長期化をみすえ，妊婦と子どもへの対策を考える～」
5月29日	B「震災発生時，コミュニティFMは情報を発信していた」
7月1日	A「大震災と水インフラ～今後の防災・危機管理をみすえて～」
7月29日	C「とことん知ろう！セシウムのふるまい～被曝の最小化，今後の汚染対策のために～」
9月20日	D「鉄ちゃん介護士の都市計画論―バリアフリーの意外な敵？」
10月22日	D「薬に食べ物が悪さする？～高血圧の薬とグレープフルーツの相互作用～」
10月29日	C「温泉地学と地震学～第1部：温泉および地震の話＋第2部：大震災後の防災とエネルギー問題」
11月11日	A「技術者からみたエネルギー有効利用の鍵～新しいエネルギーシステムを学ぼう！～」
12月11日	C「子ども料理科学教室：土鍋で美味しくご飯を炊く秘訣」

表2　市民科学講座の形態

Aコース	外部講師（主として自然科学系の研究者）を招いて，特定のテーマで行う学術的な講演会
Bコース	"科学と社会"をめぐって幅広いテーマをとりあげての，あるいはゲストの活動や言説に焦点をあての，参加者と自由に語り合う講座
Cコース	市民科学研究室の各研究会が担う，研究発表もしくは様々な形でのイベント
Dコース	市民科学研究室事務室を使って軽食をとりながら，ゲストと少数の参加者との間で交わす気さくな談話の場

うやって疎外感を持たずに参加してもらうかというのが大きな課題です．それを乗り越える手段として メーリングリストもあるのですけれども，やり始めたばかりの制度として，会員にはいろいろな能力や蓄積を持った方がいるので，そういう方は地方に行って交流してもらう，お話をしてもらう，そのときの交通費は出しますということをやっています．それから，このような学会があると，集まってくる人の中に地元の会員の方がいたりすることもあるので，そういうときに交流するというのもやっています．

私たちはジャンルや専門分野にとらわれずに相互にいろいろ意見交換をする中で，次のテーマを探し，議論しながら決めていくわけです．それと同時に専門家に頻繁にインタビューをします．このときに研究会のメンバー全部でやることもあるし，場合によってはインターンシップで来ている大学生を引き連れて行くこともあります．そういう中で自分たちなりの課題設定をして，小さくていいから，必ず何らかの解決を見出せるような研究の仕方をしていくこと—市民科学的に取り組める政治的課題のカスタマイズとでも言えるでしょうか—が特徴だと思います．

こういうことを繰り返していると分かってくるのが，じつはこの日本には市民科学的な活動に取り組める潜在的な能力を持った方が多いということです．ですから，そういう人たちが集まる魅力的な場を作れば，かなりいろいろなことが市民の力でできるのではないかと思うのです．

ですから，「志縁」で結ばれた素人中心の集団が—その中には専門性を離れた専門家も含むし，ボランティアとしてその専門性を発揮してもらう専門家も含みますが—STSの政治的課題を，自身で取り組み可能な形にカスタマイズし，実際に調査能力を鍛えつつ，一定の成果を出すようにすることは，そうした場をうまくしつらえさえすれば，もっと当たり前の活動になるのではないでしょうか．その可能性に注目してほしいのです．

2. 対立する専門的見解の継続性のあるすり合わせ

二番目です．私たちが手がけている問題の中には，(1)まだ誰も手を付けていない新しい問題，(2)課題はみえているが，解決に向けて(部分的に)実証的なデータが不足・欠落している問題，(3)専門的な見解に大きな相違があって，当面，市民調査の設計は難しいが，(その相違のために評価が分かれる)政策的対応をよりまっとうなものにしていく必要がある問題……といったようにいろいろな性質のものがあります．例えばこの(3)でいうと，現在であれば，福島県における甲状腺がんの発症をどう見るかという問題があります．

この専門的見解の相違が大きな場合にそれをどう扱うか，という点で一つ大きな実践だったのは，放射線による健康リスクの専門家を集めて専門家パネルを行った，2014年と2015年の仕事です．これは東大との共同研究[1]で，明石真言さん(放射線医学総合研究所)，今中哲二さん(京都大学原子炉実験所)，甲斐倫明さん(大分県立看護大学環境保健学)，木田光一さん(福島県医師会)，小佐古敏荘さん(東京大学大学院原子力工学系)という5名の専門家をお招きして，かつ2回目の専門家パネルには福島県の行政担当者7名(飯舘村，大熊町，富岡町，福島市，伊達市)にも参加していただきました．本当は公開でやりたかったのですが，なかなかそれは難しかったのです．

これをやった経験の何が大きいかというと，テクノロジー・アセスメント(TA)のステップの典型的な形を示せたことです．まず，とにかく私たちが目を付けた専門家を徹底的にヒアリングし，その意見をマッピングし，その中から実際にパネルに登壇してもらって意見を交わしてもらう専門家を選び，議論する．できれば行政関係者や企業の方も交えてそれを行う．そのときに論点をこちらからきちんと提示して議論しやすいようにしていく．そして，当日徹底的に議論して共同事実確

市民科学の取り組みからみたSTSの10の課題　127

認をして，結果を歪めない形で公表していくというプロセスをきちんと取るということです．

　この放射線リスクの専門家フォーラムより以前に，これも東大との共同研究で，今会場にいらっしゃる鈴木達治郎さんを研究代表にしたTAについての助成金を受けた研究事業で[2]，市民科学研究室はフードナノテクノロジーを担当したことがすごく大きかったです．各大手一流の企業の方や食品安全委員会の方をお呼びして，日本においては最も早い時期にフードナノテクノロジーの問題を扱って議論し，報告書にまとめました[3]．

　こういうことをするには，かなりのお金と時間と専門的な予備知識が要ります．ここでいう予備知識とは，科学的知識だけでなく問題の性質に応じてTAの手法を設計し適用するノウハウをも含みますが，TAに必要な一連の作業を専属で担える体制を普通のNPOがいつも持っていることは相当難しいことです．しかし，できなくはありません．ただ，やはり資金的サポートは決定的に大きいので，政府や自治体が，私たちのように幾らか専門能力を持っているところに委託する形で一緒にやっていければ，可能性は開けていくのではないかと思っています．

3. 技術発展の方向性を企業とともに議論する場

　今，企業ということを言いましたが，企業が持っているいろいろな日本の技術製品について，一般市民は単にそれをどう使えばいいのかという程度の知識しかなく，その製品技術がいかにして生まれ，社会にどう浸透しているか，そしてそれがどういう問題を生んでいるかといったことを，企業の方と率直に議論する機会は皆無に近いと思っています．例えば携帯やスマホは今，誰でも持っています．私は電磁波の問題で講演することが多いですが，そのときの一般の方々の悩みの中心は電磁波の問題というよりも，子供にどう持たせたらいいか，子供が依存症的になっているのをどう考えたらいいのかといった問題です．そういう場に，例えばNTTドコモの方がいることは非常に考えにくいわけですが，それをあえてやっていくことが大事だと私は思っています．

　これは，医薬品しかり，家電製品しかり，ほとんどの科学技術製品について同じです．面白い例を紹介しましょう．これは私が会津に行って知ったのですが，子供の携帯の使い方についていろいろな人が悩んでいて，中学生自身もじつはそれは気付いていて，各学校の生徒会の代表が集まって議論をして，「あいづっこ携帯・スマホ等の使い方宣言」を作り上げました．これは立派です．子供たち自身でルールを作ると，子供たちはちゃんと守るのです(図1)．これに刺激されて大人たちも，「あいづっこ携帯・スマホ等の使わせ方宣言」を作りました(図2)．これは，国や自治体が何もしない，何も動きがない中で問題が起こってきたときに自分たちの手で何とかしていこうということの一つの表れです．

　なぜ「技術を企業と論じ合う」ということをわざわざ言うかというと，じつは「未来予測のワークショップ」というのを10回ほど開催し，これをやるたびに市民の方たちがものすごく発言をしてくれるのを経験したからなのです．このワークショップは簡単な手法で，まず日本が抱えている大きな問題をいろいろと整理して，簡単にレクチャーします．そして，技術というのはただ単に利便性だけではなくて，いろいろな価値観を満たさないといけないのだということを伝えます(「利便性」「持続可能性」「健康」「安心・安全」「人のつながり」「経済的負担の軽減」という六つの価値指標を示します)．

　それから，これは私たちが以前JSTからの助成を受けて行った研究で[4]「生活者に関わる科学技術の18分類」というのを作ったのですが(表3)，これを全部カードにしておいて，裏返して置いて，任意の二つを取って，「あなただったら，この二つの組み合わせでどんなイノベーションがあると

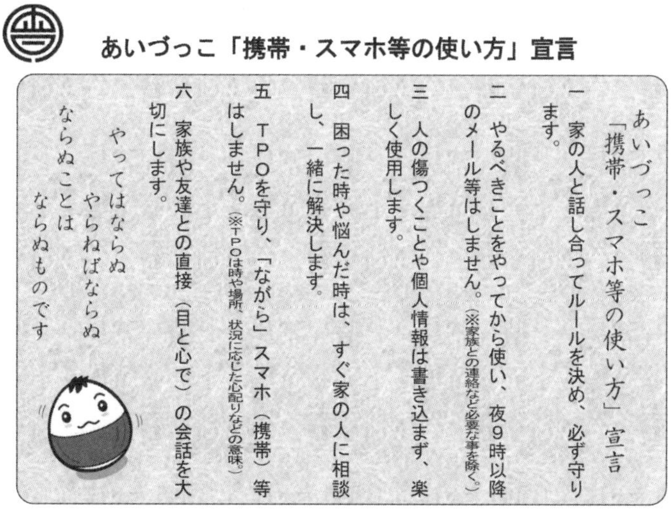

あいづっこ「携帯・スマホ等の使い方」宣言

あいづっこ「携帯・スマホ等の使い方」宣言

一　家の人と話し合ってルールを決め、必ず守ります。

二　やるべきことをやってから使い、夜9時以降のメール等はしません。（※家族との連絡など必要な事を除く）

三　人の傷つくことや個人情報は書き込まず、楽しく使用します。

四　困った時や悩んだ時は、すぐ家の人に相談し、一緒に解決します。

五　TPOを守り、「ながら」スマホ（携帯）等はしません。（※TPOは時や場所、状況に応じた心配りなどの意味）

六　家族や友達との直接〈目と心で〉の会話を大切にします。

やってはならぬ
やらねばならぬ
ならぬことは
ならぬものです

図1　あいづっこ「携帯・スマホ等の使い方」宣言

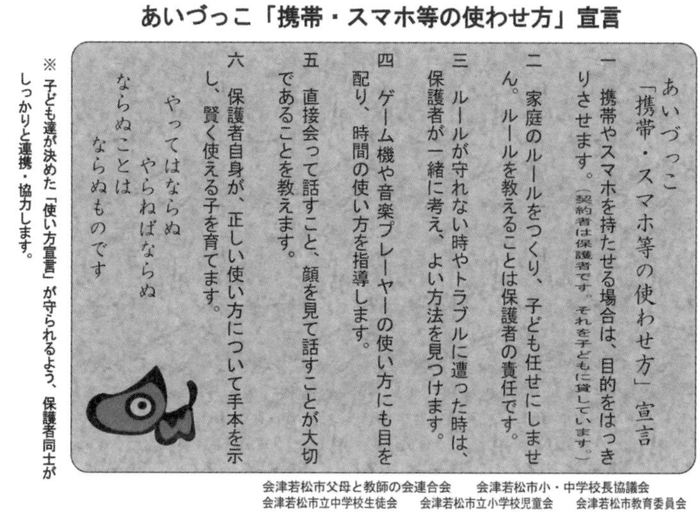

あいづっこ「携帯・スマホ等の使わせ方」宣言

あいづっこ「携帯・スマホ等の使わせ方」宣言

一　携帯やスマホを持たせる場合は、目的をはっきりさせます。（契約者は保護者です。それを子どもに貸しています）

二　家庭のルールをつくり、子ども任せにしません。ルールを教えることは保護者の責任です。

三　ルールが守れない時やトラブルに遭った時は、保護者が一緒に考え、よい方法を見つけます。

四　ゲーム機や音楽プレーヤーの使い方にも目を配り、時間の使い方を指導します。

五　直接会って話すこと、顔を見て話すことが大切であることを教えます。

六　保護者自身が、正しい使い方について手本を示し、賢く使える子を育てます。

やってはならぬ
やらねばならぬ
ならぬことは
ならぬものです

※子ども達が決めた「使い方宣言」がしっかりと守られるよう、保護者同士がしっかりと連携・協力します。

会津若松市父母と教師の会連合会　　会津若松市小・中学校長協議会
会津若松市立中学校生徒会　　会津若松市立小学校児童会　　会津若松市教育委員会

図2　あいづっこ「携帯・スマホ等の使わせ方」宣言

表3　18分野から任意の2つを組み合わせてイノベーションを発案

水・大気	安全・防災
エネルギー	機械・道具
食・農林水産	情報・通信
住まい	交通
衣服	福祉・ケア
廃棄物	教育
材料・化学物質	コミュニティ・人間関係
健康・医療	身近な自然
妊娠・出産・子育て	アート・遊び

思いますか」と聞くのです．例えば「通信情報」と「衣服」，何の関係もないように思うけれど，無理矢理考えろと言ったら参加者はけっこう面白い突飛なものを出してきてくれるのです．

それで発明することの面白さみたいなものを経験してもらった後に，いよいよ「科学者が選んだ重要課題トップ100」[5]から30個の「未来技術」を選んでカード化しておいて，これらの技術の実現可能性と問題解決の寄与度を縦軸・横軸にして分類してもらうのです．それで議論していくと非常に盛り上がります．これは，やはり市民は技術の発展というものに関心を持っているのだということが分かるわけです．

技術における企業と市民の親和性ということは，全く別の分野からも示唆されています．例えば，大田区で高齢者のための見守りネットワークが市民の自主的な活動として，非常に盛んになっています（おおた高齢者見守りネットワーク「みまーも」）．毎日のように交流会や講座，お楽しみ会が開かれて，そこに何と90ぐらいの企業が参入するのです．ただ見るだけではなくて，ちゃんと協賛金を払う．企業の方は講座の講師になったりもしますが，講師料をもらうのではなく，逆に協賛金を払うのです．それはなぜかというと，医療関係だけでなく全然違う企業も入っていますが，企業側も，これからの高齢化社会がどうなっていくかを自分の目で見ておきたいという動機があるからです．これは今，「『みまーも』の奇跡」と呼ばれていて，全国的に広がる兆しがあります．そういう中でSDGs（持続可能な開発目標）の流れもありますから，「まっとうな企業活動を本当に応援する市民」という存在が，これから大事になってくるのではないかと思っています．そのためには，技術発展の方向性を市民が普段から企業の人たちとともに議論する場が必要です．

4．市民調査を支援する手段・方法の拡充

市民科学の中心は，私は，何と言っても，対抗的な専門性にあるのではないかと思っています．すなわち，政府の政策の実施や企業の活動によって生まれた（あるいは生まれるかもしれない）危害や不公正を，少数で弱い立場にあることが多い被害者の側に立って，その被害を生む原因の追求に焦点をあてて，政府や企業による不正・隠蔽・責任回避などを，具体的なデータの提示によって明るみに出し，反証し，転換を迫っていくことです．

そういう中で必須となるのが，①被害の現場とどう密接につながるか（現場主義：フィールド），②反証のための科学的データをどう得るか（対抗的専門性：リサーチ），③どう社会での認知を高め，支援を得るか（支援活動：キャンペーン），④政治的決着に向けてどう動くか（政治争点化：ポリティクス）の四つの条件です．私も面識があり，実際にその市民運動にも関わったことがある，宇井純さん，高木仁三郎さん，梅林宏道さんら市民科学者に共通するのは，現場主義と対抗的専門性，すなわち現場に徹底的に関わって，自分の能力で文句のつけようのない反証データを作れることだったと思うのです．

ところが，これは支援活動がないと続けられません．その支援をどうやって取るかというと，現場の人の支持と，それを広く知らしめるジャーナリストの役割がとても大きいのです．さらに，お金を確保する，人の支援を増やしていくという意味でも大学との共同研究を含めて，いろいろな研究助成がNPOにも手の届くものとなることが私たちにとっては大事なことです．例えば高木仁三郎市民科学基金―私もその選考委員を務める一人ですが―は市民科学を支援するもっとも顕著な事業ですが，そういうタイプの事業がもっとあっていいのではないでしょうか．

ただ，①で見えてきた問題を②につなげて実行できる力を鍛えることがなかなか難しい．残念ながらきちんとした研究計画の立案や，必要な専門的な分析をする能力を養う決まった方法はできて

いません．なので，試行錯誤しかないのです．そういう試行錯誤を許容してくれる空間が私はもうちょっと欲しいと思っています．大学からのインターンシップを使ってNPOと共同ですすめる育成プログラムを作ったり，地域課題解決のために行政側が本格的なNPO支援の枠組みを作ったりすることが一つの可能性かもしれません．

5. 問題解決型科学コミュニケーションとジャーナリズム

それから，いわゆる科学コミュニケーション，科学リテラシーという言葉が頻繁に使われますが，少し振り返ってみて，大学の先生方は授業をされていて感じると思うのですが，一般的な大人数の講義では寝てしまう学生さんが多いですね．ところが，ワークショップ形式にして少人数で議論させると，途端に盛り上がってきます．私もいろいろやってきましたが，やはり正直言って，ものを考えるにはこういう方法が良いに決まっているのです．なぜかというと，自分が解決に参画しているという感覚が強くなるからです．

例えば，福島の事故が起こり，これを学校でどう教えるかという大問題が生じました．事故の前の家庭科は，食の問題や健康問題のごく一部を扱っていました．しかし，放射能リスクや原発事故の全部に絡んで，非常に広い意味での理科教育というか，広義の放射線教育をしなければいけなくなったのです．はっきり言ってお手上げ状態です(図3)．

そこで私は，セーブ・ザ・チルドレン・ジャパンと共同で中学生を対象にリテラシーワークショップを開催しようということで，中身を作って福島県福島市といわき市の幾つかの学校に協力をいただいて，実際に中学生を教えました[6]．20回ほど開催し，とにかく社会的な問題を自分たちなりに受け止め，それを将来解決していくために放射線の知識を学ぶのだということを徹底しました．例えば，避難についてのワークでは，子供4人にそれぞれ立場の異なる避難者の子供として登場してもらいます．避難しなかった人，原発のすぐ近くで強制避難させられた人，避難していたけれども戻った人，国の指示とは関係なく自主避難した人がいて，そういう人たちの子供が親の姿を見て何を感じているかというモデルの子供を作るわけです．これを議論してもらって，子供たちに意見

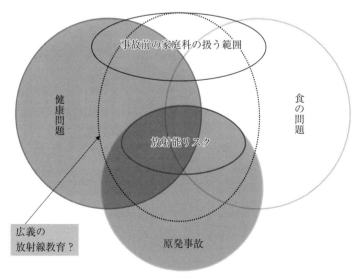

図3　放射線教育は誰がどう担うのか？

をまとめさせていくというようなことをやっているわけです.

　幸いなことに, そういう教育を受け入れてくれる学校がいくつかあり, 福島市といわき市の全中学校の全生徒にこのテキストブック(『みらいへのとびら一知って, 話して, 考えてみよう, 自分のこと, みんなのこと, 放射能のこと』)の配付が実現しました. ただ, 今本当に使ってくれている人がどれぐらいいるのかは分かりませんが. そういうことを経験すると, やはり問題解決を求めて集まってくる人たちが増えて, いろいろな職業や立場の人がみられるようになってくればくるほど, コミュニティに波及するということがあって, そういう状況を築きつつSTS的問題を扱っていくことは非常に有効だろうと思っています.

　例えば少数の巨大企業によるグローバルな「食」の支配という大きな問題がありますが, こういう問題に市民はまったく太刀打ちできないものなのでしょうか? いいえ, 例えば一人の主婦が台所に立って仕事をするとき, じつはエネルギー, 環境, 伝統的技能, 廃棄物, 加工技術……と非常に多くの技術と社会システムがそこに関わっていて, 食のグローバリゼーションをとらえ, 変えていけるなにかしらの回路があるはずなのです. やりようによっては本当に自分の身近な問題として引き付けて考えることができ, 変革の糸口も見いだせる. それがコミュニティの問題になっていけばいくほど, より鋭くとらえられるようになる. そういうときにSTSの研究者がうまく入り込んで, やっていってほしいと思います.

　例えば千葉県浦安市の「浦安介護予防アカデミア・うらやす市民大学」は介護予防で非常に成功している事例で, 市民がまちづくりの専門技術や専門知識を講座で学んだ後に, 今度は自分たちが講師になったり, 新しい講座を作ったりしてどんどん展開している. これは, コミュニティの問題解決に向けて市民が自主的に組織的に動き始めた先駆的な事例だと思います. 科学技術の分野でも恐らくこういう手法が使えるのではないかと思っています.

　一方ジャーナリストは, 役割が非常に大きいとは思うのですが, 大変力不足が目立ちます. なぜかというと, 科学技術分野の専門性が高いということは確かに大きな障壁なのですが, ジャーナリストの役割は科学と社会の間をつなぐことです. 社会の側にはとにかく取材を重ねて現場の意見を聞き, 科学の側には専門家に徹底的にインタビューして自分なりにその内容をつかみ, それをすり合わせる役目です. でも, 本気でそういうことをやろうとしている人がどれぐらいいるのだろうかという気がしています. 例えばリニア中央新幹線の建設の是非の問題がありますが, これで本当に科学ジャーナリスト的な仕事をしているのはフリージャーナリストの樫田秀樹さんぐらいだと思います.

　私自身も, 自分の能力がある程度発揮できる電磁波の問題で報告書の分析をしました[7]. こういうことをしたら, ジャーナリストの方が私の方に来て, もっといろいろ取材したらいいと思うのです. でも, 来ないのです. 自分には扱い得ないことだと割り切ってしまっているのではないかという気がしてならないのです.

6. 地域を生きる主体としての科学知の編集と活用

　今, 地域の話をしましたが, 私たちはより焦点を地域の問題に持っていきたいと思っています. 私たちの地域の豊かさをまだ発見できていないのです. それを発見できたら, その中で科学・技術がどう使われるかに対する意識がとても高まってくると思うのです.

　例えば防災はいろいろな取り組みがありますが, 3年前に市民研に発足したグループ「市民と防災　研究会」で, 大水害が予想される地域の一つ東京都葛飾区で, 小さい子供を持つお母さんが本

当に水害に遭いそうになったときにどうやって避難できるか，どう対処できるかを具体的に考えるために，葛飾区役所の防災担当の人も呼んできて，お母さんたちと一緒にワークショップをしました[8]．決定的に大事なのは，ハザードマップを自分なりに読み解いて，タイムラインに自分の行動を落として込んでいく作業です．そこで得た成果を生かして，今度は私たちの地元文京区のお祭りのときに防災のブースを立てて，ハザードマップを見せて，「あなたはどこの方ですか．では，このマップの情報は分かりますか」とやっていきます．そういうことを繰り返しているわけです．

一方，私たちは3年ぐらい前から「まち歩き」という企画もずっとやっています（表4）．これを通して分かったのは，私たちは自分の住んでいる町のことをほとんど知らないということです．10年前，20年前，30年前，この町がどうだったかを知っている人はどれぐらいいるだろうかということに逆に驚くのです．しかし，「ブラタモリ」のような番組の人気から分かるように，皆関心はあるのですから，何かいいやり方があるのではないかと考えて，いろいろ試しました．そうしたら，例えば子供たちがどんどん乗ってきます．子供たちに「君たち，歩いていてどこか変だな，面白いなと思うことがあったら写真を撮って，後で解説して」と言うと，バシバシ撮ってくれて，面白い意見が続出するわけです．それぐらい自分の町に興味を持つのです．そこを起点というか，きっかけにしたいと思っています．

まち歩きをうまくやることで，例えば地域で中核的な人に会うことができます．あるいは防災や

表4　市民研が主催しての「健康まちづくりまち歩き」

```
●STEP1「Let's! 谷根千まち歩き」(1)〜(3)
  2015 年 8 月 18 日(火)11：00-18：00　文京区谷根千周辺
  2015 年 8 月 19 日(水) 9：00-17：00　文京区谷根千周辺
  2016 年 1 月 24 日(日) 9：30-15：00　文京区本郷エリア
●STEP2「健康まちづくりウォーキング」
  2016 年 3 月 27 日(日) 9：00-18：00
  「思い出覗き窓」でのまち歩き体験in 藍染大通り
  途中で「まちづくり」インタビューを含む，「サイエンスマップ」まち歩き in 文京
●STEP3「健康まちづくりまち歩き」(1)〜(6)
  2016 年 6 月 22 日(日)10：00-15：00　第 1 回文京区，湯島・本郷界隈，東京大学構内
  2016 年 7 月 30 日(土)13：00-18：30　第 2 回文京区内小石川界隈
  2016 年 8 月 31 日(水)12：30-18：30　第 3 回文京区駒込界隈
  2016 年 12 月 27 日(火)13：00-16：00　第 4 回谷中界隈
  2017 年 1 月 26 日(木)13：00-16：00　第 5 回神田川沿い(日本医学教育歴史館を含む)
  2017 年 3 月 5 日(日)13：00-16：00　第 6 回目白台界隈
●STEP4
  第 1 回　健康まちづくりフェスタ in 文京・台東
  2016 年 10 月 29 日(土)13：00 〜 18：00
  湯島→本郷(東大)→向丘→千駄木，途中で食と運動のワークショップ
  コースの最後に「音声ガイド＋思い出覗き窓」を体験
  第 2 回　健康まちづくりフェスタ in 文京・目黒
  2017 年 3 月 26 日(日)13：00-17：00
  駒込向丘エリアのミニまち歩き＋ワークショップ「まち歩きの可能性を探る」
●夏休み special 自由研究サポート 子どもまち歩き
  2016 年 8 月 18 日(木)市民科学研究室＋ツリーアンドツリー本郷真砂
●special
  東京大学医学部関連を中心にした「医史学散歩」
  2016 年 2 月 1 日　「医史学散歩」サイト主宰の堀江浩司氏の案内で
```

医療，福祉，産業を含めてまちづくりのいろいろな様相や課題を知ることができます．例えば，文京区の本郷3丁目の交差点のところに「芙蓉堂」というドラッグストアがあります．ここの店主の川又さんは面白い方で，調剤薬局は単に薬を渡すところではない，いろいろな人が来ていろいろなお話をして，町の健康の状況を把握できるのだと言います．川又さんは，そうした人との付き合いを通して，「街ing本郷」というNPOで活動しています．例えばどういう活動かというと，今，お年寄りが多くなって空き部屋がたくさんあるので，そこに東大などに通う学生さんを安く住まわせる．ただし条件があって，まちづくりに協力する，町会に出るといったことが義務付けられている．そういうことをやっているわけです．

　まち歩きの中で，私たちが面白いと思って開発を手がけた技術があります．今これを開発したメンバーが独立してベンチャー企業を立ち上げています．東大では谷川智洋先生らが，タブレットに昔の写真を取り込んで，今の景色にかざすと二重写しになる「バーチャルタイムマシーン」というものを開発しました．それと一緒に使うことも想定して，GPSに連動して町のスポットごとの情報がスマホから音声で流れるというものを開発したのです．これは容易に想像していただけるように，館内や屋外のいろいろなところに応用できます．例えば東大を対象にして，医学部の史跡巡りをしながら日本の近代医学の歴史を振り返る40分の音声ガイドコースを作りました．

　こういうことをしていると，町のソーシャルキャピタルに気付かされます．私は銭湯が大好きなのですが，今それがどんどんなくなっています．でも，じつはこれが重大な意味を持っていることがわかってきます．高齢者の井戸端会議的な場所で，孤独死を未然に防ぐ機能を持っている．子育てママが非常に自然な形で高齢者の方から知恵をいただく場，子供にとって公衆ルールを守る教育の場になるなど，もちろん電気，ガス，水道等のエネルギーの節約も含めて諸々あるわけです．銭湯がなくなると，その全部が消えていきます．銭湯に行っていた人にインタビューしたら，ものすごく熱く思い出を語ってくれます．しかし，それはインタビューをしない限り全然見えてこないのです．

　私たちは自分の地域を知り，そこにどのような社会問題の改善につながるソーシャルキャピタルがあるかを知ることで，STS的課題も含めて，これまでにないスムーズな解決行動が導けるかもしれないのです．そのことをもっと意識するのが大事です．

7. 生活者にとっての健康リスクのトータルな把握と対処

　もう一つは健康リスクです．市民研のような活動をしていて，電話などで一番多いのは，「体のここが悪いけれど，これが原因ではないか」という相談です．私はそういう相談をずっと聞いてきて，いろいろ調べもして見えてきたのが，私たちが抱えている現代の疾病の特徴は，胎児の頃から亡くなるまでライフステージ的につながっているということです．それをもっと医学者と一緒に見ていかないといけないと思っています（図4）．

　例えば化学物質一つを取っても，ただ単にこういうものが危ないという情報だけではやりとりができません．なぜなら，曝露，症状，その因果関係，代替可能性，環境影響，感受性・脆弱性の差異，危険性情報の入手の可否，規制のあり方など全部を見ていかないと，本当はその人にとっての化学物質の適正な扱い方は見えてきません．一方で，健康を左右するのはリスク因子だけではありません．環境，生活習慣，社会生活，価値観・心のあり様などがいろいろ関係してきます．健康を維持する，守る，増進する対策にも，教育的，予防的，治療的，政策的・非政策的なものと，いろいろなフェーズがあります．そういうことを見ながら，その人のいろいろな生活や環境の条件を知った

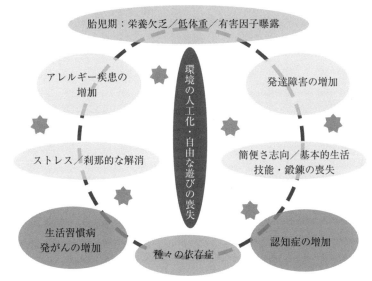

図4 健康リスク因子のトータルな把握に向けて

上で対処していかないといけない時代になってきたのだと思います.
　一つ例を言いますと,私たちが電磁界の問題で電磁波リスクを考えるときに,曝露を知らないとどうしようもないのです.では,どうやって曝露を把握するのか.はっきり言って既存のデータは,家電製品など物から出ている電磁波を測って記録しただけで,人が生活している空間の中で,24時間トータルでどれだけ曝露するかというのは知りようがなかったのですが,アメリカで使われている特殊な計測器を国立環境研究所の先生からお借りして——一つ40万円ぐらいするのですが——17台を17人の主婦の方に持っていただきました.
　この人たちのうちの何人かは「オール電化住宅」に住んでいる人だったのです.オール電化に住んでいる場合と住んでいない場合とでどういう差があるかを見たわけです.計測器を付けて一日中過ごしてもらうので,詳細な家の家電製品の位置やパワー,自分の行動を分刻みに記録していくという大変ややこしいことを要求せざるを得なかったのですが,協力してくださった方々のおかげで個別の詳細なデータが取れて,かなり正確な分析ができました.こういうふうにやっていかないと,トータルのリスクは見えません[9].
　さらに全然違うアプローチとして,私たちが3年かけて開発した生活習慣病対策ゲーム「ネゴシエート・バトル(ネゴバト)」というものがあります.生活習慣病には,分かってはいるけどやめられないとか,飲みたくないけれど先輩と一緒にお酒を飲まざるを得ないといったジレンマ状況がたくさん関わっています.その中で「あなたはどうしますか」ということが問われるわけですが,このゲームは逆転の発想で相手がジレンマ状況にあるときに,いかにうまく誘惑をかけて,生活習慣を悪い方に引っ張るかという引っ張り合い競争なのです.そういうゲームを作ってやると,これは大変盛り上がります.これは保健関係者に注目されていて,いろいろなところからリクエストが来ています.
　これは,コミュニケーションの効果を如実に示している例ではないかと思います.そういうこともあり,これから健康リスクについてお話をするときは,いろいろな視点を交えながら,本人自身に自分の置かれた状況を考えてもらう方向に持っていこうとしています.例えば,最近問題になっている「香害」に関してもワークショップを開きました.香害に関するいろいろなテーマについて,

表5 「香害」のワークショップの議論のテーマ

1 ●「よい香り」を演出する（含有する）商品にはどんなものがあるか 2 ●香りの成分は何か／それが「香る」ようにためになされているどんな工夫があるのか 3 ●人工合成香料はどれくらい入っていて，どのような濃度で「香っている」のか（曝露量はわかるのか）
4 ●柔軟剤や人工合成香料にはどんな毒性があるのか．健康被害を受ける人と受けない人がいるのはなぜか． 5 ●人工合成香料の被害にはどのようなものがあるのか 6 ●なぜメーカーは被害があることを知りながら作り続けるのか
7 ●消費者・生活者は人工合成香料含有製品をまったく使わないという選択はできるか 8 ●被害を受けた場合の対処として何ができるのか 9 ●人工合成香料の使用の適正化もしくは廃絶に向けた取り組みは可能か

九つの問題を3群に分けてグループで20分ずつぐらい議論をしていただいて，私の持っている知識とすり合わせて，「では，あなたはどうしますか」というようなことを聞くわけです（表5）．そういう対処が要るのではないかと思っています．

　まとめますと，トータルな健康リスクを把握する方法は確立していませんが，負の因子がどういうふうになっているかを目配りして，低減や改善のしやすさ，健康維持の方法を組み合わせて，自分にとって比重の大きいものを優先的に選択し，考えていくということはできそうです．そうした作業のなかで，データの重大な欠落があれば，それを開示させ，企業側や行政に現行規制が生んでいる不備や矛盾を改めさせていくことはできるはずなのです．そういうときに本当に大事なデータの不足があったら，そこを狙って思い切り研究することが大事だと思います．

8. 科学技術政策の形成への実効性ある関与や参画の方法

　これは皆さんのお得意の分野で，ずっと言われてきたことではありますが，国の審議会や委員会には，私も何度も傍聴してきましたが，限界があります．もちろん素晴らしい，きちんとした結果を出してくれる委員会もありますが，大体はその分野の大御所の意向でメンバーが決まったり，非専門家として呼ばれた人は専門家に専門知識でかなわないのできちんとした突っ込みを入れられなかったり，勉強不足な発言になっていたり，せっかく答申や報告をまとめてもそれがどう生かされるか分からない，などなど，多くの問題をかかえたままです．でも，これはきちんと受け止めて分析しないといけないことなのです．それをずっと継続的にやれる人がいない．それをやれるような実力と，その体制を持っていないといけません．例えばアメリカの「憂慮する科学者同盟」みたいなものです．審議会報告を逐一フォローし，批判的に解読し，市民の側の意見をまとめていく何らかのやり方はないものでしょうか？　即時的でアドホックなものでもよいから，個別の発信にとどまることなく，ネットをとおしてでも―例えばネット上に「カウンター審議会／市民委員会」を設けて並行に走らせるというような―科学者を組み込んだやり方が要るのではないかと，私は思っているのです．

　政策形成への実効性のある関与という点では，今後生まれてほしいのは，科学技術政策の動向を把握してその要点を市民に知らせる活動―榎木英介氏らの「サイエンス・サポート・アソシエーション」などはその代表例ですが―の成果を取り込みつつ，市民がどのような研究開発を支援しあるいは支援しないかを恒常的に議論できる場です．大学が真に社会に開かれ自立的に学問を営めることと，市民からのしっかりした支援を得ることとは，私は切り離せないのではないかと思っています．

9. 「○○技術を使わない」技術の探索と推進

　最後はおまけで，笑い話みたいなことですが，私は「何々を使わない」というのはとても意味があると思っているのです．それを少し系統立てて行うことを「○○技術を使わない技術」と呼んでみたいわけです．そういう人が増えてくると，技術に対する強烈なインパクトになると思っています．

　例えば省エネです．原発に賛成かどうかという問いは，今や思想を問うリトマス試験紙のようになっていて，当然意見が分かれるでしょうが，合理的な省エネはよいことだという点では恐らく誰も異論はないでしょう．でも，例えば「あなた自身の生活の中で20%確実に省エネしてください」と言うと，これはなかなか大変なのです．いろいろなことを分析しなければいけないし，実際にやるやり方も検討しなければいけないし，科学知が求められるわけです．でも，それを皆で考えると面白いのです．そういうことをしながらコミュニティが同じ課題に立ち向かっていくと，恐らく私たち誰もが理想だと感じている，地域特性に応じた再エネの拡大やエネルギー地域自立につながっていく可能性があるわけです．

　あるいは全然違う方向の話で言うと，皆さんも使っている方が多いと思いますが，合成洗剤や柔軟剤，除菌剤です．私はあるメーカーと喧嘩をしたこともあるのですが，私の目から見ると，何重にも科学的データを曖昧化して，測ってないのにあたかも測ってあるかのような言い方がなされています[10]．そういう中で消費者は結局，派手な宣伝に踊らされて，その宣伝を見る限りはまったく安全だと思ってしまうことがあります．例えばファブリーズのようなものの成分を知っていますか．あれがどんなふうに床に残るか分かっていますか．あの中に入っている抗菌剤の成分は何が使われていて，どれぐらい有害か分かりますか．そういうことも含めて，はっきり言って問題だらけのものが多いのです．これらは使う必要がありません．石けんだけで十分で，私は二十歳のときからずっとそうですが，何の問題もありません．自分で実践しているので人にそう言えます．そういうことを考えると，いかに無駄な技術，技術製品が多いかです．

　例えば，これは別に無駄というわけではないけれど，炊飯器を使わずお米が炊けますか．もっと極端なことを言うと，米粒がここにどんと置いてあって，それを全く自分で一から調理しろと言われたら，できますか．私たちの子供料理科学教室では，そこからスタートします．すなわち，いろいろな食材があるけれども，それをどう加工したら本当に美味しくなるかというのは，科学の知が要ります．そういうことを実験的なプログラムとして学ばせるのです．子供たちは楽しくやってくれていますし，それを見ているのは本当に面白いです．3時間ぐらいですが，皆全然集中力が切れなくて大いに乗ってくるプログラムになっています(表6)．

表6　子ども料理科学教室　10個の実験講座メニュー

1 ●お米をおいしく炊く秘訣
2 ●野菜の甘さを生かしたクッキーづくり
3 ●ダシの秘密をさぐる
4 ●発酵という魔法〜小さな生き物(微生物)の大きな力を探る〜
5 ●わかる！　使える！　料理の道具たち
6 ●塩が料理にとっても大切なわけ
7 ●野菜はお友達！　育てる，作る，食べるのわざ
8 ●豆や卵がカラダに変わる?!〜たくさんの顔を持つタンパク質の不思議〜
9 ●捨てないでおいしく長持ちさせるわざ〜食べ物をとことん生かす保存食〜
10 ●マイ・レシピで美味しく作ろう！

このプログラムを作るのに4年ぐらいかかって，お金も大分かかりましたが，本当にやった甲斐があったと思います．先ほど例にあげたお米も，どれぐらいの量の水に浸すか，何分間浸すか，火加減はどうするか，全部実験から割り出して食べ比べて，ベストなものを見つけることができるわけです．お味噌造りなどもそうです．私はここ20年近くパックのお味噌を買ったことがありません．全部手作りですが，その方がはるかに経済的で美味しいことが分かっています．発酵についても勉強できます．ですから，そういう活動を増やしていくということは，大変意味のあることだと思っています．何々を利用しない技術というのは，じつは非常に重大な意味があって，こういうものを評価したり系統化したりする何らかのやり方を見つけたいと考えています．

10. 生活に根ざした生態学的総合科学教育の確立

最後に，生態学的な総合科学教育と名付けましたが，今の理科教育の最大の欠陥は，理科室から一歩出れば，その知識をどう使っていいかが見えないことです．例えば酸とアルカリについて習っても，家の台所に立ったときにその知識が生きるかという話です．じつは，これは料理にも洗濯にも非常に関係します．そういう「使えない学び」が多過ぎるのです．

そこで，逆のベクトルで，生活をより良く変えるために生活技術を適正化する，そのために科学的な原理を学ぶという方向に知識を全部組み替えないといけないと思っています．私の考えでは，人間生物学的なもの，生活科学的なもの，環境科学的なものをベースにしながら，それを年齢と経験に応じて，年齢が低ければ低いほど，より身体的，具体的，生活的なものにし，年齢が高くなれば，それをより知的なもの，抽象的なもの，系統的なものにしていきながら教育を組み替えなければいけないのではないかと思っています．そこで私は「水育，火育，風育，食育，体育……」という言葉を使って新しい概念構成ができないかと，ここ数年間いろいろ考えています[11]．これによって市民の潜在的な力を引き出し，問題に立ち向かっていけるよう，教育の形を変えることができるのではないかと思います．

おわりに

科学技術は私たちを豊かにしてくれます．その探求と創造も尽きることのない面白さがあります．ただ，これらは当然，人と社会をより良くするために追求されるべきものです．ところが，科学は不可避的な文明の駆動力のように思われていて，技術的応用の社会的な影響をじっくり考える余裕のないまま，ひっきりなしに新たな開発と革新の波が押し寄せて来るのが常態化しているわけです．自然科学が解いたのはまだ自然の謎のごく一部でしかないわけで，その意味でも私たちは自然に対して謙虚にならなければいけないし，一方，社会をみると，人を殺さず，傷付けず，抑圧しないという状況は全然成立していないわけですから，科学技術はそのことにどう関わっているか，そしてどうその負の関わりを脱していけるかを，もっとしっかりと問われねばならないでしょう．そうしたことがただ単に頭で分かるだけではなく，体で感じられる教育，学びが，子供大人を問わず必要ではないかと私は思っています．

こういう問題は，私たちがいくらか着手できたものもありますが，まだ見通しさえもきちんと立てられないでいるものもあります．皆様のようなSTSの研究者と手を携えながら試行錯誤を重ねていきたいと思いますので，今後ともどうぞよろしくお願いします．ありがとうございました．

■注

1 ）東京大学が文科省から受託した調査研究「原子力施設の地震・津波リスクおよび放射線の健康リスクに関する専門家と市民のための熟議の社会実験研究」（平成 24 ～ 26 年度）のうち，市民科学研究室に「放射線健康リスク」部門が再委託された．フォーラムの結果は以下のサイトにまとめられている．
http://www.shiminkagaku.org/forum/

2 ）2007 年 11 月～ 2011 年 3 月 JST 社会技術開発センター・研究開発プログラム「科学技術と社会の相互作用」平成 19 年度採択課題「先進技術の社会影響評価手法の開発と社会への定着」

3 ）『TAnote 技術の社会的影響評価 vol. 06 フードナノテク—食品分野へのナノテクノロジーの応用の現状と課題』（2011 年 2 月 10 日発行）

4 ）2004 年 12 月～ 2007 年 11 月 JST「社会技術研究システム・公募型プログラム」の平成 16 年度新規採択助成により調査研究「生活者の視点に立った科学知の編集と実践的活用」

5 ）JST「バーチャル科学館」のなかの「未来年表」に収める．
http://www.jst.go.jp/csc/virtual/shiryo/yosoku/win/top100.html

6 ）その活動の全体は以下の「放射能リテラシーワークショップ」のサイトにまとめられている．冊子『みらいへのとびら』もダウンロードできる．
http://www.shiminkagaku.org/radiationliteracyworkshop/

7 ）JR 東海が 2014 年 9 月 18 日に国土交通省に提出したリニア中央新幹線の「環境影響評価準備書」のなかの電磁波曝露に関する部分の分析をした「リニア中央新幹線「環境影響評価準備書」にみる磁界安全論は妥当か」『市民研通信』第 22 号（通巻 180 号）2014 年 1 月発行
http://www.shiminkagaku.org/wp-content/uploads/301020_20140120.pdf

8 ）ワークショップ「防災パレット in かつしか」2015 年 6 月，9 月，10 月報告書あり．
http://www.shiminkagaku.org/wp-content/uploads/302020_20160721.pdf

9 ）「家庭内での 24 時間電磁波計測調査から」『市民科学』第 12 号 2006 年 5 月
http://archives.shiminkagaku.org/archives/emf_020.pdf

10）例えば，①薬剤による除菌は決して健康的でない（常在菌へのダメージが考慮されていない），②曝露量はまったく考慮されていない，③医薬品・医薬部外品に属さないゆえに成分の危険性の情報が非表示であり毒性実験も十分になされていない，④派手な宣伝によりあたかも安全であるかのようなイメージを植え付けている，⑤何千万人の使用に伴う大量の環境への放出の影響もほとんど考慮されていない，など．

11）その序論的な試みの一つが次のエッセイである．
「水育 火育 風育 食育 体育」『市民科学』第 22 号（2009 年 2 月）
http://www.shiminkagaku.org/wp-content/uploads/30104020090207.pdf

話題 ■科学技術社会論研究　第 15 号（2018）■

ゲノム編集技術をめぐる規制と社会動向

農業・食品への応用を中心に

立川　雅司[*]

1. バイオテクノロジーをめぐる新たな潮流

遺伝子組換え作物（以下GMO）の本格的商業栽培が 1996 年に始まって 20 年が経過した. しかし, バイオテクノロジーは, こんにち新たな技術ステージに移行しており, これらの新たな技術を理解しないでは, 現在の問題の広がりを的確にとらえることは困難になりつつある. なかでも現在, ライフサイエンス分野の関係者が熱狂しているのは, 「ゲノム編集技術」（genome editing）である. 具体的には, ZFN, TALEN, CRISPR/Cas9 などの略号で呼ばれる技術である. これらの技術は, DNAを狙い通りに正確に改変する技術であり, その確率・精度が飛躍的に高まったことで, 様々な分野の育種に大きなインパクトをもたらすと期待されている. 表 1 は, 上記に掲げた代表的なゲノム編集技術の対照表である. とくにCRISPR/Cas9 が現在急速に利用されつつある背景には, コストの低さや調整の難易度が低いという面も大きく寄与している. またゲノム編集技術以外にも,

表 1　主なゲノム編集技術の概要

項目	ZFN	TALEN	CRISPR/Cas9
開発年	1996 年〜	2010 年〜	2013 年〜
認識	タンパク（転写因子）	タンパク（転写因子）	RNA（ガイド RNA）
配列認識の特異性	中	高	中
特異性	中	高	中
オフターゲット効果	大	小	中
多遺伝子の対応	1 遺伝子ごと	1 遺伝子ごと	同時に複数可能
コスト	高	中	低
調整の難易度	高（受託業者が必要）	高（国内のノウハウがある）	低
時間	ベクター構築に多大な時間	ベクター構築に多大な時間	ガイドRNAのデザインのみの時間

出典：JST-CRDS（2015）図 1-9 を引用者が抜粋

2017 年 8 月 6 日受付　2017 年 9 月 16 日掲載決定
＊名古屋大学, tachikawa.masashi@k.mbox.nagoya-u.ac.jp

新たな植物育種技術（new plant breeding techniques）と総称される様々な技術[1]が存在している．

　本稿では，主に農業や食品への応用場面に限定し，ゲノム編集技術をめぐる規制と社会動向に関して概観する．その際，『農業と経済』（特集：ここまで来たバイオ経済・生命操作技術），昭和堂，2017年3月臨時増刊号）での議論も一部紹介しつつ，科学技術社会論の観点から，ゲノム編集技術をめぐってどのような論点が提起されつつあるのか，筆者の観点から述べる[2]．

　こんにちではゲノム編集技術以外にも，網羅的解析技術（オミクスと呼ばれる），バイオインフォマティクス，高速ゲノム解析（次世代シークエンサー）などの解析技術の高度化，様々な生物種の全ゲノム情報の解析と蓄積，エピジェネティクスなどにみられる生命理解の深化，ナノテクノロジーや合成生物学と呼ばれる生物学と工学の融合領域，人工知能を用いた設計の最適化など，ライフサイエンスに関わる様々な分野での革新が累積的に相互作用することで，GMOが登場した時代とはその技術環境が根本的に変化している．これらの様々な技術群が融合した先にどのような未来が人類を待ち受けているのか，まだまだ明確な答えを出せる段階ではないが，萌芽的に議論されている論点はいくつか存在する．以下では国際的に議論されている論点についても触れつつ，近年の動向を概観する．

2. 高まる期待，多岐にわたる論点

1）研究開発の動向

　ゲノム編集技術のような正確なDNA改変が可能となれば，これまで以上に迅速かつ正確な育種が可能になると考えられている．またこうした技術によって作出されたものが遺伝子組換え規制の対象ではない，ということになれば規制をクリアするための費用も大幅に節減されることになる．様々な分野での育種に応用される画期的な技術として広く利用されることになるであろう．こうした期待は，園芸分野（野菜，果樹，花き）のように多様な品種開発が行われている分野ではとくに有益であると考えられる．研究段階ではあるが，日本においても表2のような作物・特性について検討がなされている．また家畜や水産の分野においても様々な検討が進んでいる[3]．

　ゲノム編集技術に対しては，国内でも様々な研究プロジェクトが同時並行的に進行している（詳しくは，山口（2017）を参照）．具体的には，①内閣府「戦略的イノベーション創造プロジェクト」（SIP）における「次世代農林水産創造技術：新たな育種技術の確立」，②JST-OPERA（産学共創プラッ

表2　ゲノム編集技術を用いた研究例

作物	ゲノム編集技術	対象形質
イネ	CRISPR/Cas9	高GABA
イネ	CRISPR/Cas9	籾数増加
イネ	CRISPR/Cas9	籾重増加
トマト	CRISPR/Cas9	単為結果
トマト	CRISPR/Cas9	高GABA
トマト，バレイショ	CRISPR/Cas9，TALEN	収量性，完熟性，機能性
バレイショ	TALEN	低ステロイドグリコアルカロイド
セイヨウナタネ	CRISPR/Cas9	高オレイン酸

出典：植物細胞分子生物学会大会（2016年）報告より抜粋

トフォーム共同研究推進プログラム），③JST-ERATO（戦略的創造研究推進事業総括実施型研究），④JSTさきがけ（ライフサイエンスの革新を目指した構造生命科学と先端的基盤技術），⑤AMEDO革新的バイオ医薬品創出基盤技術開発事業，⑥NEDO植物等の生物を用いた高機能品生産技術の開発）といった研究予算のなかで関連課題が実施されている．

2）新たなイシューの登場

　新技術の導入には必ず光と影が存在し，負の影響を被る人びとも生じる．また新技術に伴う新たなビジネスが発生することで，業界地図が大きく塗り替えられる可能性もありうる．例えば，有用な物質生産（例：バニラ）をゲノム編集した微生物で代替させるなどで，途上国の生産者が経済的機会を奪われるのではないかといった懸念が表明されている（白江 2015）．

　ゲノム編集技術には正確なDNA情報が必要であるが，これがデジタルデータとして入手できれば，場合によっては種子を入手する必要もない．名古屋議定書では遺伝資源のアクセスと利益分配が求められているが，デジタルデータにまでこうした利益配分を及ぼすべきかどうか議論が続いている．実際，2016年12月にメキシコで開催された生物多様性条約に関する関係会議においてもこの点が論点となり，デジタル情報（digital sequence information）と遺伝資源との関係に関して今後検討することになった[4]．

　またゲノム情報の蓄積と分析サービスや，ゲノム編集ツールの作製支援に関するベンチャービジネスが多数形成されつつある．GM食品が登場した際の検査ビジネスの登場を思わせる．またデュアルユースの問題とも関わるが，公開されているデータベース情報をもとに生物兵器に転用できるDNA配列を既存の生物に組み込む懸念も生じる．さらにはジーンドライブによる特定生物種（例えば，マラリアを媒介する蚊）の駆除に対しても，様々な可能性が検討されているものの，実験段階での封じ込め失敗が生態系に不可逆的な影響を与えかねないといった懸念も指摘されている（NAS 2016）．さらに合成生物学なども含めて，新たな製品が登場し，その不確実性や複雑性が増大することが予期されている（NAS 2017）．

　このように争点が多岐にわたり，その影響も広範囲にわたる可能性をゲノム編集技術は秘めているといえる．本稿では扱っていない医学領域への応用も考慮すれば，Jasanoffら（2015）が指摘するように，かつての「アシロマ会議」のようにリスクだけに議論を限定するのではなく，社会・経済・倫理的な多面的な検討が必要な課題である．その意味でテクノロジーアセスメントの格好のテーマといえよう．

3．規制をめぐる検討動向

　遺伝子組換え作物に関しては，各国においてそれぞれの立場から規制がなされてきた．それでは，上記で述べたゲノム編集技術などの新たなバイオ技術は規制対象になるのか．この点は，知的財産権，市民理解という論点とならんで，開発者が最も関心を寄せる事項である．

　ゲノム編集作物の規制を考える場合に，参考になるのはGMOが規制上どのように定義されているか，という点である．GMOに関する定義は，国毎に異なっており，国際的に統一されたものはない．ゲノム編集など新しい育種技術が登場したとき，この新しい技術で作出されたものが規制対象になるのかどうか検討することになったが，各国の規制当局が真っ先に行ったことは，かつて制定したGMO関連規制において，GMOがどのように定義されていたか再確認することであった．国によっては20年あるいはそれ以前に書き込んだ定義と照らして，新技術による製品が規制対象

の範囲内かどうかを確認したのである.

各国のGMOに関する定義は多様であるが, いくつかの観点から整理することができる. 以下では, その特徴をプロセス・ベース／プロダクト・ベースという観点, また規制発動(トリガー)および安全性評価のステップから整理したのが, 表3である. この場合, プロセス・ベースというのは, 組換えDNA技術を用いているかどうかという観点で規制対象とするかどうかを判断するということである. またプロダクト・ベースというのは, 得られた生物の個別の特性をみて, 規制対象とするかどうかを判断するということである. ただし, 表からも分かるように, 着目する観点は国ごとに異なっている.

以上の整理を踏まえて, ゲノム編集技術をめぐる規制対応の見通しを簡単に概観しておこう(詳細については, 立川(2016)などを参照されたい). まず, プロセス・ベース規制を行っている国(EU, 豪州, NZなど)では, 法律の改訂を行うことで, ゲノム編集由来の生物をGM規制から除外することができると考えられるが, 特に法律レベルでの改訂には議会手続きも必要となり時間を要すると考えられる. EUでは, 現在フランス政府から欧州司法裁判所に対して法的解釈を求めているところであり, その結果が欧州司法裁判所から出されたのちに, 欧州委員会が対応を協議していくことになる(補足:2018年7月, 欧州司法裁判所は, ゲノム編集など新たな突然変異誘導により得られた生物をGMOとして規制対象とするとの裁定を下した). ニュージーランドも, ゲノム編集由来生物をGM扱いとしている.

他方, プロダクト・ベース規制を行っている国(アメリカ, カナダ, 日本など)では, 法律改訂は必要ないものの, ゲノム編集由来生物に対して何らかの確認作業を行政やリスク評価機関が行うとすれば, そのために行政への簡易な申請手続きを導入していくことになるのではないか. そのための提出情報と確認方法などの整備が必要となると考えられるが, それほどの長い時間は要しないと考えられる. 実際に, アルゼンチンはこのような事前相談手続きを2015年から導入している[5]. なお, カナダはこれまでも育種方法に関係なく, 得られた品種のトレイト(特性)に基づいて審査対象を決定する方式をとっており, この現行方式を堅持する方針が表明されている(補足:日本の規制方針については, 2018年度内には明確になると見込まれる).

主な海外諸国に関して, 規制対応の進捗状況をみるならば, 最終的な行政手続きが決定・実施されている国は, ニュージーランド, アルゼンチンなどがある[6]. 行政規則の改訂案が提示され, 検討が行われている国としては, アメリカと豪州が挙げられる. 中国に関しては, 研究面では活発であるものの, 規制に関しては政府内部での非公式検討がなされている段階と考えられる.

表3 各国のGM規制の発動根拠

	規制発動(トリガー)	プロダクトの意味	安全性評価
日本	プロセス+プロダクト	外来遺伝子の存在	プロダクト
アメリカ	プロセス+プロダクト	植物病害虫に関連	プロダクト
EU	プロセス	–	プロダクト
カナダ	プロダクト	新規形質植物に該当	プロダクト
オーストラリア	プロセス+プロダクト	新規の特性を継承	プロダクト
ニュージーランド	プロセス	–	プロダクト
中国	プロセス	–	プロダクト

出典:筆者作成

4. 対立する言説連合と消費者の認知

1）言説連合の形成

　海外（特に欧州）では，ゲノム編集技術をめぐって，これを非GMとすべきとする人々と，GMとして規制すべきであるとする人々との間で，それぞれ言説連合（discourse coalition）が形成されつつある．非GMであるとするグループには，開発に関わるバイテク企業や研究者組織，種子業界が関わっている．こうしたグループは，興味深いことに欧州においても広がっている．GMOの導入に関してはアメリカの後塵を拝する形になったことが，ゲノム編集を含む新たな育種技術の利用を積極的に後押しする背景になっている．

　他方，ゲノム編集由来の生物をGMとすべきというグループは，これまでの反GM運動団体と重なっているように考えられる．グリーンピースなどの環境NGO，有機農業団体などであり，これらの団体は共同声明を発したり，欧州委員会に対して共同質問状を送付したりしている．こうした人々がGMOとしての規制を主張する背景には，GMOと同様の技術を用いていること，DNA操作から生態系などに意図せざる結果が生じる可能性があることなどの点が挙げられる．

　いずれの陣営も，今後はより広いステークホルダー（政治家，消費者，流通業者など）への支持を広げるべく活発に運動を展開していくものと考えられる．欧州において明確な政策方針が欧州委員会から提示されず時間を要したことは，2018年7月に下された欧州司法裁判所の裁定とあいまって，批判派の戦略を力づけた結果となったといえよう．

2）一般消費者の認識

　このような言説連合が対立的に形成されつつある中，消費者はどのような認識をもっているのか．ゲノム編集をめぐる消費者意識調査，とくにGMや一般育種と比べてゲノム編集技術がどのように認識されているかといった調査は，ほとんど行われていないと考えられる[7]．この点に関して，筆者が関わっている研究で，ウェブアンケート調査を行ったので，その結果から得られた示唆を述べておく．

　この調査では，一般消費者（調査会社にモニター登録）3,000名および研究者（様々な学会等を通じて依頼）200名ほどに，ウェブアンケート調査を実施した（2016年12月～2017年2月）．この調査では，農作物に応用される技術について，①一般育種，②遺伝子組換え，③ゲノム編集の3種類をあげ，これらの技術に対する認識の違いが，消費者の属性間，消費者と研究者との間などであるかどうか，などを検討した．

　現時点での結果の一部を要約すれば，下記のような点があげられる（立川・加藤・前田，2017）．第1に，研究者に比して，一般消費者におけるゲノム編集に対する認識は，ベネフィット（食料の安定供給，健康など）への期待は相対的に小さく，懸念を示すものとなっている．第2に，このような認識とも関連して，ゲノム編集由来食品に対しては，より厳格なガバナンスを求めるものとなっている．リスクゼロを求めることや，表示の義務付けを求める意見に反映している．第3に，こうした対応を求める意見割合は，GMよりも低く，一般育種と比べるとGM寄りともいえるが，GMと同程度の規制が求めているとまではいえない．もしも，一般育種とGMを対比的に捉えることができるとすれば，一般消費者はゲノム編集技術をややGM寄りに位置づけているのに対して，研究者はやや一般育種寄りに位置付けていることが，今回のアンケート調査結果から窺うことができた．

　今後は，アンケート調査結果を補完するためフォーカスグループなどで一般消費者の懸念の中身

の検討を行うことが必要である．また参加型プロセスを用いたテクノロジーアセスメントなども検討に値しよう．

5. 社会実装に向けて

1）社会実装に向けた研究課題

ゲノム編集技術をめぐる様々な研究プロジェクトでは社会実装に向けて，研究が進められている．SIPの関連課題を率いている大澤（2017）も触れている通り，社会実装を進めるうえでは「育成された新品種の安全性等に関する科学情報の収集」と共に，「一般の方々への情報発信等を通じて社会受容の条件整備」という両側面からの接近が重要と考えられる（大澤2017，135）．前者に関しては，「作出された個体中に鋳型遺伝子が残存していないことの立証方法の開発」，「従来育種によって育成された品種のゲノム上の変異の実態」など，「規制適用の是非を検討する上で必要となるエビデンス情報の収集」（p. 135）が主なポイントとなる．また後者に関しては，一般市民のリスク・ベネフィット認知の解明やステークホルダーへの情報提供を行いつつ，サイエンスカフェなどの双方向コミュニケーションが積極的に進められている．

現在のゲノム編集技術をめぐる議論においては，過去のGMOでの失敗を繰り返してはならないとの認識がしばしば発せられ，社会とのコミュニケーションをどのように進めるべきかの模索が続いている．ただ，その道は決して平坦ではないと考えられる．石井（2017）は「ゲノム編集の認知は米国よりも日本の方で進んでいるとは決していえないであろうから，一部の人々はゲノム編集と遺伝子組み換え技術の違いを区別せず，ゲノム編集作物に由来する食品を拒絶するであろう．」（石井2017，144）と指摘すると共に，特に動物[8]に関しては，「これまで遺伝子組換え動物の倫理は構築されてきたとはいえない状況を考えると，ゲノム編集家畜の展望は明るいとは断定困難である．」（p. 143）と述べる．

2）ツール？　システム？

種子企業などでは，ゲノム編集技術などの新たな育種技術の利用に関して，これらが遺伝子組換え規制の対象にならなければ，莫大な規制費用の支払いは不要となり，育種過程において幅広く利用して種苗業界の競争力向上につながることが期待されている（例えば欧州種子協会（ESA）のポジションペーパー）．要するにGMに比べて，規制対応に係る費用が低いのであれば，中小企業が多い種苗会社にとって効率的な育種が可能となるので，積極的に利用できるだろうとの期待がある．

だが果たして，その通りになるであろうか，というのが筆者の疑問である．先に述べたような様々な技術との相互作用が生じていくことを前提とすれば，ゲノム編集技術を単なるひとつのツールとして理解するのではなく，いわば「精密育種システム」（Precision Breeding System）という体系を構成する一要素として理解するべきではないだろうか．このシステムの活用においては，膨大なゲノム情報の蓄積，バイオインフォマティクスによる最適設計などと組み合わせて初めてゲノム編集技術のメリットが活かせると考えられ，単なる改変技術（いわばハサミ）だけを持っていたとしても，これを有効に活用することはできない．このような状況では，中小企業にとっての参入障壁は規制ではなく，システムをシステムとして活用できる体制を整備できるかどうかに関わってくる．その意味では，中小種苗企業を支援するためのサポート体制を構築することができるかが重要であろう．現在，各大学で立ち上げが進みつつあるゲノム編集センターなどがこうした機能を果たせるかどうかが重要なカギを握るのではないかと考えられる．

6. 結語

　規制はいったん導入されると，新たな状況が登場しても，なかなか見直されない傾向がある．そのため既存の制度的枠組みのなかでどのように対処するかが模索されていくことで，国際的な調和が困難になる場合がある．本来は，技術進歩と歩調を合わせて，規制政策が変化するべきであるが，現実には容易ではない．上記では，各国の規制をプロセス・ベースとプロダクト・ベースという観点から整理したが，望ましい規制のあり方は，リスクの大きさに比例した(リスク・ベース)規制であると考えられる．さらにそのうえで，広範な影響について様々なステークホルダーが技術開発の早い段階から参加しつつその多角的評価を行い，技術開発のあり方に一定のコントロールを課していくことである．望ましい科学技術ガバナンスのあり方がまさに問い直されているともいえよう．ゲノム編集技術がもつ広範な応用可能性を考慮すれば，山口(2017)も指摘するように「すべての産業応用に適用できるような典型的なガバナンスというものは存在しない」(p. 154)ため，それぞれの産業領域に応じて，最適解を模索していくことが必要となる．

付記

　本稿は，農林水産省委託プロジェクト(GMO-RA)，科学研究費補助金(基盤研究(B)，16H04992，研究代表者：立川雅司)，JST産学共創プラットフォーム共同研究推進プログラム(OPERA)「ゲノム編集」産学共創コンソーシアム(領域統括：山本卓)の成果の一部である．

■注

1) これらには，シスジェネシス，イントラジェネシス，DNAメチル化，ODM，接ぎ木，アグロインフィルトレーションなどの技術が含まれる．新たな植物育種技術は多様な技術で構成され，EUの規制上曖昧である技術群とされているものの，なんらかの統一的な技術的特性を有しているわけではない．
2) 本稿は，上記特集号で掲載された原稿(立川2017)をもとに，大幅な加筆を行い再構成したものである．
3) 応用例に関しては，NHK「ゲノム編集」取材班(2016)などを参照されたい．
4) 白井(2017)およびEarth Negotiations Bulletinの記事(http://www.iisd.ca/vol09/enb09669e.html)を参照されたい．
5) 最近，イスラエルもこのような方式を導入することを決定したとの報道もある．
6) この両国が対照的な政策方針を取っていることからもうかがえるように，世界各国での規制はすでに別々の方向に歩みだしつつあり，国際的なハーモニゼーションは困難になりつつある．
7) こうした調査が行われていない背景のひとつは，ゲノム編集技術の理解が一般消費者にとって非常に困難であるという点があると考えられる．今回の調査では，簡便な説明内容を提示すると共に，回答時間中にSIPプロジェクトなどですでに構築されている外部のサイトを閲覧したうえで，また質問に戻って回答を続けるといった方式を導入した．
8) 日本でも，魚(マグロ，タイ，フグなど)や家畜(ウシ，ブタ，ニワトリなど)が研究対象となっている．

■文献

石井哲也 2017：「ゲノム編集を経た農産物の社会受容性を問う」『農業と経済』83(2)，137-47.
Jasanoff, S., Hurlbut, J. B., and Saha, K. 2015: "CRISPR Democracy: Gene Editing and the Need for Inclusive Deliberation", *Issues in Science and Technology*, 32(1).
科学技術振興機構研究開発戦略センター(JST-CRDS)2015：『調査報告書：ゲノム編集技術』，CRDS-

FY2014-RR-06.

National Academies of Sciences/Engineering/Medicine 2016: *Gene Drives on the Horizon: Advancing Science, Navigating Uncertainty, and Aligning Research with Public Values.*

National Academies of Sciences/Engineering/Medicine 2017: *Preparing for Future Products of Biotechnology.*

NHK「ゲノム編集」取材班 2016:『ゲノム編集の衝撃「神の領域」に迫るテクノロジー』NHK出版.

大澤良 2017:「ゲノム編集技術と作物生産」『農業と経済』83(2), 128-36.

白江英之 2015:「生物多様性条約と科学のかかわり(第2回):合成生物学の技術分野とその社会経済学的な課題とは」『化学と生物』53(11), 797-801.

白井洋一 2017:「合成生物学をめぐる国際的議論」『農業と経済』83(2), 156-7.

立川雅司 2016:「新たな育種技術に対する海外の規制動向および今後の展望」『イルシー』127, 23-9.

立川雅司 2017:「バイオ技術をめぐる新たな潮流—ゲノム編集技術をめぐる期待と規制」『農業と経済』83(2), 17-22.

立川雅司・加藤直子・前田忠彦, 2017:「ゲノム編集由来製品のガバナンスをめぐる消費者の認識—農業と食品への応用に着目して—」:日本フードシステム学会大会個別報告, 中村学園大学, 6月10日.

山口富子 2017:「ゲノム編集技術ブームと産業化への胎動」『農業と経済』83(2), 148-55.

話題　　　　　　　　　　　　　　　　　　　　■科学技術社会論研究　第15号（2018）■

医療機器と医学にまつわるSTS研究，
そして日本を事例とするSTS研究の可能性

ワークショップ‘HUMANS & MACHINES IN MEDICAL CONTEXTS: CASE STUDIES FROM JAPAN’の試み

佐々木香織[*1], Susanne Brucksch[*2]

　医療技術・機器に関する研究に対し，STSはどのような貢献ができ，また，関連する周辺領域からSTSへどのように参入しうるか．進歩が著しい医療機器や情報技術を研究視座の中心に据え，STSはどう発展しうるか．この二つの問いを探究すべく筆者らは，‘Humans & Machines in Medical Contexts: Case Studies from Japan’というタイトルでワークショップを企画し，ドイツ日本研究所（DIJ）の支援により，2017年3月31日に東京で開催した．このワークショップには，日本，ドイツ，アメリカから多岐の分野にわたる専門家，例えば，機械工学，臨床医学，法学，生命倫理学，患者学，歴史学が集った．日本の事例研究を通じ，医療における機械と人間の関係性をSTS的に俯瞰し直そうとする知的好奇心に満たされた場でもあった．本稿では，このワークショップを概説し，その成果を議論しながら，STS発展の可能性を展望する．

はじめに

　本ワークショップを開催するにあたり，筆者らは人類学者・STS研究者のLinda Hogleの提案を用いた．なぜなら，Hogle（2008, 841-73）は医療技術分野に関するSTS的な探究可能性を，以下3点の研究視座に見出していたからだ．
1. 認知の手法–診断，疾病の分類，そして科学技術
2. 知の創造と実践–萌芽的な技術の試行
3. 身体を改変する技術

これにもとづき筆者らは，本ワークショップを以下の4方向で進めた．
　A）技術革新と政策
　B）身体の境界と所有権
　C）サイボーグ型ロボットHALの事例研究
　D）医療行為における器具と技術の歴史

また本ワークショップの趣旨については，事前にHogleの論文を含めた資料を配布し，また

2017年9月1日受付　2017年9月16日掲載決定
[*1] 小樽商科大学，k.sasaki@res.otaru-uc.ac.jp
[*2] ドイツ日本研究所（DIJ），brucksch@dijtokyo.org

Brucksch が開会の挨拶で説明することで，参加者の間に共有されるよう試みた．

本ワークショップでは，学際的交流にも配慮した．なぜなら，本ワークショップの2つの問い，そして Hogle（2008）が提示した視座と合致すると判断したからだ．この分野における人文・社会科学の関与や貢献は限定的で，文理融合型研究や文理の学術交流も乏しいという憂慮すべき現状があるからである．

さらに筆者らは，本ワークショップの二つの問いを，より具体化した以下3つの議題も提示し，実りある学術交流を促した．

1. 医療機器の発達と利用，そして，人間と機械の関係性における研究では，いかなる要因—例えば技術，社会，文化的な側面—に配慮すべきか？
2. この分野に更なる学際的（文理融合を含む）交流を，促進したり可能にしたりするために必要なことは何か？
3. 日本の Humans & Machines in Medical Context に関する事例研究から，何を学びうるのか？ Brucksch and Wagner（2016, 6）が論ずるように，技術発展や応用の背後にある暗黙の原則，社会的価値，経済形態の影響の考察を促進し，「オリエンタリズム的理解からの脱却」も促進できないか？

そして全体討論では，上記3つの論点に議論を収斂させ，本ワークショップの2つの問いへの考察を深めた．

以下，本ワークショップの4分野にわたる検討，そして最終討論を概観した上で，そこで得られた知見について議論したい．

A　技術革新と政策

医療機器政策と技術革新の問題から，本ワークショップは始まった．ここでは，ある種の「壁」を乗り越える重要性が確認された．発表者は，政策研究者の Christa Altenstetter 氏（NY 市立大学，CUNY），バイオ・メカニクス研究者の谷下一夫氏（早稲田大学）である．

Altenstetter 氏は，医療技術応用に伴う政策的課題を考察した．氏が特に着目するのは，日本の「ディバイス・ギャップ」と「ディバイス・ラグ」いう二つの障壁だ．前者は，海外で開発された機器を日本に輸入する際の障壁であり，後者は革新技術の導入が欧米より遅れる障壁だ．氏によれば，これらの障害は技術的な課題だけでなく，複雑に絡み合った政治・社会・文化・哲学的な文脈が関与している．

そこで氏は，この様な課題に対して新たな分析的枠組が必要であるとし，多様な認識論や存在論の応用に期待を寄せた．また STS の役割も指摘している．例として，氏は医療技術政策の実現や失敗の分析を挙げる．そこに STS 的視点を用いれば，技術に内在する認識論や存在論や，組織に内在する規制の論理を見出し，政策の実現や失敗の過程や原因を具体的に解明できるとしている．

一方，谷下氏は工学的側面から，この分野の障壁を議論した．具体的には，研究開発部門において，医学と工学の間に存在する学問的専門性の相違に起因した壁，そして実行優先順位の相違に伴う壁だ．氏はこれらの障壁が，工学と医学分野における協働や共同研究を阻害する要因であると主張する．こうした障壁の打開策の事例として，2009 年に設立された「医療医工ものづくりコモンズ」を紹介する．この団体は，組織と学問領域に横たわる「壁」を越えるために設立されたものである．筆者らの私見では，これらの障壁を越えるにあたっては，知の創造と技術革新に影響するという STS 的な知見を組み込む研究を進めていくことで，異なる立場の人びとが各々暗黙裡に当然視して

医療機器と医学にまつわる STS 研究，そして日本を事例とする STS 研究の可能性　149

いる価値(学問や優先順位も含め)も相対化され，この問題に潜む構造的な理解が深まる可能性があると思われる．

B　身体の境界と所有権

　第二に，身体と所有権をめぐる問題について，森岡正博氏(早稲田大学)と城下裕二(北海道大学)が発表を行った．両氏は，生命維持装置に繋がれた脳死体の存在を，哲学と法学の立場から探究した．森岡氏は和辻哲郎(1963)の「ペルソナ」の視点を用い，脳死患者を看護する家族たちが，機器に繋がれた脳死体に対して，生命と人格を投影させる過程を，死者の「仮面」に生命を吹き込む「能」の手法に，類比して捉えた．氏はこの類比から，ロボットなどの非生命的身体にも，我々人間は人格を投影し生命を宿らせはしまいかと議論する．筆者らは，氏のこの見解に対し，認識論と存在論を含めたSTSの可能性を見る．医療機器と人間の相互作用に対しても，存在論と認識論を応用した機械と人間に関する追究が可能であり，まさにこの点に，STS的な発展萌芽があると思われるからだ．

　城下氏は，脳死体を含めた生命維持装置発展に関する法学的論考を提示した．生命維持装置は，医学的には終末期医療や延命治療といわれる状態を生じさせるが，法的には生死の境界を危うくさせ，また倫理的には機器を外す尊厳死の権利問題が生じさせる．ここから，医師が患者へ更なる処置を施す「積極的尊厳死」が許容されうるかという法学的論議も喚起される．筆者らは，城下氏の論点は森岡氏のペルソナの議論と拮抗することから，両者の観点を考慮した追究を——STSと他分野とのハイブリッド的な立場で——進めることを今後の課題として提案したい．

C　サイボーグ型ロボットHALの事例研究

　第三に実践的な見地から，ALS患者会理事の川口由美子氏(JALSA)と医師の中島孝氏(新潟病院)が，医療機器が拓く新たな可能性を，ALS患者が医療機器を装着する体験から議論した．ALSとは，身体の筋肉が次第に動かなくなり，発症からほぼ数年で，自発呼吸も困難に陥る難病である．そのため呼吸器など生命維持装置をつけずに死を選ぶ「尊厳死」の権利(前項で城島氏が指摘)が生じうる．多くの欧米諸国の患者は，この道を選択する．他方，日本の患者の多くは呼吸器を装着して生き続ける．この日本特有の文脈から，彼らの議論探究が始まる．

　川口氏は，医療機器などの機器装着により，患者のいわゆる「生の質(quality of life)」と「自己決定権」が高まると主張する．呼吸器を含めた多様な機器の利用は，ALS患者のコミュニケーションやリハビリテーションを後押しし，彼らの自立した生活を支えてきたからだ．そこで患者たちは機器の補助の下，自己決定にもとづく生活を送れると，氏は結論する．つまりドイツなどで否定的に見られている，機械という鎖に繋がれた惨めで哀れな終末期患者の姿は，日本の現状ではないのだ．こうした日本の事例研究は，意義ある試みと言えるだろう．

　他方，中島氏は臨床経験から二つ論点を提示した．一つはWHOの健康概念である「完全な肉体的，精神的及び社会的福祉の状態」への異議申し立てだ．すなわち，健康を「身体，社会，感情的困難に対する自己管理と適応能力」とするMachteld Huber et al(2011, 2)の主張を援用し，健康に関する正常と異常という二項対立的な境界を乗り越えるべきだ，とする．その上で，氏の臨床応用体験から，原則や視座の変更が臨床の変容を促すという，STS的概念の具体例が提示された．臨床医学の中島氏と機械工学の山海嘉之氏は，Hybrid Assistive Limb(HAL)という身体機能を拡張す

るロボットスーツを開発してきた．HAL装着がALS患者の身体機能を向上させ，また患者の主観的なフィードバックはHALの実用性を向上させたという．つまり患者自身が身体的困難に対し，自己管理と適応能力を発揮したといえる．二つ目の論点は，医療機器開発のおける客観的指標の他に，患者の「主観的評価」も十分に考慮すべきだということである．なお筆者らは，中島氏と山海氏の協業は，機器を主体とした研究に近づく一例と評価したい．また，この様な患者の評価，技術改良，そして患者の利便性という連関に対して，STS的な考察を行うことで，中島氏の主張を裏付けられるのではないかと考える．

D　医療行為における器具と技術の歴史

第四に，Shin-Lin Loh(Harvard University)氏と中尾麻伊香氏(立命館大学)が放射線技術を取り上げ，20世紀の日本の文脈から，科学技術，医療機器，そして医療の関係を問い直した．日本は2011年の福島の原発事故による被ばく，そして1945年の広島と長崎の被爆体験という，特殊な集合的記憶を持つ．したがって，日本の事例研究には，特別な意義があると言えよう．

Loh氏によれば，戦前の日本—すなわち，被爆記憶が共有される以前—では，電離化した放射線を，多様な形で医療診断と治療に応用していた．特に氏は，島津製作所を中心に，高度な機器の製造，技術者の育成，そして放射線医療の組織化や実践化に着手していた歴史を詳細に考察した．これは企業と技術革新とレントゲン装置の相互連関により，放射線科という科学知を形成したという，STS的現象を示唆する歴史研究であり，また機器開発と医療者の協働の成果を示す例とも言えよう．一方中野氏は，戦後日本に照準を当てる．医療線治療や放射線を発する機器の使用に際し，被ばく線量の測定と安全水準領域の策定は欠かせない．そこには，複雑な科学的解釈と議論を通じた科学的な知，すなわち「科学的事実」や「証拠」の形成がある．なかでも被爆者が果たした役割は看過できない．例えば，T65D，DS86，DS02といった放射線量計システム形成に，被爆者のデータが用いられている．STS的に筆者らが興味を引くのは，参加する被爆者団体が分裂し，各学問領域が独自の計量指標に固執する中で，このシステム形成がなされた点である．そしてまさにこの点——すなわち，多くの行為者と機器と放射線物質が複雑に絡んだシステム形成過程——に対し，STS的視座(例えばCallon(1984)が採用したActor-Network理論の枠組)を応用することは，モノとヒトと組織の動きを明確化することから，探究の価値があると思われる．

最終討論

最終討論を前に，鈴木晃仁氏(慶應義塾大学)と谷下一夫氏(早稲田大学)から，それぞれ文系と理系の立場で，本ワークショップの総括がなされた．鈴木氏は，まず医療機器と医学の関係における歴史的な文脈の存在を指摘した．すなわち，近代臨床医学の成立そのものが，聴診器をはじめとした医療機器の進化と，医師たちの死体実験の成果によるものであるということである．そして大学病院とは，試験的治療と実験室の科学から導き出された医療の実践の場にすぎない，とする．こうした臨床医学の特徴を踏まえ，機器と医療の関係を探究する必要性が，参加者の間に確認されたと思われる．

同様に谷下氏も，医学的な知見も技術革新も，世界中に拡散していくという，歴史的展開を指摘した．そして，技術革新過程にしろ，その拡散過程にしろ，多方面からの考察と学際的なアプローチは，医療工学をはじめとする応用科学に必須であるとの認識を示した．このワークショップが示

したように，このような考察とアプローチから，イノベーションの崩壊や拡散過程や，医療技術が作り出す負の副産物のリスクが，また医療実践によりはじめて患者の利便性，患者家族や医療技師の影響，倫理的・法的課題，そして臨床的な必要性など各方面の関連性が，詳らかにされるのである．

　最後に両氏の指摘を受け，本ワークショップが着目する三つの論点に関して，最終討議が行われた．先ず，医療分野における機械と人間に関する研究においては，医療機器の開発と使用における「文脈」すなわち「人的要因」の追究の重要性が確認された．第二に，多くの参加者が，学際的な学術交流の場，並びに専門分野の架け橋となるような発表や論文の必要性を強調した．なぜなら，新たに社会科学的な枠組を用いつつ，学問領域を統合する視座や研究を生み出す可能性に，気づかされたからだ．

　第三に，日本という場の考察は次の三つの論議を呼んだ．一つ目は，日本を事例研究とする際，数多の影響要因があるため，そこにどのような問題が内包されているかという研究的な課題である．筆者らの私見では，問題の普遍性と特殊性の見極めの困難さと，研究者の暗黙知が，どこまで事例研究に影響するのかという学問的な問いが提起されたと解釈したい．

　二つ目は，欧州や北米の事例を超えた，様々な比較研究の必要性が指摘されたことである．それは，日本の事例を相対化することでもあり，先に指摘された日本の事例研究に対する課題への答えの一つになるだろう．

　三つ目は，日本の事例研究が新たな知見を生み出す可能性について，活発に議論されたことだ．例えば，海外の事例とは異なる日本の患者権利の歴史，医療従事者の立場や哲学，そして医療制度というものは，異なる医療機器と人間の相互作用を，生み出す．そして，今回のワークショップの発表の多くが，人間存在や患者の意見に対する価値の置き方の違い，健康概念の相違，看護や介助実践の違いに着目しており，こうした研究は多方面で相互に影響しあっていくであろう．というのも，医療機器の開発，承認，実践的利用の過程に関する日本の事例は，海外の事例とは異なっているが，それは必ずしも日本のいわゆる文化的要因だけで説明はできないからだ．例えば，本ワークショップで紹介された脳死体を看護する患者家族の体験や，HALを装着した患者の主観的評価というものが，欧米であまり見られないのは，医師や技術者たちがが，専門家を中心に機器開発や医療実践を行い，日本で着目された側面に注意が払われなかった結果とも言える．つまり，医療と機器の相互作用の面で，どの局面に重点を置いて医療機器の開発や医療実践が行われているかという，医療開発と実践という社会要因の差の影響が大きいと言えるからである．筆者たちは，ここからさらに一つの仮説を導きたい．このような日本の事例は，STS的が分析を得意とする，専門家自身のバイアスといった角度から，分析されうるという点だ．ここにも，STSの役割があろう．

おわりに

　本ワークショップを通じて，多くの知見を得ることができた．第一に，この分野におけるSTSの応用可能性である．認識論や存在論という側面は，特に有用であることが確認された．第二に，学際的な研究の必要性であり，STSという枠組みはこの促進に寄与するという点である．第三に，日本という文脈が持つ多様な価値である．注目すべき点は，欧米の医療において暗黙の前提となっている「認識論」や「存在論」を照射する点である．そのことにより，日本に特有な文化・社会的な文脈という点も浮かび上がるだろう．しかし，文化や社会の特殊性よりも，むしろ科学技術における暗黙の権力構造を浮かび上がらせるという，STSの得意領域を強化するほうに働くかもしれない．なぜなら，「医療機器と人間の関係性」に対する新たな視座の提供という面では，機械開発に

しろ，臨床やケアの面にしろ，「患者と専門家」や「患者と家族やケア提供者」の関係性に対する
新たな方向性を示唆するからだ．最後にHogle（2008: 863-5）の，医療分野における機械と人間に
関するSTS的な考察枠組を評価したい．上記のような成果を生み出していくにあたり，この枠組
で探究する方向性は，今後も続ける価値があるだろう．筆者らは，この四点の結論をもって，本ワー
クショップの成果としたい．

■文献

Brucksch, Susanne and Cosima Wagner 2016: "Introduction to the Technikstudien—Science
& Technology Studies (STS) Research Initiative on Japan," *ASIEN The German Journal on
Contemporary Asia*, 140, 5-21.

Callon, Michel 1984: "Some elements of a sociology of translation: Domestication of the scallops and the
fishermen of St Brieuc Bay" in J. Law (ed.) *Sociological Review Monograph Series*: *Power, Action and
Belief: A New Sociology of Knowledge?* 33(1), 196-233.

Hogle, Linda F. 2008: "Emerging Medical Technologies", E. J. Hacket, O. Amsterdamska, M. Lynch, J.
Wajcman (eds.), *The Handbook of Science and Technology Studies: Third Edition*. MIT Press, 842-73

Huber, Machteld et al. 2011: "How should we define health?", *British Medical Journal*, 343: d4163, doi:
10.1136/bmj.d4163.

和辻哲郎 1963：「面とペルソナ」『和辻哲郎全集 第17巻』岩波書店，289-95［初出1935年］．

話題　　　　　　　　　　　　　　　　　　　　　■科学技術社会論研究　第15号（2018）■

4S2017 ボストン参加報告

杉原　桂太*

　2017年8月30日から9月2日にかけて，米国のボストンのシェラトン・ボストン・ホテルにおいて，Society for Social Studies of Science（4S）の年次大会が開催された.

　周知の通り，米国では2017年1月にトランプ政権が発足し，トランプ大統領は一部の国に対する入国制限令に署名した．今回の4Sの開催はこうした政局の下で行われている．トランプ政権以前からも発生していると考えられる事項に関して，"In Support of Non-US Travelers to 4S 2017"という項目が学会のWebページに掲載されている[1]．それに依ると，海外からの訪問者に関する米国の政策をモニターすることと，その政策の4Sのメンバーおよび年次大会参加者への影響を評価することを4Sは続けてきた．米国以外からの参加者は自身の国の米国大使館のWebページに掲載されるビザおよび渡航条件を確認する必要がある．4Sの年次大会へ招待するレター，あるいは，年次大会のプログラムへの参加を認証するレターが必要な場合は7月中にプログラムチェアであるMITのHeather Paxson氏に要請することを4Sは求めている．4Sは，米国の居住者（好ましくは在ボストンあるいは米国への入国都市の在住者）に自分の旅程を伝え，自分が何らかの問題を抱えた場合にその在住者が年次大会主催者にその問題を伝えることができるようにすることを勧めていた．もしこのような伝手がなく，この役割を果たすことができる年次大会への米国からの参加者を必要とする場合は，7月中に4Sに伝えればアレンジすると4Sは述べていた．同時に，この役割を果たすボランティアも4Sは募集している．本報告の報告者も，今回の訪米に当たり，インターネットでのESTA（エスタ）による電子渡航認証で入力が必要になる米国でのコンタクト先について，4Sを通じてプログラムチェアから紹介を受けた.

　上記とも関連し，トランプ政権の政策を念頭に置いたと考えられる事項について，"4S Monitoring Travel Ban and Boycotts"という項目も学会のWebページに掲載されていた[2]．4Sは国際性と多様な視点を重視している．入国制限あるいは良心上の事項から年次大会に参加できなくとも，4Sが重要視するこれらの点からのアブストラクトを提出することを4Sは推奨していた．入国の制限についての大統領令が継続している場合，年次大会に参加できないあるいは参加しないメンバーはプログラムに含まれることになっている.

　さらに，"Pluralizing Language in the Age of Trump and Brexit: An Invitation for the Upcoming 4S Conference (and beyond)"という項目も4SのWebページに掲載されている[2]．それに依れば，

2017年9月17日受付　2017年11月25日掲載決定
*南山大学理工学部機械電子制御工学科講師，兼同大社会倫理研究所第二種研究所員，名古屋市昭和区山里町18,
　Tel 052-832-3278，Fax 052-832-3279，sugihara@nanzan-u.ac.jp

4Sボストン2017において英語以外の言語によって発表することを4Sは推奨する．英語は，英国と米国などの一握りの国の公用語に過ぎない．これらの国の現在の政策は隔離と偏狭さのメッセージを世界に送っている．それに応じて，4Sのこのイニシアチブの狙いは4Sおよび他の国際学会の事実上の言語としての英語を脱中心化することである．言語的多様性が歓迎される．英語のみを話す発表者でさえ，他の話者による他の言語において発表の一部分あるいは全体を録音しておくことが推奨される．各発表の理解のため，各発表者は英語への翻訳を配付することが求められる．4SのWebページに英語で掲載されているこの項目は，アフリカーンス語およびアラビア語，中国語，フランス語，ドイツ語，ヒンディー語，ポルトガル語，ロシア語，スペイン語，コーサ語においても掲載されている．

プレジデント・プレナリ

30日水曜の午後（5：45-7：15），プレジデント・プレナリ "Interrogating 'the Threat'" が行われた．このプレナリのテーマは，どのように我々は現代の「脅威」のフレーミングを支配する恐れについての論議を行き来することができ，如何にして懸念材料をSTSの鋭敏さによって情報を与えられた仕方によって再明瞭化できるか，というものであった[3]．まず，4S会長のランカスター大学のLucy Suchman氏によりプレナリの趣旨説明と4名のパネリストの紹介があり，引き続いて各パネリストからのプレゼンテーションが行われた．各プレゼンテーションは，アルバータ大学のKim TallBear氏から入植者植民地主義と（ポスト）植民地住人について，アムステルダム大学のAmade M'charek氏から人種／差異と入国管理・移住について，ノースウェスタン大学のSteven Epsteinから生物および健康政策について，シカゴ大学のJoseph Masco氏から（非）安全保障および（反）ミリタリズムについて行われた．この内，M'charek氏の発表は，アフリカ諸国から船で海を渡りヨーロッパを目指す難民の安全をヨーロッパ現地の漁師と共に支援し，万が一船の沈没などによって難民が海で命を落とした場合には身元を法医学的に特定し，遺体をアフリカの本国に送り返す，という内容を含んでいた．M'charek氏は，難民危機への対処のためにはアフリカ諸国が自らの国境を堅固にすることが必要だと指摘した．M'charek氏の報告を受け，改めてSTSが実践活動と結びついたものであることが実感された．4名のパネリストの報告の後，Suchman氏が報告を振り返り，望んでいた報告が行われたと述べてプレナリは終了した．

パラレルセッション

4日間で約300のセッションが行われた[3]．参加した以下のセッションについて紹介する．レンセラー工科大学のColin Garvey氏と同大学のLangdon Winner氏が招集者を務めたオープンパネル "Making Sense of Autonomous Technologies, 40 Years Later" について取り上げよう．このタイトルの "40 Years Later" とは，今回の4Sが開催された2017年はWinner氏が1977年に *Autonomous Technology Technics-out-of-Control as a Theme in Political Thought*（MIT Press）を刊行してから40年後に当たる，という趣旨である．このオープンパネルは以下の3つのセッションによって構成されている．第1に，"Making Sense of Autonomous Technologies I: Interrogating Autonomy and the Politics of Technology"（31日9：00-10：30am），第2に，"Making Sense of Autonomous Technologies II: Technics of Autonomy"（31日11：00-12：30pm），第3に，"Making Sense of Autonomous Technologies III: Futures, Possibilities, Reconstructions"（31日2：00-3：

30pm），である．

　第1番目のセッションは，Garvey氏が議長，Winner氏がディスカッサントとなっていたが，冒頭でGarvey氏からWinner氏が急遽今回の4Sに参加できなくなったことが紹介され，本オープンパネルへの期待についてWinner氏が述べるビデオ・メッセージが上映された．このセッションでは4件の報告が行われている．1番目にコロンビア大学のMadeleine Elish氏による "Autonomous for What? Big Data, AI and the Problem of Certainty"，2番目にブラジルのミナス・ジェライス国立大学のAmanda Chevtchouk Jurno氏による "Do Algorithms Have Cosmopolitics? A Discussion Based on Facebook's Nudity Policy"，3番目にブラジルのサンパウロ大学のTiago Chagas Soares氏による "Wild Avant-Garde: The Brazilian Counterculture as Technologies of Dissent"，4番目にニュースクール大学のPeter Asaro氏による "Autonomous Technologies Go to War: The UN Debate over Autonomous Weapons Systems and the Socio-Technics of Control"，である．このセッションにおいては，ロボットの平和利用およびロボット兵器の規制を主張するICRAC（International Committee for Robot Arms Control）についてAsaro氏が紹介していたことに関心が惹かれた．

　第2番目のセッションはGarvey氏がWinner氏に代わって議長を務め，ディスカッサントもGarvey氏であった．このセッションでは4件の報告が行われた．1番目にジェームズ・マディソン大学のCharles Boyd氏等による "Autonomous Vehicles As Sensing Robots and As Forms of Life"，2番目に本報告の報告者による "Two Issues in Human-Autonomous Car Interactions"，3番目にMITのErik Stayton氏による "All Watched Over: Networked Agency, Autonomy, and Control of the Self-Driving Car"，4番目にコンコルディア大学のWilliam McMillan氏による "Dynamic, Multi-Factor Motivational Systems Are Required for Truly Autonomous Agents"，であった．このセッションにおいて，本報告の報告者は，自動運転車が道路上の複数の歩行者を避けるために道路脇の壁に衝突して運転者を危機にさらすか，歩行者に衝突して運転者を守るか，という仮想的な問題が自動運転技術を巡って提示されていることに言及した．これと類似する問題がStayton氏によるプレゼンテーションにおいても取り上げられたため，自動運転車についての議論においては避けて通ることができない問題なのではないかと改めて気づかされた．このセッションでは，Garvey氏によって，4件の報告を終えた後でグループ・ディスカッションとなり，全報告者が前に並んでフロアからの質問を受け付ける形式となった．グループ・ディスカッションでは，本報告の報告者とStayton氏が取り上げた自動運転車の問題は，「倫理的問題（Ethical issue）」と呼ばれ，議論の対象となった．さらに，本報告の報告者に関しては，報告において言及した自動運転車についての構築的テクノロジー・アセスメントを日本において開催する計画について，構築的テクノロジー・アセスメントにおいて何を目指すのかという質問があった．この質問には，自動運転車の社会的受容性を議論する場として構築的テクノロジー・アセスメントを実施したいと答えた．

　第3番目のセッションでは，レンセラー工科大学のAtsushi Akera氏が議長とディスカッサントであった．このセッションでは3件の報告が行われている．1番目にスペインのフンダシオン-テクナリアリ・サーチ＆イノベーションのRaúl Tabarés氏による "Conversational Interfaces: Speaking with Irresponsible Black-Boxes"，2番目にミシガン工科大学のSarah Bell氏による "Interrogating the Assumptions of Emotion in Speech Research"，3番目にGarvey氏による "Evaluating Barriers to the Democratization of AI R&D"，である．このセッションでは，Garvey氏が人工知能のリスクに言及した上で人工知能の民主化について主張していたのが興味深かった．

156

本オープンパネルの招集者であるGarvey氏とWinner氏について述べておこう．Winner氏は，*Autonomous Technology Technics-out-of-Control as a Theme in Political Thought*の他，1986年に出版された*THE WHALE AND THE REACTOR A Search for Limits in an Age of High Technology*（The University of Chicago Press；邦訳『鯨と原子炉—技術の限界を求めて』，吉岡斉，若松征男 訳，2000，紀伊國屋書店）でも知られる著名な研究者である．Winner氏は，Garvey氏によるとTwitterで盛んに情報を発信しているとのことであった．実際に，Twitterで"langdon winner"を検索するとフォロワーの数は3000を越えていた．

　Garvey氏は，レンセラー工科大学のSTS学部において，人工知能のリスク・ガバナンスについて博士論文に取り組んでいる[4]．加えて，Garvey氏は，日本で曹洞宗において得度した禅僧であり，日本語の学術書および科学論文のフリーランスの翻訳家でもある．Garvey氏は，今回の4Sの開催前から本オープンパネルの発表者に発表に用いる電子ファイルを会場のPCに移す方法等を電子メールで周知し，当日は第1セッションが始まる随分前から会場で待機し発表者を待ち受けるなど，非常に熱心にパネルを運営していた．Garvey氏は流暢な日本語を話す．本報告の報告者は，電子ファイルを会場のPCに移動させる際にGarvey氏の補助を受け，「英語お上手ですね」などと揶揄われてしまった．

　セッション"Responsible Research and Innovation in Academic Practice I: Institutions, Careers, Evaluation and Academic Integrity"（2日9:00–10:30am）に注目しよう．このセッションは，ウィーン大学のMaximilian Fochler氏，ライデン大学のSTSセンター（CWTS）のSarah de Rijcke氏が議長を務めた．このセッションでは4件の報告が行われている．1番目にウィーン大学のUlrike Felt氏による"Irritation, Care and Responsibility: Nature and Science Discourses on Transgressions of Good Academic Practice"，2番目にミュンヘン工科大学のRuth Müller氏らによる"(Re-)Disciplining Academic Careers: Caring for Interdisciplinarity and Careers in a Swedish Climate Science Research Center"，3番目にライデン大学のPaul Wouters氏による"Bridging the Evaluation Gap"，4番目に東京大学の藤垣裕子氏による"Responsible Research: Classical View of Scientists' Social Responsibility v.s. New Wave of RRI including Re-institutionalization"，である．このセッションにおいては，個々の科学者の「応答」能力（"response" ability）に焦点を当てる古典的な科学者の社会的責任論と，個々人の応答だけでなく制度的な面にも着目するRRI（Responsible Research and Innovation：責任ある研究・イノベーション）の新たな潮流との間の比較と，2011年の東日本大震災による福島原発事故に両者を適用した場合の差異について藤垣氏が報告していたのが興味深かった．

　本セッションでは，Fochler氏によって各報告の議事が進められ，それぞれの報告の後に少数の質問を受け付けた．その後，Rijcke氏が司会となり，全報告者が前方に着席し，フロアからの質問に基づいてディスカッションが行われた．そこで議論されたのは，このセッションのテーマであるRRIについてRijcke氏が提示した「我々は着目すべき問題に着目しているだろうか？」，「我々は着目すべき問題について正しい方法論的な道具立てを用いているだろうか？」という点についてであった．

　このセッションのディスカッションは，オープンパネル"Making Sense of Autonomous Technologies, 40 Years Later"での3つのセッションで行われた議論よりも，より深みのあるものだったと見受けられた．その違いはこれまでの研究の積み重ねの差異にあるように思われる．例えば，セッション"Responsible Research and Innovation in Academic Practice I: Institutions, Careers, Evaluation and Academic Integrity"の1番目の報告者であるFelt氏は，4S/EASST

Conference Barcelona 2016 において藤垣氏が招集者を務めたセッション "Case Studies for Responsible Innovation: Lessons from Fukushima" においてマーストリヒト大学の Wiebe Bijker 氏と共にディスカッサントを果たした研究者である．4S において RRI に関するテーマには一定の研究の蓄積がある．これに対して，自動運転技術を含む自動化技術については，本報告の報告者が参加した 4S2015 および 4S/EASST Conference Barcelona 2016 においては，関連する報告がない訳ではないが，今回の 4S のオープンパネル "Making Sense of Autonomous Technologies, 40 Years Later" 程ではなかったように思われる．今後，自動運転車を含む自動化技術に関しても 4S において研究成果が蓄積されていくことを望みたい．

4S への幅広い参加者について

4S2017 では，複数の日本からの参加者による発表があった．今回の 4S に日本から参加されたのは，本報告の報告者の見るところ，大学に研究者として籍を置く STS や社会学の専門家であった．一方で，海外からの 4S への参加者は多岐に渡っているように見受けられた．例えば，本報告の報告者が接しただけでも，オープンパネル "Making Sense of Autonomous Technologies, 40 Years Later" のオーガナイザーを務めた Garvey 氏は博士課程の大学院生である．さらに，同パネルの 2 番目のセッションにおいて 4 番目に報告した McMillan 氏の専門分野はコンピュータ科学である．さらに，同セッションの 1 番目のプレゼンテーションは Boyd 氏ともう 1 人の計 2 名によって行われ，2 名共学部生であった．今後，日本からもより幅広い層からの 4S への参加者が増えることを期待したい．

今後の 4S の開催について

4S の Web ページでは今後の年次大会が次のように案内されている[5]．4S2018 は，8 月 29 日から 9 月 1 日にかけてオーストラリアのシドニーにおいて行われる．4S2019 は，9 月 4 日から 7 日に米国のニューオーリンズで開催される．2020 年の 4S は European meeting となっている．4S2021 は，10 月 6 日から 9 日までカナダのトロントにおいて行われる．

■注

1）http://www.4sonline.org/meeting/in_support_of_non_us_travelers_to_4s_2017（2017 年 9 月 3 日閲覧）
2）http://www.4sonline.org/meeting（2017 年 9 月 3 日閲覧）
3）http://4sonline.org/files/4S17_program_final_web.pdf（2017 年 9 月 3 日閲覧）
4）https://rpi.academia.edu/ColinGarvey（2017 年 9 月 3 日閲覧）
5）http://www.4sonline.org/meeting/future_meetings（2017 年 9 月 3 日閲覧）

話題　　　　　　　　　　　　　　　　　　　　　■科学技術社会論研究　第15号（2018）■

STSにおけるアクションリサーチを考える

第15回年次研究大会における
実行委員会企画ワークショップの議論から

三上　直之*1, 吉田　省子*2, 蔵田　伸雄*3
早岡　英介*4, 永田　素彦*5, 八木　絵香*6
植木　哲也*7, 川本　思心*8, 佐々木香織*9

1. 企画の経緯と趣旨

　STSの研究が「現場」や「実践」といかに関わるべきかという問題は，本学会において形を変えて繰り返し問われてきた．この定番とも言えるテーマに関して，コミュニティへの介入や当事者との協働，社会的な課題の解決を意図したアクションリサーチ的な研究に焦点を当てて考えるワークショップ「STSにおけるアクションリサーチを考える」を，2016年11月5日，北海道大学札幌キャンパスで開かれた第15回年次研究大会に際して行った（写真1）．
　内容を報告する前に，開催に至る経緯について若干述べておくと，本ワークショップは第15回年次研究大会における全体会として同大会実行委員会[1]が企画したものである．例年，本学会の年次研究大会では，大会実行委員会などが企画する全体会が総会と前後して1日目午後に開かれる．主催校関係者による記念講演や，シンポジウムなどの形式をとることが多いが，この全体会を通じて，その年の大会の中心的なテーマが多かれ少なかれ表現されることになる．他方，本学会では年次研究大会全体のテーマを明示的に定めることはなされてこなかった．このことは，参加者が多様な問題関心やテーマを持ち込んで自由に議論，交流できるという良さがある一方で，大会全体としての議論の焦点が見えにくいという問題があるようにも思われる．
　このことを踏まえて第15回大会の実行委員会では，全体会企画の検討に先だって，大会全体として何らかの統一テーマを設定すべきか否かを議論した．その過程では表1のように20を越す大会テーマ案が出されたのだが，結局，大会全体のテーマを何か一つに絞り込むことは困難である，という結論に至った．それと同時に，何か特定の主題をもって大会テーマとすることは難しいものの，今大会の企画

2017年9月29日受付　2017年11月25日掲載決定
＊1 北海道大学高等教育推進機構，mikami@high.hokudai.ac.jp
＊2 北海道大学大学院農学研究院，asteroid1924@gmail.com
＊3 北海道大学大学院文学研究科，kurata@let.hokudai.ac.jp
＊4 北海道大学高等教育推進機構，hayaoka@costep.hucc.hokudai.ac.jp
＊5 京都大学大学院人間・環境学研究科，nagata.motohiko.4v@kyoto-u.ac.jp
＊6 大阪大学COデザインセンター，ekou@cscd.osaka-u.ac.jp
＊7 苫小牧駒澤大学国際文化学部，tt75666@e.t-komazawa.ac.jp
＊8 北海道大学大学院理学研究院，ssn@costep.hucc.hokudai.ac.jp
＊9 小樽商科大学言語センター，k.sasaki@res.otaru-uc.ac.jp

写真1　会場に集まったワークショップ参加者たち(他4点とも藤吉隆雄撮影)

表1　第15回年次研究大会実行委員会において出された「大会テーマ」案

将来の科学技術に関するもの	日本の10年後(2025年頃)における科学技術
	科学技術発展のSTS的展望
教育・人材養成，大学に関するもの	科学技術の教育と研究
	研究倫理をだれがどのように論じるべきか
	職業としての科学技術コミュニケーション
	「大学研究力強化」とSTS
社会の中の科学技術に関するもの	科学技術をめぐる安全と信頼
	科学(理性)と社会(感情)に広がる中間領域を見つめる
	基礎研究と応用研究
	科学技術と社会の相違と統合(differentiation and integration)
地域・文化に関するもの	地域(文化)と新しい科学技術のねじれた関係
	研究者と地域づくり
	科学技術と文化
	地域の中の科学技術，地域の中のSTS
STS自体の問い直しに関するもの	科学技術社会論自体のアウトリーチについて考える
	分野間の相違と統合(differentiation and integration)
	STSにおける「社会」とは何か？「社会」のどの部分のいかなる価値を代弁しているのか？
	STS and Society
	Dialogue and Dilemma(対話とジレンマ)
	ボトムアップのSTS
	STSの恣意性
	STSの概念枠組みと方法論の，他分野への応用可能性の探索
	STSの専門性

運営を通じて実行委員会として実現したい目標があることも見えてきた．実行委員会では，それらを大会の「ねらい」として次の3点にまとめ，実行委員会内部での大会企画運営の基本方針とすることとした．

そのねらいとは，(1)学会内に存在する多様な研究分野，グループ間の垣根を越えた活発な議論を促し，本学会及び科学技術社会論の活性化に寄与すること，(2)とくに主催校の学内や北海道内において，潜在的に科学技術社会論に関わりのある研究者等を幅広く巻き込み，この分野の研究や教育，実践に継続的に関与する人を一人でも多く増やす契機とすること，(3)以上のねらいの実現につながる新たな対話・交流の場のつくり方を，全体会の企画運営を始めとして，大会プログラムを通じて具体的に提示すること，であった．

これに基づいて，1日目午後に行う全体会の企画も，記念講演やシンポジウムといったオーソドックスな形式にとらわれず，学会内外に及ぶ対話，交流の活性化を新しいスタイルで行うことを目指す，という方針で進めることになった．こうした検討の結果，選ばれたのがアクションリサーチというテーマであり，テーブルトークを中心としたワークショップの形式であった．

アクションリサーチはSTSにおいて必ずしも主流の方法とはいえないものの，科学技術と社会の間に生じる現実の問題に向き合い，両者の新たな関係を探るというこの分野の基本的な性格を考えるなら，間違いなく重要な位置を占めるべきアプローチの一つである．とはいえ，こうした実践性の強い研究においては，研究者＝実践家が現場との対話の中で繰り出す職人芸的な技が研究遂行の鍵を握っているように見える部分も大きく，その機微は，少なくともSTSでは十分に共有されてこなかったように思われる．そこで，現場の当事者，ステークホルダーと協働して広い意味でのアクションリサーチを実践してきた4人の会員が，それぞれの研究の現場知について話題提供し，参加者とともに共有するという方法をとることにした．

対話，交流を活性化する観点から，4人の話題提供者がパネルディスカッションで話す形式を中心とするのではなく，参加者が10人〜20人程度の「テーブル」に分かれ，各テーブルで一人ずつの話題提供者を囲んでじっくりと話を聞く方法で進めることにした．それにより，限られた時間の中で，話題提供者がアクションリサーチを行うようになったいきさつや，研究・実践にあたって用いてきた技法，現場への介入を伴う研究の可能性や課題などについて，じっくりと話を聞きつつ，参加者同士でも議論を深めることを意図した．

ワークショップは，表2に示す通り，2時間の枠で実施した．全体で集まって趣旨説明を行った後，

表2　ワークショップ「STSにおけるアクションリサーチを考える」プログラム

日時：2016年11月5日(土)14：10〜16：10
会場：北海道大学高等教育推進機構

時間	項目	内容
14：10-14：30	導入（全体で）	企画担当者による趣旨説明と，話題提供者の紹介
14：30-15：40	テーブルトーク（4テーブルに分かれて）	［テーブル1］永田素彦（京都大学）「コミュニティの災害復興の実践研究」
		［テーブル2］八木絵香（大阪大学）「「"被害者"と"加害者"のあいだにある」という方法」
		［テーブル3］植木哲也（苫小牧駒澤大学）「研究が引き起こすアイヌ遺骨問題」
		［テーブル4］早岡英介（北海道大学）「音声映像メディアを現地調査にどう活用するか」
15：40-16：10	まとめ（全体で）	各テーブルからの報告と意見交換

テーブルに分かれて約1時間，話題提供とディスカッションを行った．各テーブルでは実行委員が聞き手として進行役を務めた．各テーブルでの話題提供と議論の内容は，次節の通りであった．

2. 各テーブルでの話題提供とディスカッション

2.1 テーブル1：コミュニティの災害復興の実践研究

テーブル1では，「コミュニティの災害復興の実践研究」をテーマとして永田素彦（京都大学）が話題提供した（写真2）．永田は東日本大震災の直後から，青森県や関西地方の大学関係者やNPOなどとともに，岩手県野田村を拠点として「チーム北リアス」というボランティア支援ネットワークを立ち上げ，活動を続けている（飯・関編 2016；永田・河村編 2015；作道・山口・永田編 2014）．

メンバーの専門性やネットワークを生かしつつ，炊き出しや茶話会，物資配付，交流会などを通じて，とくに被災者への寄り添いと，交流・協働を重視して活動してきた．地域づくりに関する勉強会や，被災した写真の保管・修復活動なども行った．チーム北リアスの共同代表である永田は，これらを，住民と研究者が共同で現場の課題解決に取り組むという意味で，まさしくアクションリサーチであると考えて実践してきた．

2012年春から継続的に行ってきた活動として，地域での見守り活動を担う生活支援相談員やボランティアによる「見守り勉強会」がある．30回以上にわたる勉強会では，地元福祉団体とボランティアの連携が円滑なものになるよう試行錯誤したり，時の経過に従って新たに生じる課題を探ったりして，見守り活動の改善のための実践と研究を進めてきた．また，住民やボランティアを対象とした聞き書きも行ってきた．

永田の話題提供を受けてテーブルで議論となったのは「アクション」と「リサーチ」の境界である．野田村での活動は地域密着型の復興支援という重要なアクションであるが，同時にリサーチであるならば，何らかの形で対象との間に距離をとる必要があるだろうし，得られた知見を一定程度，普遍性のある形で提示することが求められる．そうした研究としての要請と，被災者に寄り添うと

写真2　現地での活動の写真を見せながら話す永田（右）（テーブル1）

いうスタンスとの間で，いかに折り合いがつけられているのか，という問題である．研究にはあらかじめ一定のゴールが設定されるのが一般的だが，被災地支援のアクションに同様の終了地点を想定することは可能か，という問いかけもあった．

これに対して永田は，被災地に介入する研究者の活動が現場に影響を与えることは織り込み済みであり，当事者との完全な分離はありえないと応答した．アクションリサーチでは，研究者の側に，どこまで信念を持って継続的に地域にコミットする覚悟があるのかが重要であって，単純に期間を区切ることはせず，活動を継続するつもりである，とも述べた．

議論の中で永田は，野田村での活動で重視してきた「話を聞く」ことを例に挙げ，アクションとリサーチの境界について説明した．被災者に寄り添って話を聞くことは，それ自体，被災者が自分のことばで語ることを支援するアクションである．と同時に，現地に介入する研究者にとっては「ラポール形成」や，研究のための「データ収集」の手段でもある．アクションとリサーチとの間に単純に境界線を引くことはできず，両者が一体として展開するのがアクションリサーチである，という見方が示された．

もしそうだとすれば，対象と研究者との分離や，明確な目標の設定などとは異なるどんな条件が，アクションリサーチを「リサーチ」たらしめているのか．すなわち，アクションリサーチはいかなる意味で「リサーチ」であるのか．この点がさらに深められるべき論点として見いだされたところで，ディスカッションの時間が終了した．

2.2 テーブル2：「"被害者"と"加害者"のあいだにある」という方法

テーブル2では，『科学技術社会論研究』12号の特集「福島原発事故に対する省察」で「ただ「加害者」の傍らにあるということ」（八木2016）を著した八木絵香（大阪大学）が，話題提供した（写真3）．八木は「研究の軸をアクションリサーチ」（八木2016, 108）におき，JR西日本福知山線脱線転覆事故を通じた実践研究において，「被害者の回復のプロセスという文脈の中」で「ただ傍らにある」というアプローチをとっていた．東京電力福島第一原発事故後に，「傍らにあるということは被害者に対してのみならず，加害企業の人々が，その責務を忘れず，被害からの回復のための営みを続

写真3　参加者が二重三重にテーブルを囲み白熱した議論に（テーブル2）

けるためにも不可欠」だと，考察を深めていた．なお，傍らにあるということは，八木によれば，寄り添うこととも支援することとも異なる状態で，「いてくれること」という感覚や関わり方である（八木 2016, 109）．

　さて，八木は，「研究のきっかけ」「アクターとの関わり方（「被害者」から「加害者」への変化）やこのアプローチをとる限り直面する宙ぶらりんな状況」から語りだし，その後のディスカッションはアクションリサーチにおける研究のあり方や研究者の使命にまで及んだ．

　八木は上記論文を暗黙裡に前提していたため，この場では「加害者」という語をどのようにも規定せずに用いた．さっそく「加害者」という言葉は曖昧だとの指摘があった．それは，刑事事件の加害者なのかそれともたまたま勤務していて問題を起こした会社の社員なのか，スペクトル幅が広いというのだ．八木は，「論文では明確に区別」していると答え，ここで言う「加害者」とは原子力に係る業務とは距離があったが，事故を契機に原子力事故をおこした加害企業としての看板を背負いこみ，昼夜を問わず真摯に対応しようとしている一般社員であるという．一方で八木は，事故に責任のある立場の加害企業である東電の当事者と一般社員を厳密に区別し，責任ある立場の当事者への追及は厳しく行われるべきとしている．過失や故意をキッチリさせた方が良いのではないかとの問いに対し，八木は当事者にそう言うことはできないと答えている．

　研究対象者との関わりで「後ろめたさ」と「無力感」を感ずるとの八木の言葉は，企業側に立つことが多いと前置きした参加者も，後ろめたさを感ずることがあると応答した．研究者は仕事の時だけのかかわりになるが，被害者あるいは加害者は生活の間中ずっとかかわり続けていくわけである．八木は，後ろめたさを感じながらも研究するのは何故かと問われ，まだ何か明らかにすべきことがあると思うのが研究者であると答えた．その仕事をするための方法の一つとして，「傍らにあり続ける」もあると述べた．テーブルからは，傍らにあり続けるというのでは系統的に考察し切れないのでもやもや感が残る，といった反応もあった．

　原発事故の原因にせよ他の事故の原因にせよ，どこをどう見るのか，結局何を問題にしているのか，同じ構造が広がっているわけで，広い視点から共通原因を探すのが研究者なのではないか．こう問われた八木は，研究の本質はその通りだと答え，構造的な問題を前提しながら細部に分け入るとした．それに対し，アクションリサーチは構造問題につながりにくいとの指摘があった．

　議論は深まり，具体的なリスクが生じていないリスク問題は，現在のところどんな法も定められていないとの指摘があった．これは，そのリスク問題の現場に臨床的アプローチで臨むとき，リスクの確率だけではなく何かで表したいが，法は整っていなくてできないという状況だ．この状況を変えるためには構造的アプローチが必要である．例えば，裁判などである．臨床は構造に関わり，構造はさらに臨床に繋がる．つまり，臨床と構造の往復で良い研究ができるということになる．現場に「ある」ことによって見える構造的問題があると，強く指摘された．

　議論がさらに深まり，現場とは何を問いに立てるかによって規模が変わるので，それを意識しないとアクションリサーチが矮小なものになると指摘された．八木は，現場の規模は考えなければならないことであり，大きければ一人でできることには限界があり，研究者のネットワークや議論，まさにこのような場が必要だと答えた．

　ところで，アクションリサーチは声を聞いてほしい人の声を聞くだけなのではないか，触れてほしくないと思っている人たちにはどう接するのか．この問いに八木は先ず，その線引きは難しいと応じた．次いで，あえていうならば，注意深く状況を読み解きつつ，細やかな応答の中で，その当人たちが語るきっかけを欲しているのかどうかをみるしかないと語った．また，話し合ってもほ

とんど変わらないこともあると付け加え，常に「間違っているかもしれない」と逡巡しながら，向き合っていると結んだ．

最終段階で，経験に残して次に活かすという点では，アクションリサーチは（かなりの領域で）重要であるとの意見が出された．最後は，参加者同士がまとめあう形で，「研究のあり方として，構造的アプローチと臨床的アプローチの往復が重要であり，そのような往復を通して事態を複眼的に眺めることができるようになり，繋がり得る」と，司会の手を借りることなく議論は収斂した．

2.3　テーブル3：研究が引き起こすアイヌ遺骨問題

本ワークショップ全体のテーマは「STSにおけるアクションリサーチを考える」というものだが，本テーブルで扱われた植木哲也（苫小牧駒澤大学）による研究は本人も認めるとおり，厳密には「アクションリサーチ」，つまりSTS研究者が現場で何らかのアクションを行うことを通じてリサーチも行うといった性格のものではない．植木による研究は地道な研究が運動に影響を与えて当事者たちをエンカレッジし，それによって研究者が当事者たちの信頼を得て，当事者たちとともに活動していくというプロセスを経ている．このような方向性はアクションリサーチとは逆方向だが，研究と運動が一体となっているという点は共通している．またSTS研究者がこのような形で「現場や運動に巻き込まれていく」ことも少なくないので，植木の研究をアクションリサーチとの関連で問題とすることには十分意味があると思われる．

本テーブルの話題提供者の植木は本学会での発表や，本学会の学会誌に発表した論文などをもとに，2008年に『学問の暴力――アイヌ墓地はなぜあばかれたか』（植木2008）を上梓した．明治期から戦後にかけての帝国大学・京都大学・北海道大学の医学研究者たちによるアイヌ遺骨の盗掘についての詳細な歴史的分析である本書は，アイヌの方々による北大等に対する遺骨返還要求運動に理論的な裏付けを与えたものと評価されている．

議論は聞き手の蔵田の質問に植木が答える形で進められ，その後参加者との質疑応答に移った（写真4）．論理実証主義等の研究から始めて，主に科学哲学に関する研究や翻訳を行っていた植木がこの問題に関わったきっかけから話は始まった．植木が抱いていた根本的な疑問は，「そもそも真

写真4　議論の要点をフリップボードに書き出す書記（中央奥）（テーブル3）

理や研究の価値は，研究外の価値を上回るものなのか」ということであった．また植木が本学会の学会誌に投稿した論文(植木 2006)のタイトル(「アイヌ研究と知の権力」)に示されているとおり，科学的知識と社会的な「力」との関係はどのようなものなのかということも植木の重要な問題関心であった．また植木がこのテーマを取り上げたのは，海外の事例ばかりでなく，身の回りの問題を取り上げる必要を感じていたためでもある．

蔵田はここで研究の当事者性(和人である研究者がアイヌについて研究することの意味)，当事者との信頼関係の構築などについて問うた．それに対する植木の答えは自身の研究対象はアイヌ民族というよりも「アイヌ研究をする和人研究者」であること，また当事者の方々に利用してもらえる研究を意図していることであった．また近年，人体組織を用いた人類学研究等が世界的に増えている状況の中での海外の動向にも言及があり，先住民族の権利回復運動にも話は及んだ．

各研究機関にアイヌ遺骨の所蔵について問い合わせがなされていることもあり，参加者の中にはこの件についてよく知っている方もいたが，大半の参加者はこの件について初めて知ったようである．本テーブルでは研究者がいかにして当事者の信頼を得ていくのか，といったことが話題となったが，これはアクションリサーチに共通する問題である．また植木の問題提起は科学研究と民族や国家との関連，研究者の権威といった問題にも関わるものであり，STS研究におけるアクションリサーチにとって多くの課題を含むものであった．

2.4　テーブル4：音声映像メディアを現地調査にどう活用するか

テーブル4では，「音声映像メディアを現地調査にどう活用するか」というテーマで話題提供と議論を行った．話題提供者の早岡英介は北海道大学CoSTEP(コーステップ)でリスクコミュニケーション教育を2013年から行っている(早岡他 2015)．主に福島第一原発周辺でのステークホルダーへの聞き取りや，帰還困難区域の視察，空間線量の測定といった活動からなる．早岡にTVディレクターの経験があることから，聞き取りの際にビデオカメラを使用することが特徴の一つである(静止画と録音機のみの場合もある)．これらの話題提供を受けて，テーブル4の参加者それぞれが自らのフィールド調査で感じていたことや共有したいことを議論した(写真5)．

写真5　ビデオカメラなどの機材を手に話題提供する早岡(テーブル4)

大学に学ぶ者であれば，リスク評価のための科学的思考は親しみやすく，ある程度は書籍からも身につけられる．しかしそのリスクが現在の社会的条件に照らしてどの程度なら受け入れ可能なのかは科学の側が解決できる問題ではなく，社会の側の合意事項となる．被災直後は空間線量や内部被曝などの科学的情報を求めていた人々も，時が経つにつれ，家族関係や近隣トラブル，健康問題，就労の問題が生活にのしかかり，放射線リスクそのものが占める割合は下がってくる．

受講生たちは，大熊町や浪江町など帰還困難区域周辺で空間線量を計測するとともに，川内村の農家や田村市のペンション経営者等を訪ねるなどして，様々な地域の実情を聞いて回ってきた．時には専門家やマスメディアに対する辛辣な批判を聞くこともあった．またいわき市の仮設住宅では，若い母親が，自分の子供を友達と離れ離れにさせてしまったこと，大熊町へ戻りたくても戻れない辛い気持ちを涙ながらに語ってくれた．現地でしか得られない感情を伴ったこうした情報は，メディアなどの間接情報にしか接していない受講生に大きなインパクトを与えてきた．

バリケードで厳重に区切られた帰還困難区域の周辺を歩くこともある．手を伸ばせば，区域内の建物や街路樹の葉に触れることもできるが，当然ながらバリケードを境に空間線量が急激に変化するわけではない．復興の掛け声が響く地域と，当面は絶望的な状況にある帰還困難区域．隣り合っていても厳然と地域が分断される理不尽は，こうして現地で体感することで初めて自分ごととして理解できる．また受講生たちは，復興を力強く語る農家や行政の方々の話には大いに感化されるし，一方で母親たちから，子供を守りたいという素直な気持ちと不安を直接聞けば，自然とその思いに共感してしまう．

ビデオカメラでこうした人々の声はもちろん，風の音や木々のざわめき，時には静まり返った町の静寂など現場の空気感を記録してきた．撮影した素材は受講生たちで議論しながら編集し，サイエンスカフェやシンポジウムで社会に問うてきた．

今回の議論で，こうした取材行為の倫理性や正当性をどのように担保しているのかといった質問があった．CoSTEP の福島調査チームでは，どのような研究・教育目的，予算で行っているかを説明する紙を現場で渡し，謝礼（図書カードだが，受け取らない方もいる）を渡して協力を依頼してきた．しかし，取材結果の公開方法について明記しておらず，質問者から指摘があったように倫理性に関しては課題が多いことは認めざるをえない．早岡らにとっても今回の企画がなければ意識しなかったことであり，大学が教育活動として行う取材行為の社会的責任について深く考える機会となった．

3. 各テーブルからの報告と意見交換

テーブルトークの後，ふたたび全体で集まって各テーブルにおける議論内容を報告し共有した．聞き手を務めた実行委員が，各テーブルでの議論の要点を報告した後，話題提供者が議論をふりかえりつつ意見交換した．

永田は，各々の研究技法を用いて現場に介入する「研究者」としての立場と，「現場の一員」として様々な活動を行う立場という二重の役割の重なるところにアクションリサーチが成立することが，議論を通じて改めて明らかになったと述べた．一方，植木は，テーブルでの議論において「当事者」でない研究者に何ができるかが議論となったことを踏まえて，自分が対象としているアイヌ遺骨問題の場合，現在のアクションの当事者はアイヌの人たちであり，自らの研究の主たる対象はあくまでも「アイヌ研究をする和人研究者」であると説明した．

また八木は，初めから「加害者とはだれか」を研究者の側で規定して現場に向かうのではなく，「加

害者と呼ばれる人たち」を対象とするのが自分のアプローチであるが，だからと言って加害を生み出す構造を軽視しているわけではなく，構造的アプローチと臨床的アプローチの往復が必要であると強調した．早岡からは，ドキュメンタリーは素人が作り上げるドラマのようなものであり，それをアクションリサーチの方法として現場に持ち込むことにより，当事者や研究者のコミュニケーションを通じて「思わぬもの」が生まれる可能性について言及があった．同時に早岡は，映像には，観る者に多大な影響を与える「怖さ」があることも自覚する必要があると注意を促した．

会場からは，STS研究者は現場の課題にもっと積極的に関わるべきであり，学会においても，そうしたアクチュアルな課題意識，現場感覚を踏まえた議論がなされるべきだ，といったコメントがあった．

4. ワークショップをふりかえって

限られた時間ではあったが，STSにおけるアクションリサーチ(的な研究)の可能性と課題が，4人の話題提供者の経験に基づいて多角的に取り上げられるワークショップとなった．まとめに代えて，ワークショップ全体に共通する論点をいくつか挙げておきたい．

第1に，研究者自らが活動(アクション)に参加することを通じた研究，もしくは活動に巻き込まれる形で進展する研究の持つ強みが，議論を通じて改めて浮き彫りになった．例えば，福島県の被災地にビデオカメラを持ち込み，現場の空気感も含めて人々の声を取材してきた早岡は，現地の人々とのコミュニケーションを通じて意外なものが生み出されたり，現場で体感することによって初めて問題が「自分ごと」として理解できたりするといった経験を紹介した．不確実性，複雑性の高い問題を，科学的なリスク評価の問題にのみ還元するのではなく，人々の暮らしの中で捉えようとするとき，アクションリサーチ的な取り組み方に強みがあることを顕著に示す経験と言えよう．また永田や八木が提示した，当事者に「寄り添って話を聞く」(永田)とか，「ただ傍らにある」「あいだにある」(八木)といった身ぶりも，それぞれニュアンスを微妙に異にしつつ，アクションリサーチの方法を具体的に提示していた．一方，植木の場合，初めからアクションリサーチを指向していたわけではないものの，研究が当事者の運動に影響を与え，当事者の信頼を得つつ研究者がアクションに関与するようになっていった．この過程は，個々の研究技法とは異なるマクロな次元において，STSの研究が社会の中での知識のありようを反省的に捉え直そうとする際に，アクションリサーチ的な取り組み方が持つ可能性を指し示すものだったと言えよう．

第2に，アクションリサーチの可能性や強みが確認できた反面，その難しさについても多く言及されることになったが，そこには大きく分けて二つの方向の課題が含まれていた．一つは，アクションリサーチを通じて，当事者にいかに接近できるかという問題である．八木が話題提供したテーブル2での議論では，積極的に声を発しようとはしない人，研究者からの接触を避けようとする人の声をどのように聞くことができるのか，という問題が提起されていた．またテーブル3でも，アイヌ遺骨問題に関わってきた植木の話題提供を踏まえて，研究者がいかにして当事者の信頼を得ていくのかが議論された．もちろん，こうした問題はたんに研究手法，調査技法の問題として処理されるべき事柄ではなく，ワークショップでも議論されたように，アクションリサーチにおける当事者とはだれなのか，研究者も当事者なのか否か，当事者でないとすれば研究者にできることは何か，といった点まで掘り下げて検討される必要がある．

もう一つ，逆の方向の難しさとして，アクションリサーチもリサーチである以上，「研究」として現場とどのように距離をとるのかという課題がある．リスクコミュニケーション実習の受講者と

ともにアクションリサーチに取り組んできた早岡が指摘したように、アクションリサーチの場では、往々にして研究者が現場で体験したことに感化されすぎる危険性がある。4人の話題提供者の中では、永田のケースが、初めから現場でのボランティア活動と研究とが重なり合う形で進んできた点で、いわば最も典型的なアクションリサーチだと言えようが、その永田が話題提供したテーブル1においては、「アクションリサーチは（純粋なアクションとは異なる）いかなる意味でリサーチか」という点が直截に問われた。またテーブル2では、「ただ傍らにある」という八木の方法的な構えに対して「系統的に考察し切れないのでもやもや感が残る」といった感想が漏れたが、これも同じ方向性の指摘であったと言える。このテーブルでは、「〔加害者の〕傍らにある」というスタンスに徹してしまうと、加害を発生させる構造的な問題を取り逃がすことになるのではないかという疑問も出され、「構造的アプローチと臨床的アプローチの往復」の重要性が確認されるに至った。こうした議論が複数のテーブルで並行して行われたことは、アクションを通じて現場に密着しつつ研究としての視座や論理をどのように確保するかが、アクションリサーチを考えるうえでの一つの課題となることを示している。なお、以上にまとめたような論点は、その多くがアクションリサーチ一般に共通するものである。こうした一般論としての水準を越えて、STSに固有なアクションリサーチの可能性や課題に関しては、今後さらに議論を深めていく余地がある。

　最後に、このワークショップは大会実行委員会主催の企画として行ったのであるが、冒頭に掲げた大会の三つの「ねらい」に即して、成果をふりかえっておきたい。今回、話題提供者や企画者も合わせると、約70人の参加があり、各テーブルに分かれて共通のテーマで議論する機会をつくれたという点で、学会内の多様な研究分野、グループ間の垣根を越えた活発な議論を促進するという第1のねらいは、おおむね果たせたと言えよう。その一方で、主催校を中心として潜在的に科学技術社会論に関わりのある研究者等を幅広く巻き込むという第2のねらいに関しては、今回の出席者は会員が中心であり、必ずしも十分に実現することはできなかった。全体会に関しては公開セッションとして開催する可能性を検討するなど、今後の大会においてもさらに工夫が必要であろう。3番目のねらいであった、学会大会における新たな対話・交流の場のつくり方をプログラムを通じて具体的に提示する、という点に関しては、テーブルトークを中心としたワークショップの形式が全体会の形式として一定程度、機能しうることを示した点で、成果があったと言えるであろう。

付記
　本稿は、三上が1節、2.1節、3節、4節、吉田が2.2節、蔵田が2.3節、早岡が2.4節をそれぞれ起草したうえで、共著者全員で内容を検討し、作成した。

■注

1）第15回年次研究大会実行委員会委員は、次の11人であった（五十音順、所属は当時。＊印は委員長）。石村源生（2016年9月末まで）、川本思心、蔵田伸雄、郡伸子、難波美帆、早岡英介、藤吉隆雄、松王政浩＊、三上直之、吉田省子（以上、北海道大学）、佐々木香織（小樽商科大学）。ワークショップの企画は、本稿著者でもある川本、蔵田、佐々木、三上、他一人の計5人が担当した。本稿著者のうち永田、八木、植木の3人は実行委員ではなかったが、実行委員会の依頼に応じて話題提供者として参加した。また当日各テーブルでは、渡邊瑞穂、竹内琳加、本間真佐人、池田貴子が書記を担当した。

■文献

早岡英介，郡伸子，藤吉亮子，池田貴子，鳥羽妙，川本思心 2015：「リスクコミュニケーター育成プログラム開発の試み：映像メディアを用いた対話の場構築」『科学技術コミュニケーション』17，35-55.

飯考行，関嘉寛編 2016：『たちあがるのだ：北リアス・岩手県九戸郡野田村のQOLを重視した災害復興研究（東日本大震災からの復興(3)）』弘前大学出版会.

永田素彦，河村信治編 2015：『がんばるのだ：岩手県九戸郡野田村の地域力（東日本大震災からの復興(2)）』弘前大学出版会.

作道信介，山口恵子，永田素彦編 2014：『想いを支えに：聴き書き，岩手県九戸郡野田村の震災の記録（東日本大震災からの復興(1)）』弘前大学出版会.

植木哲也 2006：「アイヌ研究と知の権力」『科学技術社会論研究』4，142-51.

植木哲也 2008：『学問の暴力—アイヌ墓地はなぜあばかれたか』春風社.

八木絵香 2016：「ただ「加害者」の傍らにあるということ：福島第一原子力発電所事故とJR福知山線事故　２つの事故の経験から」『科学技術社会論研究』12，106-13.

書　評

有本建男・佐藤靖・松尾敬子（著），吉川弘之（特別寄稿）『科学的助言——21世紀の科学技術と政策形成』

東京大学出版会，2016年8月，3500円，234ページ
ISBN978-4-13-060316-4

［評者］後藤邦夫*

　本書は，国家の統治行為に対する科学者の専門的知見に基づく関与とそれに応じた政府当局者（主として国家官僚）の政策的対応について，現段階における「科学的助言」のシステムと機能を中心にまとめた好著である．その内容の概略は以下の通りである．

　序章「現代社会と科学的助言」として，このテーマの重要性と歴史的由来について述べたのち，第I部「科学的助言の現状と論点」で，第1章「科学的助言の役割」，第2章「科学的助言のプロセスと原則」，第3章「各国の科学的助言とグローバル化」と一般的事項の説明がなされる．

　第II部は「科学的助言の事例」として，第4章「食品安全——リスク評価の独立性をめぐる課題」，第5章「医薬品審査——多様なステークホルダーの関与」，第6章「地震予知——科学の不確実性への認識と対応」，第7章「地球温暖化——国際的な科学的助言体制の構築」，第8章「科学技術イノベーション政策——高まるエビデンス志向」と，それぞれ特徴のあるケースについての記述が並ぶ．

　「21世紀の科学技術の責務と科学的助言」という終章に続き，特別寄稿として，「科学的助言における科学者の役割」という重要なテーマが扱われる．

　本来，国家の統治行為に関与する主体は政府当局に限られない．国会は政策に関して独自の調査立案機能を持っている（アメリカのように議会が立法権

2017年5月17日受付　2017年8月5日掲載決定
*学術研究ネット，k-goto@andrew.ac.jp

を占有し，議員のもとに科学者を含む専門家集団からなる調査事務局が置かれるケースもある）．シンクタンクが介在する場合もある．科学者の助言を受けた市民運動，住民運動が政策を動かすケースは公害・環境問題を始め事例が少なくない．また，そのような活動に対する科学的助言には，個別の科学者以外にNGO，NPOが関与することもある．本書が主として政府当局（国家官僚システム）に対する科学者の助言活動にテーマを絞ったことは，著者たちの立場や紙数を考えればやむを得ないことと思われるが，国家の政策に関する助言の対象の広がりについて考察する機会が望まれる．

　以下，内容の要点を紹介しつつ，評者の意見を述べる．

　序章では，政府の政策形成に対する科学者個人及び科学者コミュニティの関与が科学的助言として重要になったのが1970年代初頭であったことを注意し，その時期に，ワインバーグ Alvin Weinberg のトランスサイエンスの主張（Weinberg 1972），折からの環境問題の噴出，ローマクラブの『成長の限界』などにより疑問が投げかけられる機会が増えたことが挙げられる．確かにそれらは重要なメルクマールである．さらに，1990年代に世界科学会議の「社会のための科学，社会の中の科学」の宣言など，社会的課題解決のためのエビデンス重視の科学技術政策への合意が形成されたことで，科学的助言は新局面を迎えたという．

　評者は，それらが科学的助言の制度や内容の大きな転換の時期であったことを認めるが，科学的助言自体はさらに遡るのではないかと考えている．アカデミアにおける科学研究，企業における技術開発，私事に近かった医療行為などが国家の統治行為と密接に関係する課題となったのは，欧米の主要国において国立試験研究機関の設立が相次ぎ，本格的な社会政策が登場した19世紀末に遡る．さらに両大戦における総力戦体制や戦間期の大恐慌時代を通じて国家機構（特に官僚組織）の役割が拡大し，国家の統

書　評　171

治行為と科学・技術・医療の分野の活動との関係が今日のように密接なものとなった．それは，むしろ20世紀の特徴である．

序章の後半で述べられるPolicy for Science（科学のための政策）とScience for Policy（政策のための科学）についても同様なことが言える．前者に関しては1947年にアメリカ大統領の諮問に応えて提出された『合衆国における科学と公共政策』というモデルがあり[1]，さらに遡ると戦時下のOffice of Scientific Research and Development OSRDの活動がある[2]．後者については戦時下の英国における「科学的助言」の成功例と失敗例を周到に論じたスノウC. P. SnowのScience and Governmentがある[3]．そこでは，科学的助言に関わる科学者の資質の問題が具体的な人間像にまで踏み込んでかなりの比重で扱われている．しかし本書の序章では，「科学の客観性，価値中立性」が当然の前提とされ，それを体現する科学者の理想像が語られている．現実の科学者像とその役割をめぐる問題は科学的助言における重要なテーマであるが，吉川弘之氏の特別寄稿について述べる際に改めて言及する．

第1部の最初で強調されていることは，科学的助言者の政府との関係における「独立性」と両者間の「相互信頼」という原則である．第1章「科学的助言の役割」では，その原則を政策選択におけるリスクの「評価」と「管理」として具体化する．すなわち，助言を行う科学者がもっぱら「リスク評価」を行うのに対し，政府側は科学以外の諸要因を勘案して「リスク管理」を行うという役割分担が強調されている．ただし，この分割は必ずしもクリア・カットなものではなく，テーマによって，その境界は様々であることが注意されている．この点をめぐっては，第Ⅱ部の各論で具体的ケースに即して運用の問題点が示されることになる．

第2章「科学的助言のプロセスと原則」では，米国，英国，日本における規範の事例を述べたのち，科学的助言のプロセスとして，「課題の設定」「助言者の選定」「助言の作成（留意すべき要員としての独立性確保，質の確保，不確実性・多様性の扱いを含む），「助言の伝達と活用」についてまとめた上，福島原発事故で表面化した緊急時の助言の問題や市民の関与，法的責任の重要性に触れている．

第3章「各国の科学的助言体制とグローバル化」

の前半では，主として米国と英国，及びドイツにおける制度と運用の特徴が紹介されている．その際，科学的助言者の4類型，(a)科学技術政策に関する会議，b)審議会，c)科学アカデミー，d)科学顧問の4者の活動の存在を前提に，ジャサノフSheila Jasanoffの分析に基づき3國それぞれの重点の置き方と活動の特徴が述べられる．その際，米国や英国で優れた科学者の意見が重用されるのに対して，ドイツの助言組織が科学技術の専門家だけではなく，宗教界を含む社会の多様な組織の代表の参加によって構成されるという特徴が注意されている．本書では扱われていないが，福島第一事故後のドイツのエネルギー政策の転換において，原発依存廃止政策の決定に際して倫理学者の意見が重視されたことが想起される．章の後半は，科学的助言のグローバルな展開に当てられる．第二次大戦後に発足した国際連合UNの傘下には，UNESCOをはじめとする多くの科学技術の関連する国際機関が組織され活動してきた．冷戦終結後の1990年代から2000年代にかけて経済のグローバル化に伴う諸問題や地球環境問題など，国際的な課題が多く表面化した．本書では2010年代以降に重点を置いて経済共同開発機構OECDや国際学術連合会議ICSU，気候変動に関する政府間パネルIPCC，インターアカデミーカウンシルIACなどの活動の活発化，国際組織のネットワークの拡大などが論じられている．ただ，本書刊行の時点（2016年8月）の時点では顕在化されていなかったポピュリスト・ナショナリズムの今後の動向に注意を払う必要があるだろう．

第Ⅱ部は科学的助言の事例を扱う．取り上げられた5ケースのうち4〜7章がScience for Policyに関するもので，最後の8章のみがPolicy for Scienceに関するものである．

食品衛生を扱った第4章のテーマは，1948年制定の食品衛生法の抜本的改正が行われ，食品安全基本法が制定された2003年以降の体制が扱われる．すなわち，総論で述べられた「リスク評価」と「リスク管理」という二つの機能が曖昧な状態で共存していた従前の体制から，前者を扱う食品安全委員会（内閣府に設置）と後者に関わる省庁（主として農林水産省と厚生労働省）の機能を分離させて新たな体制に移行した後の運用の実態について述べる．科学に基づく厳密な判断を要求される「評価」と，政策

策定における多様なステークホルダーの価値観や社会の実情を考慮した判断が必要な「管理」との関係を具体的なケースに適用するときに起こる問題である.

取り上げられているのは狂牛病予防のための全頭検査の必要性をめぐる問題と福島第一原子力発電所の事故による放射能汚染を受けた食品の安全基準策定の問題である. 前者では, リスク評価側の「月齢20ヶ月以下BSE感染牛が確認されなかった」という事実の報告が, リスク管理側では「月齢20ヶ月以下の感染牛は発見困難である」という判断として受け取られたというコミュニケーション不全が呼び起こした論議と混乱が分析される. 後者は, 低線量放射線被曝線量の許容限度という難問に関わる問題であるが, 当局は短時日のうちに結論を出す必要性に迫られた. 結果として, リスク評価側の食品安全委員会は明確な評価を示さず厳格な疫学データを提示するにとどめ, リスク管理側はそれにもとづきALARP(達成可能な限り低リスクを追求する)に基づく厳正な基準を定めるという結果になった. この間に評価と管理の両サイドでなされた議論はかなり錯綜している. 本書の記述も必ずしも明解とは言えないが, 機能分離によって問題が解決されるものではないことは明らかにされている.

医薬品審査を扱った第5章では, 新たな医薬品の開発, 治験, 審査, 生産, 審査, 販売, 臨床などのプロセスに大学, 製薬会社, 医療機関から患者団体に及ぶ多様なステークホルダーが関与し, しかも巨額の資金が動くというこの分野の特徴が示され, そのことを前提に, 「科学的助言」に基づく新たな製品の複雑な審査過程が扱われる. 特に, 巨額な費用が投入される製薬企業の新薬開発と医系大学における研究や治験の活動の間に密接な関係があるために, 科学的助言に関わる専門家の「利益相反」がほとんど不可避であり, 時に深刻な課題となることが指摘される.

様々な薬害事件(特に薬害エイズ事件)との対応を経て, 2004年に設立されたのが, 現行の独立行政法人医薬品医療機器総合機構PMDAである. その結果, 多数の要員を擁するこの組織がリスク評価を担い, 厚生労働省の審議会がリスク管理を担う, という形で機能分離に基づく科学的助言体制が確立されると思われた. しかし, 主として医薬行政におけ

るステークホルダーの複雑さにより, その分離が有名無実となってゆく. 特に厚生労働省からの多数の出向者の存在と医薬品行政の視点の浸透が著しく, 結果的にPMDAは, 食品安全行政とは対照的に, 評価と管理の統合ともいうべき活動形態をとるに至る. 結論として, 活動の中心であるPMDAが透明性・独立性の確保が望まれていることが示される.

第6章のテーマは地震予知問題である. 社会的な期待と必要性が極めて大きいにもかかわらず, 学問的に未知な部分が多く不確実性に覆われた分野である. 期待の大きさのゆえに政府も研究者も地震予知という難事業にともすれば「前のめり」になり, 多額の研究費を伴う公的な組織体制がつくられた. しかし, 現実の地震予知はほとんど不可能なままに推移してきた. この間の実情について章の前半で比較的詳しく述べられている.

状況を一変させたのが1995年の阪神淡路大震災であった. 地震予知の可能性に対する疑問が広がり, 予知よりも起こるべき地震を想定し, 減災・防災に取り組む方向に重点が移動する. さらに2011年の東日本大震災では, 最大級の津波が発生し, 複数の原発が炉心溶融と放射性物質の広域拡散まで引き起こすという惨事となったが, これも予知できなかった.

このような経過には, 地震学研究のパラダイムが関係していると思われる. 本書では言及されていないので若干補足して置きたい.

日本にやや遅れて導入され急速に主流化したプレートテクトニクスに従い, 日本列島の南東の沖合の海底に観測装置を置きプレートの活動異常を早期に把握すれば予知が可能と考えられた. ところが阪神淡路大地震は活断層による直下型地震であった. 以来, 活断層に対する関心が強まるとともに予知の困難さが認識されることになるが, プレート型地震に対する予知の可能性に対する信頼は低下したものの失われていなかったようである. ところが, 2011年の東日本大震災では, そのプレート型大地震を全く予知できなかった.

そこから, 科学としての地震研究の現段階において, 確実に言えることと不確実にしか言えない事を明確にして社会に正確に伝える, という研究者の責務が認識されるに至ったわけである. 具体的には, 地震予知は極めて困難であるが, 将来の大地震自体

は確実であり，災害を予測して減災のための対策を立てて実行することは可能であり必要であるということである．本書の結論も概ねその線に沿っているが，より明確な表現をとることもできたであろう．また，防災・減災の重視は，地震研究だけではなく，地震動による交通インフラ，設備，ライフラインを含む多様な構築物の損害の評価や修復を扱う工学の諸分野がリスクの評価と管理の双方に関係して登場することにも注意すべきであろう．

第7章は，国際的な科学的助言の代表的なケースとして，地球温暖化問題とIPCCの活動を扱う．冒頭，温暖化問題の簡単な歴史記述があり，リスク評価組織として1988年に組織された「気候変動に関する政府間パネル」IPCCに関する説明がなされる．すなわち，三つの作業部会の存在，膨大な数の研究論文のレビューに基づく各作業部会による大部の本報告と総合報告書，及びそれぞれの要約などの存在が示される．ただ，紙数の関係からか，説明は十分とは言えず，日本の官庁による「公定訳」の影響が見られるのも問題である[4]．

対応するリスク管理の活動として，1992年の気候変動枠組条約締結，その後の国際的合意形成を目指して回を重ねた条約締結国会議COPについて述べられ，国際合意の実現が困難で曲折を経たプロセスが述べられる．さらに，いわゆるクライメートゲート事件による信頼性の揺らぎとInter Academy Council IACによるレビューと勧告に言及される．結局，懐疑論者のIPCC批判にはさしたる根拠はないことがわかり，IPCCの信頼性が回復に向かう．ここで，本文ではIPCCの「閉鎖性」批判に言及されているが，むしろ，気候科学研究者コミュニティの特徴の一つと解すべきであろう．気象学や気候研究は多くが国家的事業として始まり，軍事と密接な関係のもとで発展してきたビッグサイエンスである．温暖化と関連の深い大気圏の温度変化や熱放射の測定は人工衛星などに依存している．温室効果ガスの効果を組み込んだ大気の大循環モデルのシミュレーションにはスーパーコンピュータの運用が欠かせない，等々である．このような研究スタイルにとって冷戦直後の国際強調の雰囲気は大きな利点であった．逆に，観測データも理論計算も第三者的な外部の小グループがフォローして批判することは容易ではない．

研究成果の説得力は，その不確実性をどこまで認識し検証するかにもかかっている．問題の性格上ベイズ推論が利用されていることが特徴である．ビッグデータに基づく予測手法の先駆的ケースとして紙数が許せば言及してもらいたかったところである．

排出削減における国際的合意形成の困難さは，経済の知識化・サービス化の段階に入った先進国と，製造業（特に重化学工業）に依存する経済成長が必要な開発途上国との関係という構造的問題がある以上本質的な困難にさらされる．それでも，中国とインドの参加によってパリ合意が発効したことは希望のもてる展開であった．しかし，アメリカにおけるトランプ政権の誕生が不確定要素となってしまった[5]．

「科学技術イノベーション政策」を扱う第8章は，一転してPolicy for Scienceの事例を扱う．まず「助言体制の進化」と題して，戦後日本における政府の科学技術政策に対する助言のシステムの流れの簡潔な解説がある．各省庁が所管する業務と関連した科学技術政策上の助言は，それぞれに置かれた審議会等を通して行われる．しかし，審議会を構成する助言者たちの選択や審議内容は，ほとんどが官庁サイドで準備され，結論がそのまま政策として採用されるケースが多いことが指摘されている．省庁を横断した政府の総合的な政策については，学術会議が存在感を発揮した敗戦直後の体制から科学技術会議や学術審議会に権限が移った状況が簡単に書かれているが，評者としては当時の学術会議の勧告，特にそれによって設立された研究機関（特に共同利用研究施設）が研究者の意向を正しく反映し，科学の復興に果たした役割を評価すべきだろうと思う．

2001年の省庁再編によって，総合科学技術会議を中心として各省庁の科学技術関連政策の統合が図られ，さらに各省庁に置かれていた調査研究機関（科学技術政策研究所，産業経済研究所など）の拡充が図られてゆく有様が記述される．結果として，科学技術に対する政府の関与が一層組織的なされることになる．

この傾向をさらに強めたのが，1995年の科学技術基本法に基づいて5年おきに策定される科学技術基本計画であり，2節にエビデンス重視の流れを中心にまとめられている．期を追うごとに官民のシンクタンクによるフォローアップが量質ともに拡大した有様が記述される．注目すべきことは，第3期基

本計画で，科学技術分野に巨額の資金が投入されることに対する国民の理解をうる必要性という文脈の中で提起されたイノベーション政策が，第4期基本計画では科学技術政策の中心となったことである．「司令塔」の名称も「総合科学技術イノベーション会議」に変更され，政策の目標は，第3期までの科学技術の重点分野の充実ではなく，社会的目標の達成となった．しかし，社会的目標の達成には，科学技術以外の多様な分野にまたがる政策と民間の多様なアクターの活動が必要である．その結果である社会的目標と科学技術イノベーション政策との関連についてエビデンスを確定することは容易ではない．膨大な作業にもかかわらず，「不確実性が高い」（170ページ）のは当然であろう[6]．

さらに，各企業の経営戦略のもとでなされる技術開発やテーマ選択や研究方法の自由を保証されてきたアカデミアの活動が，どこまで「エビデンスに基づく政府のPolicy for Science」に馴染むか，という問題である．もちろん，「基本計画」の策定は指導的科学者や有識者の助言に基づいているのであるが，過去の成功体験に基づく助言が，激しい変化の渦中にある未踏分野に挑む若手研究者中心の活動にどの程度役立つかという問題がある．「PDCAの勧め」が流行しているが（本書でも），そのような手法が有効な分野は限定されていると思われる．現に，基礎科学の分野で現場の疲弊（特に若手研究者の繁忙と疲労）が伝えられており，その原因の一つが計画に基づくテーマに沿った競争的資金重視と自由に使える基盤的経費の減少という政策にあるとされている．もちろん是正策が取られつつあることは知られているが，「上からの是正策」が研究とは無縁の事務作業をさらに現場に生じさせる恐れもある．すなわち，「目的指向の計画的政策に馴染む科学」と「自由な思考と行動に支えられた科学」の関係に至ることになる．

そこで現代の科学技術の性格と科学的助言の一般的関係を扱う終章に向かうと，「社会のための科学，社会の中の科学」が「知識のための科学」との対比として主張されたブダペスト宣言（1999）に出会うことになる．さらに，この観点は規範的な「政策」と価値中立的な「科学」として定式化され，科学的助言はその間の橋渡しの役割を果たすとされている（176ページ図9.1）．

しかし，正確には，「知識のための科学」と「社会のための科学」があり，20世紀を通じて後者の比重が増大し，国家による計画と親和的な領域が拡大してきたということであろう[7]．「科学の価値中立性」は，巻末の吉川氏の論考でも主張されているが，評者は首肯しない[8]．

しかし，研究者個人の独創性や資質が重要で政策とは無縁に見える科学の研究の現場でも，素粒子や宇宙の研究において加速器や人工衛星などが絡む巨大科学化が進行し計算機シミュレーションが多用される．かつては「キッチン・ラボ」と呼ばれたバイオ研究の分野においても高価な分析・実験機器が並ぶ．それらに必要な莫大なコストが国民の税金で賄われる場合，「エビデンスに基づく」効用の明示が要求されるのは避けられない．同時に，「研究者」「技術開発者」と呼ばれる人々も格段と増えたばかりでなく，その内部の分業化・多様化も著しい．もともと技術開発分野で重視されてきた「研究マネジメント」が基礎研究分野にも波及したが，そのような分野を扱う系統的手法・人材育成手法は未確立である．

こうして，巻末の吉川氏の特別寄稿「科学的助言における科学者の役割」に行き着く．ここでも「科学の客観性，価値中立性」が当然の前提とされ，それを体現するとともに科学的助言者としての資質を備えた科学者や組織のあるべき像が語られている．ただ，吉川氏独自の科学像は，人文学から工学までを包含し，問題定義，仮説，法則提案は共通で，観察可能性のみが分野によって異なる，というもので（185ページ），評者は賛同できないが，工学系研究者の科学観を知る機会になったと思う．総じて，現代の科学技術の専門分化が著しく，特に先端分野の研究者にとって，自分が取り組む分野を離れて広い視点で問題を考えることは難しい．必要な人材を見出すことも容易ではない．統合的視点の一つと見るべきかもしれない．

また，「水俣」と「福島第一」という科学的助言が正しく機能しなかったケースに学ぶ姿勢が見られることは評価したい．ただ，合意が存在しないテーマについて，速やかに国費を投入して結論を出すべき，という意見（197ページ）の前に，例えば「予防原則」を発動して早急な措置を取ることが必要となる場合があるだろう．リスク評価が定まらなくてもリスク管理の実施が重要となるケースである．

全巻を通じて，科学的助言を行う科学者サイドの分析や議論に比べ，助言を必要とする統治機構の側に関する言及が少ないように感じられた．例えば，日常的に政策の策定や実施に携わる官僚組織において，必要な科学的知見がどのように獲得され活用されているか，その中で外部からの助言はどのように位置付けられているか，という問題である．今後を期待したい．

　本書が科学的助言を系統的に扱ったおそらく最初の本格的著作であることは間違いない．それゆえに，非礼を承知で様々な意見を述べさせていただいた．著者たちの今後の研究に期待したい．

■注

1）第二次大戦直後に提出され，基礎研究と医学研究に重点を置いてNSFの設立とNIHの充実を提言し，戦後のアメリカの科学技術政策の基本を定めたことで知られる．5部構成で1000ページにのぼるが，1980年に1冊に合本して再刊された（Steelman 1980）．

2）OSRDでは，バネバー・ブッシュ Vannevar Bush がディレクターを務め，ジェイムズ・コナント James Conant らが活躍した．

3）スノウの戦時中の体験に基づいて1960年代にハーバードで行われた講演をもとに同年刊行された（邦訳『科学と政治』は絶版）．戦時下で実行された重要な科学的助言の成功例（1936年の防空用レーダーの開発と配備の決定）と失敗例（1942年のドイツの都市爆撃を主目標とする空軍戦略の決定—ヨーロッパ戦線における戦争終結を1年遅らせたと評価されている）の分析と教訓を述べたもの．

　　2013年の増訂版（Snow 2013）には1990年代に英国政府の科学顧問 CSA を勤めたロバート・メイ Lord Robert May が序文を寄せ，半世紀もの時を経て，全てに同意するわけではないが「しばしば不確実性を伴う政策決定における科学的助言の採用・不採用における多くの不変の真理が表現されていると信ずる」と結んでいる．

4）第一作業部会 Physical Science Basis は「自然科学的根拠」と訳されているが，内容的にも字義通り「物理科学的根拠」とすべきであろう．第二作業部会は温暖化による生態系の変化などの生物科学的テーマと社会的影響の双方を扱

い，それらの影響を各地域の特性に応じて軽減する「適応策」を扱う．第3作業部会は温室効果ガスの排出削減等による温暖化の進行自体を食い止める「緩和策」を扱い，社会科学的内容が中心である．各報告は長大であり，それぞれTechnical Summary（「技術要約」）と Summary for Policy Makers（「政策決定者向け要約」と紹介されているが，字義通り「政策策定者向け要約」とすべきであろう）が付けられている．後者の表現は，著者が指摘するように，各國の政策担当者を交えたグループの全員一致に基づいており，リスク管理に踏み込んでいると言える．

5）本書の刊行以後の出来事である．

6）「イノベーション」が関わってくると話はさらに複雑になる（後藤 2017）．

7）日本の場合，急速な近代化のための工学・技術の役割が大きく，社会のための科学は目新しいものではないと言える．工学部が大学の外部に形成された傍流であった欧米に比べ，日本の主要大学の工学部の規模は非常に大きい．科学・技術・医療を一体的なものと捉え，国家官僚による統治行為の手段としたのが，13-18世紀に世界をリードした伝統的中国の「科学」であった．

8）この問題を論ずるには紙数を要するので別の機会を待ちたい．本来，西欧的価値と不可分とされた科学に，ウェーバー由来の Wertfreiheit が付与されたのは20世紀初頭の特定の社会的文脈においてであり，それ自体がSTS的検討の対象である．

■文献

後藤邦夫 2017：「科学技術イノベーションの思想と政策」科学技術社会論学会編『科学技術社会論研究』第13号，玉川大学出版部　66-81

Snow, C. P. 2013: *Science and Government*, Harvard University Press

Steelman, John R. 1980: *Science and Public Policy*, Arno Press

Weinberg, Alvin M. 1972: Science and Trans Science, *Minerva* 10-2 209-22

鈴木舞『科学鑑定のエスノグラフィ——ニュージーランドにおける法科学ラボラトリーの実践』

東京大学出版会, 2017年1月, 6200円, 304ページ.
ISBN 978-4-13-060318-8

［評者］山口富子*

　本書は, 鈴木舞氏（以下, 著者）が2015年に東京大学大学院総合文化研究科に提出した博士論文「法・犯罪・科学——ニュージーランドにおける法科学ラボラトリーの民族誌」の加筆・修正し, まとめた学術書で, ラトゥールとウルガー（Latour & Woolgar 1979）やクノール・セティナ（Knorr-Cetina 1981）らのラボラトリー研究に着想を得た研究成果である.

　DNA型鑑定の精度や鑑定の方法が日進月歩する中, DNA型鑑定によりDNA型と被疑者のDNA型が一致すると結論づけられ, 被疑者が有罪という判決が下ったが, 10年後に最先端の方法で再鑑定をしたところDNA型の一致がみられず被疑者が無罪になったという事件は記憶に新しい. 証拠資料の検証のための検査法としてDNA型鑑定が司法判断の場で, 重要な役割を果たすようになったが, 先の事例のように鑑定の結果が冤罪を招いてしまうというような負の側面も持ち合わせる. こうした問題意識を研究の入り口として, 法科学の知を批判的に考察しようというのが本書のねらいである. 本書冒頭,「科学鑑定がどのように行われ, また科学鑑定に関するいかなる問題が生じているのか. 科学鑑定の実践の場において法科学がどのように生成されるのか……」（p. 1）が研究の目的であると書かれているが, 科学鑑定を「事実」をあぶりだす知としてではなく, 実験室という現場での人びととのやりとりから生まれる状況に埋め込まれた知として論が進められるという点が面白い.

　では, 本の構成について紹介をしよう. 本書は全体が8章で構成されている. 第一章「科学鑑定を観る視座——ラボラトリーに分け入る」と第二章「科学鑑定の現場——ニュージーランドの法科学研究所ESR」では, 著者の研究枠組みとフィールドワーク

2017年8月8日受付　2017年9月16日掲載決定
＊国際基督教大学教養学部・社会学メジャー教授, tyamaguc@icu.ac.jp

が行われた現場についての描写がなされる. 著者は, 法科学を「犯罪解決のために犯罪捜査や裁判で利用される科学」（P. 2）と定義する. この定義から法科学には, 鑑定結果を使い司法判断をする人, そして有罪無罪の判断の結果により, その後の人生が変わる人など, 利害が衝突するさまざまなアクターがかかわる. そのため, 法科学のSTS研究の蓄積があると思っていたが, 科学鑑定のラボラトリー研究は蓄積が少ない研究テーマだったようだ. もちろん, マイケル・リンチ（Michael Lynch）らの法科学と法廷に関する研究は, そのプレゼンスは大きいが, 著者によればリンチらの研究は, 法廷という場面でDNA型鑑定の結果がどう扱われているのかというかなり限定的な場面を対象とした研究である. さらに, 科学鑑定には, DNA型鑑定だけではなく, 銃器鑑定からガラス, 塗料, 繊維, 工具痕など, 多様な鑑定法が存在するが, DNA型鑑定以外のSTS研究は手薄であったようだ. 著者は, こうした研究上のギャップを埋めるために, 2年にわたるフィールドワークから得られた知見や発見を活用し, それらを著者の問題意識に沿って再構成する.

　次に第三章から第六章において, 分析の結果と著者の考察が示される. 第三章「法科学ラボ内の標準化——品質保証におけるマニュアルの作用」, 第四章「科学の異種混合性——異なる鑑定分野はどのように協働するか」, 第五章「法科学分野の標準化——DNA型鑑定が変える実践の形」, 第六章「法科学ラボの国際的標準化——科学鑑定の地域性への対応」と名付けられた4つの章で,「標準化」,「境界設定」,「分野間の協働」,「境界物」など, 本書の分析の枠組みを構成する概念装置が説明される.

　ここでは法科学ラボ内の「標準化」の問題についてさらに紹介しよう. この標準化の問題は, ラボ内部の活動の標準化（第三章）, 法科学分野間の標準化（第五章）, 国際的標準化（第六章）という3つの異なる次元の問題として取り扱われる. それぞれの次元において外部からの標準化の要請という切り口と, 現場の人が標準化の波をどう受け止めているのかという内からの視点の分析が示される. 例えば, ラボで使われる標準化のためのマニュアルについては, マニュアルが法科学者や法科学ラボの技官の活動をどのように規定しているのかについて述べるとともに, 法科学者や技官がマニュアルを現場でどう取り

扱っているのかを描写する．法科学ラボのマニュアルは，ラボで取り扱われる資料の管理の方法から，資料の回覧の流れ，記録の方法，ラボの環境の管理，さらにはマニュアルへのコンプライアンスに至るまで，法科学の現場の実践を規律化する．著者が述べているように，法科学ラボにおける日々の仕事は，法や司法制度の要請に応えることが求められ，形式や組織のルールへの遵守がその他のラボに比べて強いことがわかる．マニュアルによる管理は科学に求められる創造性に逆行するような圧力のように感じるが，本書に描かれている法科学者や技官のコメントから，管理されていることに対しての息苦しさや悲壮感が感じられない．法科学者や技官らは自身の経験や知恵をつかいながら状況に折り合いをつけている．マニュアルは，国や国際機関による標準化政策を推進するためのひとつの戦術であるが，マニュアルの戦略的利用法という現場の「戦術」が存在するという点が面白い．

　第五章の法科学分野間の標準化問題では，定性的鑑定分野と定量的鑑定分野の標準化の問題が取り上げられる．裁判に提出される鑑定結果には，足跡鑑定のように定性的な手法で鑑定されたものから，DNA型鑑定に代表される定量的な手法で鑑定されたものまで，さまざまな内容と形式の鑑定結果が存在する．第5章では，このように質的に異なる情報や異なる表記法を持つ鑑定結果について現場で何が議論され，その結果を司法の現場にどう提示するのかについて示す．著者は，鑑定結果の数値化への傾斜という近年の傾向を示唆する．定性的な鑑定結果に割り当てられた数値が妥当なのだろうか？また，そもそも数値化が適正な証拠評価と言えるのか？など，標準化イコール数値化への傾斜という問題は，STS研究においてさらなる蓄積が求められる．

　ラボ内外で見られる標準化の流れ，鑑定結果の数値化への傾斜といった点は，評者が関心を持つ食品ラボの問題にもあてはまる．分析結果の客観性の担保という点に関連づけながら，食品ラボの標準化をめぐる近年の動向を簡単に紹介しよう．食の安全性に対する社会不安が生じる中，ここ十数年の間，安全性の確保のためにさまざまな方策が打ち立てられ，実施されてきた．その方針を踏まえ，食品分析ラボの社会的な役割が高まり，法科学ラボ同様，食品分析ラボから提出される分析値の信頼性を客観的に保証するシステムや手法の導入や試料の標準化が重要であるという点が政策現場で議論されるようになった．食品ラボが提出する分析結果の信頼性を保証するシステムとして，検査の精度管理システムの存在やラボの科学者や技術者の能力評価のための手法・ガイドラインなどがあげられる．本書に，法科学ラボでも能力評価テストの実施などがあると書かれているが，分析値の信頼性をラボの能力評価などを通して保証していくという進め方は，法科学ラボや食品ラボだけではなく，その他のラボでも行われる慣行のようである．食品ラボの場合，近年では，一定基準を満たし特定の分野の試験を行う能力を持つラボは，第三者の認定を受けられるような仕組みも存在し，「客観性」を担保するための仕掛けが多層性を持つ．

　食品ラボも食の安全性に対する意識の高まりに対応して分析結果の客観性の保証と担保が課題となっているが，犯罪にかかわる法科学ラボの場合，試料のコントロールが難しいという状況があり，食品ラボの保証システムとは事情が異なるであろう．そもそも試料はまちまちであろうし，その保存状態により経年劣化もありうる．試料のコントロールが難しいという条件下において，分析手法の妥当性をどう担保しているか，さらに知りたいところである．

　以上が本書の簡単な紹介であるが，ここから評者の所見を述べたい．この本を読み進めながら，評者はいくつかの理由で，本書の試みを野心的であると感じた．第一に，法科学の知への接近法である．これまでの法と科学のSTS研究では，法と科学という2つの異なる体系を持つ知によってもたらされる諸問題について，ガバナンスのほころびを研究の糸口として，科学知を相対化する論の展開が中心であった（Jasanoff 1997）．他方，マイケル・リンチ（Michael Lynch），コリーナ・クルーズ（Corrina Kruse），サイモン・コール（Simon Cole）らに代表される法科学のSTS研究では，裁判でDNA型鑑定がどう扱われるのかという接近法がとられている．科学知を絶対的なものではないという前提で議論を進めるという点で，本書もこれらの研究と同様のスタンスであるが，ラボで鑑定をする人の経験を通して法科学の知を相対化していくという接近法は目新しく，どのような概念装置で分析をすすめるのか読む者に強い期待感を抱かせる．

本書の試みが野心的であると感じる二つ目の理由は，筆者は調査が非常に困難だと思われるフィールドを選んだという点である．法科学ラボは，その他の科学ラボに比べ，フィールドへの参入が難しいであろう．また，フィールドに入った後もデータ収集の際にさまざまな制約がともなう．さらにはデータ収集後もフィールドから得られた情報の管理や使い方，また情報の開示の方法にさまざまな制約や困難がともなったことであろう．他方，著者がフィールドワークを実施した当時は博士課程に在籍という身分であり，一定の期間内でデータの収集を終えなくてならないという時間的な制約や，博士課程審査委員会が求める一定の量や質のデータを確保しなくてはならないという別の次元の要請も存在し，かなりの調整力と判断力が求められたことであろう．

また，（評者は人類学専門ではないため誤解を恐れずに述べるが）人類学者であれば，個別の事件の鑑定を取り上げ，鑑定の過程やその結果の取り扱われ方について「厚い記述」（Geertz 1973）をするというのがオーソドックスな研究の進め方ではないかと思うが，この現場でそうした記述が許されるかどうかという点である．厚い記述をすれば，事件の被害者や被疑者のアイデンティティーが開示されるリスクが高まる．おそらく著者がフィールドワークをした法科学研究所からも個人情報の保護を厳守することについて強い要請があったであろうし，研究成果をとりまとめる過程で成果物の内容について説明が求められるというような場面もあったと思われる．フィールドワークや社会調査の倫理という観点から，調査対象者のアイデンティティーの保護は求められるが，現場に関与するあらゆる人のアイデンティティーがわからないような形式で記述しなくてはならないという状況は，民族誌を書く人類学者が志向する方向性とは異なる．ここは，相当な試行錯誤があったのではないかと思う．本書は，オーソドックスな民族誌と比較し，抽象度が高い形の記述が多くみられるが，試行錯誤の結果がこうした形式につながったのであろう．

評者が，本書の試みを野心的であると感じる3つ目の理由は，ラボラトリー研究は，ラボを取り巻く政治経済的な文脈を切り離して分析をするインターナリズムに陥っているのではないかという批判が存在し，それらの批判に対しどう応えるのかという問題意識に関係する．こうした批判に対する筆者の応答を第五章の法科学分野間の標準化，第六章の法科学ラボの国際的標準化の章に見出すことができる．前述したように，これらの章には，法科学ラボに標準化の波が押し寄せ，法科学ラボでの実践がさまざまな形で変容する様子が描かれている．合わせて，実験室の外側からの圧力に対し，実験室内の人びととがどう対応しているのかも示されている．社会の動きをラボ内の実践と関連づけながら分析をするという進め方は，インターナリズムへの批判に対する著者の目配りであろう．並々ならぬ分析力が求められたと思う．

このように本書はこれまでの法科学のSTS研究やラボラトリー研究を批判的にとらえつつ，新しい分析の地平を示す研究書である．しかし，いくつかの疑問点が残らない訳ではない．第一に，方法論の記述についてである．理論と方法論が学術研究の礎になっていることは周知のことであるが，両者が不可分なく説明されていることが求められる．取り分け，第一章のタイトルが「科学鑑定を観る視座——ラボラトリーに分け入る」とされていることからも，この章に理論的枠組みの概説とラボラトリーにどのように分け入ったのかという方法論上の記述がある事を期待した．しかし，方法論については調査実施期間，調査対象者の数，観察の対象などについて簡単な記述にとどまっていた．フィールドに参入するまでのゲートキーパーとのやり取り，また匿名性，秘匿性を守るための工夫やその他の倫理的配慮，インタビュー調査のアポイントメント取りの経緯や，英語で取得したデータを日本語に翻訳する過程など，さまざまな課題に直面したことであろう．フィールドへの参入が難しいラボを研究対象として選んだだけに，筆者の工夫や筆者が直面した課題についてさらに読みたいという読後感が残った．STS研究における本書の位置づけや分析のための概念装置の説明が充実しているからなおさらのこと方法論の説明がもっと充実して欲しいという印象を持った．

第二に，筆者が収集したデータが妥当なものであるのか否か，またその解釈が妥当なものであるのか否か，さらには本書が取り上げるニュージーランドの事例から得られた発見の一般化が可能であるのか否かという点である．これは本書のみならず，評者も含め，質的調査法を活用する研究者が必ずといっ

書評　179

て良いほど直面する課題である．そこで，自省を込めてこの点について簡単に触れる．質的調査において，データの妥当性を評価する際に，どのようなデータを収集したのか，またそのために研究者が何を行ったのかについて説明をすることが求められる．データの解釈の妥当性については，その領域の先行研究の議論との関連において評価される．一般化の問題は，取り上げた事例が別の事例に転用が可能かどうかといった点などから判断される．本書は，2つめと3つめの論点である「解釈の妥当性」と「一般化の可能性」については，充実した説明が存在する．日本語および英語のさまざまな文献がレビューされ，その中で本研究の位置づけが明らかにされ，それらの論述からデータの解釈の妥当性がわかる．一般化の可能性については，最終章に，ニュージーランドの事例から得られた知見は，イギリスやアメリカにも当てはまると言及されている．研究成果の一般化は，著者のみが行うものではなく，読み手が一般化するという側面もあるが，評者が取り上げた食品分析ラボでの現象にも当てはまると思われる事象が多々存在することから，法科学ラボで起こっていることは，他のタイプのラボにもあてはまるという展望を描くことができた．1つめの論点であるデータの妥当性や，収集されたデータの信ぴょう性といった点について著者がどう論じるのか読んでみたいと感じた．今後方法論をテーマとする論考が出版されるのが待たれる．

とは言え，ラボラトリー研究に関心を持つ研究者のみならず，知識社会学や標準化の社会学に関心を寄せる研究者にも読み応えがある良書であることは間違いがない．

■ 参考文献

Geertz, C. 1973: *The intepretations of cultures*. Basic Books.

Jasanoff, S. 1997: *Science at the bar*. Harvard University Press.

Knorr Cetina, K. 1981: *The manufacture of knowledge*. Pergamon Press.

Latour, B. & Woolgar, S. 1979: *Laboratory life: The social construction of scientific facts*. Sage.

柿原泰・加藤茂生・川田勝（編）『村上陽一郎の科学論──批判と応答』

新曜社，2016 年 12 月，3900 円，436 ページ
ISBN 978-4-7885-1506-2

[評者] 廣野喜幸*

1962 年 1 月 16 日，25 歳の村上陽一郎（以下，敬称略）は，「我国に於ける進化学説の移入・発展──その初期の思想史的考察」なる卒業論文を提出した．爾来，半世紀以上にわたってうみだされてきた知的成果の量の多さ，質の高さには，まさに驚くべきものがある．当初，日本科学史に定位していた研究（『日本近代科学の歩み』1968 年等）は，西欧科学史一般に向かい（『西欧近代科学』1971 年等），聖俗革命による近代科学の成立という独自の主張を生み出す（『近代科学と聖俗革命』1976 年）．その後，ハンソン（Norwood Russel Hanson 1924-67）やファイヤーアベント（Paul Karl Feyerabend 1924-94）等の翻訳によって，いわゆる新科学哲学を紹介しながら，科学の理論転換をどう捉えるかに焦点を合わせつつ，相対主義的色彩の強い科学哲学をさらに押し進める一方（（『新しい科学論』1979 年等），科学史における歴史記述のあり方を問い直し（『科学史の逆遠近法』1982 年等），後智恵的なアプローチを廃し，当時の文脈に即して理解する「正面向きの科学史」を提唱するに至る．そして，『文明のなかの科学』（1993年）や『科学者とは何か』（1994 年）あたりを境にして，軸足を STS（科学・技術・社会）に移し，『安全学』（1998 年）等々，数々の独創的構想や提言を世に問う．

このように，研究範囲が広いことが村上科学論の特徴の一つになっている．これを，興味の赴くまま様々な課題に取り組んできたのであって，それぞれ別個の分析なのだと解するのは適切さに欠けよう．評者には，それらのほぼすべてに一貫した問題意識が流れているように思われてならない．おそらく，村上科学論はこれから科学論に取り組む者の基本的素養の一つになるのだろう．その全体像とエッセンスを的確に把握した上で，各自の課題に切り込んで

――――――――――――――――――――
2017 年 9 月 2 日受付　2017 年 9 月 16 日掲載決定
*東京大学大学院総合文化研究科広域科学専攻相関基礎科学系　科学史・科学哲学研究室，yhirono@hps.c.u-tokyo.ac.jp

いかないとしたら，怠慢のそしりを免れないように思われる．だが，言うは易く，行うは難し．村上科学論の多彩さは，私たちを魅惑する一方，全体像とそれを貫く問題意識を把捉することの困難の一因ともなってきた．

こうした状況の続く中で，村上が2008年3月に国際基督教大学の停年を迎えたのを機に，油ののった科学史家3名が企画者となりシンポジウムが開かれ，村上科学論の多角的な検討がなされた．企画者3名が編者となり，その成果をとりまとめたのが本書である．本書によって，村上科学論の全体像とエッセンスに迫っていくことが格段に容易になったはずである．本書の誕生を喜びたい．

ただし，編者たちは「STS関連の著作は中心的にはとりあげない」(9頁)方針を表明している．つまり，STSに軸足を移す以前の科学史・科学哲学時代を主たる対象としている．こう聞くと，あるいは，本誌読者の興味が半減したとしても致し方ないといったところかもしれない．ところが，評者の見るところ，良くも悪く，存外，本書にはSTS論がふんだんに盛り込まれており，本誌の読者も安心して紐解ける，あるいは紐解くべき内容となっている．

本書は，シルプ編『生きている哲学者』シリーズにならった構成をとる．巻頭には，村上自身による知的自伝が置かれ，編者によって主要著書が紹介され，村上科学論の概要を知ることを可能にしている．評者は1980年に村上の知己を得たが，この自伝によって認識を新たにした点も多く，興味深い自伝に仕上がっていると言えよう．その後，比較的小ぶりな論考3編が続き，村上科学論の理解がさらに進むよう工夫が施される(野家啓一「「正面向き」の科学史は可能か?」，橋本毅彦「科学の発展における連続性と不連続性」，成定薫「村上陽一郎における総合科学の安全学」)．

そして，力のこもった批判的検討が開陳される．以下の10編がそれである．(1)高橋憲一「聖俗革命論に「正面向き」に対する」，(2)小川眞理子「聖俗革命は革命だったのか—村上「聖俗革命」をイギリス側から見る」，(3)川田勝「聖俗革命論批判—「科学と宗教」論の可能性」，(4)坂野徹「村上陽一郎の科学史方法論—その「実験」の軌跡」，(5)塚原東吾「村上陽一郎の日本科学史—出発点と転回，そして限界」，(6)加藤茂生「科学批判としての村上科学論

—科学史・科学哲学と「新しい神学」」，(7)瀬戸一夫「支配装置としての科学—哲学・知識構造論」，(8)横山輝雄「社会構成主義と科学技術社会論」，(9)柿原泰「村上科学論の社会論的転回をめぐって」，(10)小松美彦「村上医療論・生命論の奥義」．ただし，残念なことに川田は早世したため，川田論文は完成稿ではない．村上の議論にはまちがいなく基督者としてのあり方が大きく関わっているため，そのテーマについて最良の書き手であった川田の論考が完成しなかったことは惜しみて余りある．

村上の歩みの即して述べると，日本科学史については塚原が，西欧科学史特に聖俗革命論をめぐっては高橋と小川が，科学史における歴史記述のあり方については野家と坂野が，科学哲学における理論転回については橋本が，STSに軸足を移したことの意義については柿原が，新科学哲学時代から見られた相対主義的アプローチと通底する，STSにおける社会構成主義に対するスタンスについては横山が，村上安全学については成定が興味深い論点を示していると言えるだろう．日本科学史を表題に掲げている塚原論文もSTSを強く念頭に置きながら議論が進められている．STSに関してもけっこう論じられているとした評者の先の言葉も肯定していただけることだろうと思う．

上記の論考はそれぞれ，村上科学論の多彩な側面の一端を主たる標的としているのに対し，村上の一貫した問題意識に関わる論点をとりあげているのが，加藤・瀬戸・小松である．以下，各論文に触発された論点を活用しながら，評者なりの観点から，村上科学論に迫っていきたいと思う．村上の主張には反し，各論者の文脈に即した，「正面向き」のコメントとはなっていない点は予めお詫びしておく．

村上科学論に分け入る格好の道標となっているのが加藤の論考であろう．現在の科学，すなわち近代科学の起源をどこに求めればいいだろうか．あるいは，現代科学を遡っていくとき，どこまで同質な連続体とみなせるだろうか．多くの科学史家は16～17世紀に近代科学が誕生し，基本的特徴を保ちながら現在に至ったと考える．そうではないと村上は言う．世界を創造したさい，神は世界に規則性を付与したのであって，科学によってその規則性を明らかにし，明らかにされた規則性から神に近づいていくという思想的前提が，ある時期以前の自然探求に

書　評　181

は含まれていた．世界の規則性を明らかにする作業は手段であって，神様をよりよく知ることが目的だった．しかし，18世紀にこの思想的前提が消滅していき，世界の規則性を明らかにすること自体が目的化する．この聖俗革命によって近代科学が誕生したとみるべきだとするのが聖俗革命論である．これは斬新な指摘であり，それだけに反発も多くあった．

科学史学とは歴史学であり，歴史学とは，畢竟，一次史料の信憑性を評価し，信頼のおける史料から歴史を再現する作業に他ならないとする立場がある．まさにこの立場を遵守し，これまですぐれた科学史論文の数々をものしてきた模範的科学史家である高橋によれば，聖俗革命論はそれを裏付ける十全な一次史料が存在しない．また，イギリスの科学史に造詣の深い小川によれば，村上の所論はフランスでは成り立つ可能性があるが，イギリスでは19世紀においてさえ，神様を抜きにして自然探求はなされなかったという．確かに，高橋や小川の立論は説得力がある．しかし，実のところ，評者は，二人の指摘をもって，聖俗革命論の破綻を宣告する気にはなれずにいる．議論がすれちがっている，あるいは問題の次元が異なっているように思われてならない．

村上聖俗革命論のもつ意義を，評者は，(1)自然探求史においては，趨勢として，自然神学的契機が脱落していった傾向が認められること，(2)自然神学的契機の脱落は，科学が成立したあとの単なるエピソードの一つとして評価すべきではなく，第一級に重要な出来事とみなすべきであったことを明確にした点に求めたい．だとすると，小川は，村上が想定した時期がイギリスでは異なると述べているにすぎない．また，村上が捉えようとしたのは，個々の一次史料から明らかになるような歴史事象ではなく，明らかにされた歴史事象をメタ分析することによってはじめて浮かび上がるような歴史の動向であったように思われる．一次史料が示すことに反するような主張はもとより成り立たないが，一次史料がないことをもって棄却されるような範疇とは異なる次元を聖俗革命論はもっているのではないだろうか．

ここでもともと言及していた加藤論文に戻ろう．環境問題等々の勃発により，科学の進展は必ずしも社会の幸福につながらず，害をもたらす蓋然性も高

いことが明白になり，1970年代は科学批判の嵐が吹き荒れた．加藤によれば，村上の科学史・科学哲学は科学批判という時代精神に応じた成分がふんだんに含まれている．加藤は，いかにも氏らしい緻密で順を追った議論で，村上の科学史・科学哲学における科学批判を丁寧に腑分けしていく．

評者が科学史学を習いはじめたのは先にも述べたように1980年のことだが，そのころはまだ科学批判の風潮が残っていた．「現にある科学は多くの問題を孕んでいる．歴史的に問題の淵源を探り，他にありえた道の示唆を得，現代科学の問題含みのあり方に修正を加えよう．」こうした志向性をもつ科学史研究が試みられていた．しかし，一定以上の質をもつ歴史研究においては，修練を要する一次史料の読解スキルは欠かせない．そして，多くの科学史研究者はこのスキルを習得する過程で，科学批判とは無縁になってしまった．早世した指導的科学史家廣重徹(1928-75)は科学批判という契機を持続させた少数派の一人であったが，エクスターナルな科学の体制化・制度化研究においてこそ科学批判なる動機を具体的研究に反映しえたものの，インターナルな量子力学史においてはやはり科学批判の色彩はごくごく薄いものになっているとみなさざるをえない．かつて，吉岡斉は評者とは異なる文脈で廣重におけるエクスターナルな研究とインターナルなそれの分裂を指摘したが，それは妥当な評価であった．

村上の科学史・科学哲学の特徴は，インターナルな研究においても科学批判の契機を手放さなかった点にあるだろう．やはり早世が惜しまれる金森修(1954-2016)は，晩年の著作『科学の危機』(集英社新書)で，「科学史は，批判的契機を内在させた科学社会学，または科学思想史である時にのみ，そのアイデンティティを保ちうる」(10頁)というテーゼを提出してみせた．これを金森基準と呼ぶとすると，村上科学論こそ金森基準に合格する希有な科学史研究の事例なのである．

神様というバックボーンを失った科学は，自らが神の位置を占める尊大さを示すようになる．自らが明らかにする事実・法則こそが自然の最終的真理であると考え始める．かくして，科学の専制支配に通じる道が開かれる(この点については瀬戸論文も参考にされたい)．これこそが，科学が批判されるべき宿痾にほかならない．自然科学が実際に行ってい

るのは，ある前提，哲学者廣松渉の用語を使えば，あるヒュポダイムのもとで導かれる帰結にすぎない（廣松と村上の「"意外な"共通性」については，小松論文に参照されたい）．ヒュポダイムが変われば，真理も変わる．にもかかわらず，最終真理が明らかにされたとみなす科学はそこで固着化し，自己修正機能を著しく欠く．おそらく，村上の科学哲学そして科学史の方法論が目指したのは，こうした病の治療であり，固い科学観を解きほぐそうとする試みであった．

だが，残念なことに，前期の科学史・科学哲学に焦点を絞ったとしているにもかかわらず，本書は，まさに枢要である，村上の科学哲学を正面切って検討する論考を欠く憾みを残す．

科学史的・科学哲学的探求によって，現在の科学がもつ問題点の核心を見定めた村上が，次にその改善の方途を探り始めたとしても不思議ではない．対象が現在の科学に，領域がSTSに移ったのは，村上にとって内発的発展だったのであろう．なるほど，柿原も記しているように，科学史・科学哲学研究室から先端科学技術研究センターへの職場異動もSTSへの転回の，一つの重要な要因ではあったのだろう．また，ノヴォトニーの言葉に促されたのも事実だろう．しかし私には，それらがなくても，前期の探求を自然に発展させるとしたら，STSへと向かわざるを得なかったように感じられる．

村上が探りつつあった改善の方途とは，自己目的化した科学を，新たな価値意識に従属させ，科学を統御することであった．この価値意識を示すために，村上自身は「新しい神学」あるいはdecencyなる用語を採用した．加藤はこの「新しい神学」について慎重な検討を加えていく．加藤によれば，安全・安心は自然科学によって決定されるのではなく，社会のもつ安全・安心に関わる価値意識が論理的にまず先になければならないのだから，村上の安全・安心学は，「新しい神学」の具体的展開であったということになる．傾聴に値する指摘であろう．

しかし，いくつかの論文で指摘されていることを評者が粗雑にまとめてしまうと，「新しい神学」は構築途上にあるにすぎない．それが構築され，実際，科学をうまく制御できるさまを示してみせれば別だが，「新しい神学」という構想でうまくいくのかさえ，現段階では未知である．構築途上の「新しい神学」

の具体的表れが，村上のSTS論だとしたら，村上STS論の脆弱性について，いくつかの論考が共通した懸念を表出している．

柿原は村上のSTSへの展開を論じる途上で，社会学的アプローチにはいくつかの類型があるが，村上は科学者集団のメンタリティーを問うエトス論的方向に向かい，科学が社会にとってどのような悪しき存在になるかの社会学的分析に向かわなかったと指摘する．個別の問題レベルに即して言うと，生命科学テクノロジーの進展に伴って，たとえば生殖医学テクノロジーによる生命の恣意的操作などについては厳しい姿勢を見せる村上が（この問題圏については小松論文を参照されたい），しかし，原子力発電などには許容的な特徴を見せる．評者には，原子力テクノロジーは技術論的に人間が余裕をもって制御できるかどうかははなはだ怪しい厄介な技術体系であって，これを支配制御できるとする発想が，自己目的化した科学の尊大さの端的な表れのように思える．本筋は自然再生エネルギーの開拓に向かうべきであって，原子力はたかだかリリーフ的存在でしかありえまい．したがって，それまでの村上科学論からすると，原子力等を規制する価値意識の探求に向かうのが本来的なあり方ではないだろうか．成定も新しいdecencyに核エネルギーはふさわしくないはずだという．にもかかわらず，そうはなっていない．

現在の科学の価値意識を注入するチャンネルとして，「いくつかの領域で基礎知識を持ち合わせている仲介者・媒介者」に期待するのが，村上の科学コミュニケーション論の特質の一端となっている．塚原はこれに対し，3.11後の科学技術においては構造的ディストピアが出現しているのであり，媒介者路線は有効性ではないだろうことを示唆する．

現代科学のあり方に原理的な場面では厳しい指摘を徹底的に行いながら，具体的問題については，ときには，あたかも科学の後追いしかできないような様相を呈する村上科学論に対する疑念が，あるいは，現に科学技術を望ましい方向へと転換させる実践的実力の欠如に対する失望が，そこかしこで表明される．村上科学論の利点と限界は，現在のSTSのもつそれと通底してはいないだろうか．

本書の論者たちも，村上科学論が端的な一例となっているSTSの現状に対する批判はなしえていても，村上の構想に対峙できる代替アプローチを提

示できているわけではない．STSに携わる論者の村上STS批判は，ただちに反射的に自分たちにもさしむけられる構造になっている．現在の科学に問題があり，その問題点を解明することに貢献しているSTSは，だがしかし，ありうべき社会と科学の関係像を確立することができず，ピースミール的に改良していく力ももっていない．だとすると，安全学などを具現化しえた村上の方がまだ先を行っている状況にある．

　以下のように簡略化してしまうと村上から怒られるかもしれないが，村上の提唱する科学史の方法論である「正面向き」の科学史とは，ある時期の科学を現在のヒュポダイムで裁断するのではなく，当時のヒュポダイムのもとに当時の科学的研究を位置づけることの推奨であろう．なるほど理念としてはそういうことが望ましいのだろうが，実際理想的な形でそんなことができるのかと坂野も野家も言う．当時のヒュポダイムのもとに当時の科学的研究を位置づける作業の総体は，当然現在のヒュポダイムのもとで行われることになるのだから．この批判は実に的確ではある．

　だが，村上はそんなことは百も承知なのではないか．100％のレベルでそのような作業はできないにしても，現在のヒュポダイムに安住して事を済ませてよいわけではなく，極力当時のヒュポダイムに肉薄すべきだとする提案ととるべきではないだろうか．そうすることで，自己目的化した現状のヒュポダイムに安住し，あらたな価値意識の創造に向かわない科学に，また別のあり方を対峙させ，固着化した科学を流動化させようとする戦略だとも考えられる．この見通しが正しいとすれば，坂野らの批判は，村上科学論を越え出て行く力をもっていないように思われる．

　本書の批判は村上科学論のもつ問題を剔抉してはいる．恩人に対し，変な遠慮をすることの方が失礼だと，ときに容赦仮借のない批判が加えられる．そして，おおむねその批判は妥当である．だが，野家があるとき，「釈迦の手のひらの上」と表現したように，総じて，批判者の批判は村上を越え出ていかない．

　本書評は，小松論文に言及しえていない．小松論文は，村上の人間観・存在観・科学史観を闡明する．そこで明らかになる人間観・存在観は，実は，本書評の展望を越える射程をもっている．つまり，村上の議論総体は，村上の科学論を越え出ている側面がある．村上の懐はたいそう深い．

　小松の音頭で，かつて主としてメタバイオエシックスを共同研究してきた仲間数名と東京大学附属病院に金森を見舞いに行ったことがある．最後に，金森は一人一人に声をかけた．いわば，研究仲間への遺言である．評者に放たれた最後の言葉は，「STSはダメになっている，少しでもよくしてほしい」であった．

　私は，そしてSTS学徒は，村上科学論を，そして村上の批判者たちを克服して，「釈迦の手のひらの上」から飛び出して，先に進んでいかなければならない．

　今，STSは正念場にある．

立川雅司『遺伝子組換え作物をめぐる「共存」
——EU における政策と言説』

農林統計出版，2017 年 7 月，3500 円，320 ページ．
ISBN 978-4-89732-368-8

［評者］山口富子＊

　本書は，遺伝子組換え作物の商業栽培に向けて，
欧州が 2003 年以来取り組んできた「共存」ルール
の政策過程を紐解く書である．1990 年代後半より，
遺伝子組換え作物の商業栽培の是非をめぐり世界各
国で激しい議論が展開してきたが，遺伝子組換え技
術のみならず，その他の新興科学技術の実用化にお
いてもそれをどう規制するのか，どのような制度が
求められるのかといった，ルールづくりが社会の関
心を呼ぶ．ルールが科学技術のその後の展開に大き
な影響を及ぼすことから，研究者や企業といった開
発主体のみならず，消費者や市民団体など研究開発
に直接関与しない主体にとっても，どのようなルー
ルが策定されるのかは重要な論点であり，この点に
強い関心が寄せられるのは当然なのかもしれない．
現在，筆者が研究テーマとして取り組んでいるゲノ
ム編集技術の実用化の問題や，近年，マスメディア
を賑わせている AI なども，技術そのものの進化と
いう問題に加え，ルールづくりが主要な論点として
クローズアップしている．

　本書が事例としてとりあげる欧州の共存ルール
は，2000 年代初め頃から政策議論がはじまり，そ
の後「共存」ルールの内容とその運用のあり方につ
いて多くの時間とエネルギーが注がれた．「共存と
は，GM 作物と非 GM 作物，具体的には慣行農業や
有機農業が，互いに相手に不利益をもたらすことな
く，農業生産活動を継続できるような状況」(P. 1)
であり，「共存ルール」は，遺伝子組換え作物の商
業栽培に対するさまざまな考え方や利害を調整する
ための策と期待されていた．いろいろな農法を使う
生産者がいるという前提でそれらを共存させるとい
うビジョンは，誰も反対するものではないと考えら
れていたのであろう．評者も，欧州において共存
ルールの策定について議論があるという事を聞いた

2018 年 1 月 22 日受付　2018 年 5 月 12 日掲載決定
＊国際基督教大学教養学部・社会学メジャー教授，
tyamaguc@icu.ac.jp

時に，この管理手法は，多様なニーズに応える画期
的な提案であるという印象を持った記憶があるが，
本書を通して共存ルールに対する EU 加盟各国の評
価は，必ずしもポジティブなものばかりではなかっ
たという事を改めて認識した．

　このルールの策定を先導した欧州委員会は，共存
ルールを，「科学的な知見を考慮しながら，経済的
損害を最小にするための手法」と解釈し，その枠組
みに沿って加盟国横断的な政策ツールを普及するこ
とを目指していたが，2010 年に欧州委員会が発表
した新たな共存ガイドラインの内容は，当初の内
容とは様変わりしていた．著者は，欧州委員会が
2010 年に公表したガイドラインの内容を「2003 年
時点の欧州委員会の共存ルールの理念が実質的に空
洞化した」(p. 276) と表現しているが，なぜ政策の
中味がこのように大きな変化を遂げたのかというこ
とを問題意識の中心に据える．その答えの糸口を見
出すために，政策形成過程においてアイデアや言説
が果たす役割に着目する「言説的新制度論」，国家
とステークホルダーとの相互作用に着目する「ガバ
ナンス論」に立脚し論が進められる (P. 7)．

　著者は，公共政策が議論される場で立ち現れる言
説に着目するというアプローチ，またステークホル
ダーの相互作用に着目することでガバナンスを動的
に捉えるというアプローチを通し，欧州委員会をは
じめとし，EU 加盟国やさまざまな関係機関や団体
などの意見や，それにともなう軋轢，調整の過程を
浮き彫りにする．欧州の政策形成過程を理解するた
めには，著者が「ガバナンスの重層性」(P. 20) と
呼ぶ，幾重にも重なる社会構造，そしてそれを正当
化する言説という分析の視点を見落としてはならな
いのである．

　第 1 章の後に続く，第Ⅰ部「EU における GMO
政策の展開と共存政策」，第Ⅱ部「各国における共
存政策の策定とその経過」では，欧州委員会が提出
した共存ガイドラインの内容や EU 加盟国の共存政
策について具体的な内容が示されている．欧州の共
存ルール設定に関わる主体が多様であり，それぞれ
の共存ルールに対する考え方やそのあつかい方が異
なることから，ともすると問題本質や全体像を見失
いがちであるが，第 1 章で触れられている「科学と
政治」，「政策形成における言説の役割」，「技術と政
策の共生成 (co-production)」，「社会技術的イマジ

書　評　185

ナリー(socio-technical imaginaries)」,「農業政策と市民」といった論点を手掛かりに,EU各加盟諸国の政策形成過程の異同について理解を深めることができる.

以下,本の構成を紹介しよう.第1章の問題提起を受け,第I部は3つの章から構成される.第2章「EUにおけるGMO政策の登場:1980年代から2001年まで」,第3章「欧州委員会による共存ガイドラインの提起」,第4章「共存をめぐる研究とその成果:EUプロジェクトを中心として」では,EUでのGMO政策および共存政策の検討状況についての分析が示される.第2章は,EUのGMO法制の概要とその枠組みが生まれた背景について,第3章では,本書の問題意識の起点となる欧州委員会により提案された2003年の共存ガイダンスの内容,また2003年以後の欧州の共存政策の取り組みとEU加盟各国の対応の状況について詳述されている.第4章では,EUおよびEU加盟国が実施した「共存に関する研究」が紹介されている.「共存に関する研究」とは,主にはGMOと非GMOとの間の交雑・混入を最小限に留める方法を模索するための科学的研究であり,例えば作物ごとの花粉の飛散距離,播種や収穫などの作業時のGMOの非GMOへの混入に関わる研究などを指し示す.これらの研究プロジェクトは,大きく分けて(1)欧州委員会の予算で欧州委員会研究総局傘下の研究機関によるもの,(2)欧州委員会予算で加盟国研究機関により実施されたもの,(3)加盟国予算で加盟国研究機関により実施されたもの(P. 86)の3つに分けられ,ここから欧州のあらゆるレベルの組織体で共存ルール策定のための科学的データの蓄積が図られたということが示唆されている.しかし,実際には,これらの知見が共存ルールの策定に明示的な形で活用された形跡がないとも書かれており,では何のための研究プロジェクトだったのだろうと疑問を覚えるのは評者だけではないだろう.この状況を踏まえ,著者は,科学的に集積されたデータと政策的判断には,「一定の距離が存在する」(P. 85)と指摘するが,政策のために集積された科学データが政策形成のエビデンスとして活用されなかった背景やそのインプリケーションについて,さらに知りたいと感じた.

第5章から第11章では,共存ルールに関してのEU加盟国のルールの概要とその背景が紹介されている.第5章「EU加盟国における全般的状況」,第6章「デンマーク:欧州初となる共存政策の制定」,第7章「ポルトガル:民間事業者が大きな役割を果たす共存政策」,第8章「オランダ:栽培に慎重なGM飼料依存国」,第9章「ドイツ:緑の党による厳しい共存ルール」,第10章「フランス:農業大国の苦悩」,第11章「その他の諸国:スペイン,イギリス,オーストラリア等」,第11章「その他の諸国:スペイン,イギリス,オーストラリア等」である.このように本書は,幅広い地域を検討対象とし,それぞれが策定した共存ルールの内容や政策過程について詳述する.

第12章「欧州委員会による新提案:2010年提案とその帰結」では,欧州委員会が実施した共存ガイドラインの見直し案とその後の経過が紹介され,終章「「共存」をめぐる政策形成スタイルと言説」では,加盟国ごとの共存ルールの違いを分析的に整理し,それらについて,ガバナンスという観点からまた政策形成過程にアイデアが果たす役割という観点から,著者の解釈が示される.終章では,「ガバナンス形成における開放性」という点と「政策決定モード」(科学ベース,行政主導,政治的決定,熟議,価値規範)という分析の視点を活用しつ,欧州委員会およびEU加盟国の共存政策決定過程について分析が示される.その分析を踏まえ,政策的含意として,共存ルールように社会経済的側面と深いかかわりを持つ政策分野において,科学的知見に基づくルール化に困難がともなうとも述べられている.

これまで紹介してきたように,本書は,欧州の共存政策について長きにわたる丹念な検討作業をし,説得力のあるデータを提示,分析しており,これまでの農業政策研究に寄与する労作である.これまでの農業政策研究では,農業と環境,健康,エネルギーといった他部門との関連や消費者や市民,GNO,企業,科学者などの専門家,国際機関など,多様なアクターの関与などは強く意識されてこなかったが,本書は,農業構造や農産物資市場といったいわゆる農業部門に限定されたテーマや,農業従事者,農業団体といった限定的なアクターを対象とする研究にとどまらず,農業政策というテーマを問題の中心に据えながらも,他部門との関連や多様なアクターの関与,そこで生じるコンフリクトなど,農業政策を今日的な社会問題に関連づけながら述べてい

るという点で，幅広い政策研究に貢献をするものと考える．

本書冒頭，欧州の共存ルールを理解するための枠組みとして，(1)科学的データに基づくルール，(2)科学的データを踏まえ政治的配慮したケース，(3)科学が関与する余地はないとするケース(P. 6, 表1-1)，の3つの類型が示され，欧州内において科学的データがさまざまな形で扱われてきたことが述べられているが，政策形成過程における科学データの扱われかたという問題意識も取り扱われており，科学と政策に関心を寄せる本学会の会員にとっても興味深い内容が含まれている．ただ，このテーマをSTS研究の立場から研究を進める場合，共存研究から得られた科学的データの取りあつかわれ方を問題意識の入口として「研究と政策の分裂」の経緯や経過などについて分析するという進め方もあったのではないかと感じた．もちろん本書にとって，科学技術社会論的な論点は，あくまでもひとつの視座にすぎないということを理解した上での感想である．「研究においては，多くの要因を加味してより柔軟性に富んだ共存ルールを提案するものの，現場の行政担当者にとっては，より単純化されたルールの方が管理のしやすさという面から好まれるという傾向がある」(P. 104)という記述や，「科学的言説は，それ自体だけでは影響力を持ちえないのである．いわゆるエビデンス・ベースの政策形成のためには，政治的圧力や様々なアクターからの非現実的要求を排除しうる政策調整空間が不可欠であるといえる．共存政策のように農業のあり方を含めた多様な検討が許容されるような政策分野においては，こうした空間をかくほすること自体が政策課題になりうる．」(P. 286)という指摘は大変興味深く，共存ルールの問題を「科学と政治」という角度から切り込むための問いである．加えて，共存研究はいわゆる政策のための科学であるが，その研究成果が政策に反映されなかったという経緯や理由について，著者はどう分析をするのだろうという問いが生じた．

著者は，北米，オセアニアなど，その他の地域の遺伝子組換え作物の規制，さらには日本の事情について明るくそのテーマで多くの研究実績を残していることで知られる研究者である．本書は，著者の幅広い知識や経験を生かし，北米やオセアニアなど遺伝子組換え作物のルールの枠組みが欧州とは異なる

国々の政策形成過程も参照しながら，欧州の共存政策の分析を展開する．実際，遺伝子組換え作物に関わる政策が現場で検討される際には，地域連合や，国際機関，その他の国々との政策対話や協議があるという現実を踏まえると，その他の国々や地域連合の情勢を参照しながら欧州政策を分析するというアプローチは，「なるほど」とうなずける方法であり，その分析結果には説得力がある．

また，本書に書かれている内容は，いろいろな意味でバランスが取れている点も付け加えておきたい．遺伝子組換え作物の実用化など社会論争がともなう科学技術の場合，社会科学的研究成果をどのような枠組みで論じていくのかは，判断に困ることがある．「推進」あるいは「反対」の立場を取り，その問題を取り扱うという規範的なアプローチもあるが，研究テーマと一定の距離を保ちながら，テーマにまつわるさまざまな論点を洗い出すという分析的スタンスもある．本書は，後者のアプローチをとり，共存ルールの解釈の多様性を炙り出しているが，過度な科学主義への批判的眼差しと同時に，非現実的な要求を掲げながら政策形成過程に政治的圧力をかけるアクターに対しても批判的な眼差しを向けている点で，微妙なバランスを保ちながら論を展開している．また，複雑な現実を単純化せず，分析的に政策過程を描くという試みは，学ぶべきことが多い．評者を含め，本学会の会員の中には，科学技術をめぐる意思決定の過程で起こる社会的論争や，科学論争，論争解決に用いられる科学など，いわゆる「論争研究」に関心を持ち，その分野の研究蓄積も多数存在するが，本書の論述法は，是非参考にしたいものだ．とは言え，いくら中立的な立場から，研究結果を提示しようとしても，出版物は，政策，政治や経済に対する世論の形成に一定の影響を与えるとともに，世論を形成する材料として活用されることもある．論争に参加する意図がなくても，間接的に論争への参加がともなう時もあるという難しさも認識しつつ，バランスのとり方について改めて考えさせられた．

著者は，極めて実践的な研究を通して，さまざまな論点を引き出すといったスタイルで研究を進めることで知られているが，本書もそのようなスタイルが踏襲され，十数年にわたって実施された欧州の行政担当者や研究者といった関係者への現地ヒヤリン

グや関連法制に関する資料の検討結果を細かく洗い出し，精緻な分析が示されている．こうした研究方法やそこから出された研究成果は，社会科学の研究者にとって参考になるものであることは言うまでもないが，政策形成や政策推進を担う行政官にとっても示唆を与える優れた資料でもある．

学会の活動

〈理事会〉

第 75 回 理事会（2017 年 9 月 16 日，東京工業大学田町 CIC にて）

出席者：会長，副会長，理事．2017 年度年次大会に関わる準備状況の報告が行われた．また登録されたセッション数は 16 件，一般演題は 35 件であることが報告された．続いて 2017 年度科学技術社会論学会シンポジウム（ワークショップ）についての準備状況についての共有が行われた．加えて，学会誌将来構想委員会での議論状況，ならびに学会誌電子ジャーナル化についての進捗状況が報告された．J-STAGE への登録についての書類準備状況が共有された．柿内賞の選考について，特別賞の対象を個人に限るのではなく，団体としても採択との判断が報告された．

第 76 回　理事会（2017 年 11 月 25 日，九州大学馬出キャンパスにて）

出席者：会長，副会長，理事 9 名，監事 1 名．会議に先立ち，同時開催予定であった評議員会は流会となることが事務局長代理より報告された．続いて，事務局が準備した総会議題の確認を行った．議事資料案における細かな誤記等に加えて，予算案にミスがあることが判明したため修正を行い，修正後の議事資料案および予算案に関して理事会の承認をえた．2017 年 3 月末の会員数，2016 年度決算案が事務局長代理から報告された．会員数減少が問題化しつつあることが確認された．学会誌将来計画委員会から電子ジャーナル化の計画等について報告があった．柿内賞について選考委員会より，過去の経緯と優秀賞の対象の拡大および選考結果等についての報告がなされた．

〈年次研究大会〉

第 16 回年次研究大会

　第 16 回年次研究大会は，2017 年 11 月 25 日（土）と 11 月 26 日（日）の 2 日間，九州大学病院キャンパス（福岡市東区馬出 3-1-1）で開催された．参加者数は会員，非会員，運営関係者，取材の報道関係者を含め 200 名であった．セッションは A 会場から F 会場までの 6 会場で最大 6 件が並行し，合計 28 のセッション・ワークショップ，および大会実行委員会企画によるシンポジウム，九州・中国地域会員の交流会，そして柿内賢信記念賞授賞式が実施された．

　初日は，午前に 8 セッションを，さらに，昼休みを挟んで，実行委員会企画シンポジウム「日本における軍事研究拡大の政策的意味」，総会，柿内賢信記念賞研究助成金授与式・講演が開催された．なお，柿内賢信記念賞の受賞者は，市民科学研究室（特別賞），二階堂祐子（奨励賞），伊藤泰信（実践賞）であった．

　終了後は，同キャンパス「医系食堂」にて懇親会を行った．懇親会の席上，次年度大会が成城大学で開催されることが発表された．

　二日目は，一般セッションおよびオーガナイズドセッションについて合計 20 セッションが実施された．

〈編集委員会〉

第 71 回編集委員会（2017 年 1 月 7 日，早稲田大学西早稲田キャンパスにて）

出席者：編集委員 9 名．委員長より，13 号について，初校が著者に届いている段階であるとの報告があった．なお，納品は 3 月初旬との見込みが示された．委員長より，2 編の投稿論文があった旨，報告があった．あわせて書評対象の文献が 1 本示され，担当候補者を選出した．14 号特集について，担当委員から非会員の共著者を認めたい旨，申し出があり，協

議の結果，了承した．あわせて投稿資格についても議論した．15号について担当委員より，進捗状況について報告があり，詳細を次回委員会までに固めることになった．16号特集について担当委員より，企画案の説明があった．構成については，可能な限り偏りがないようにすることをめざすが，単一の特集で多様な意見をすべて取り込むことが難しいことを考え，今回は今後の議論のたたき台としてはどうかということになった．学会誌改革について，担当委員より，J-STAGEへ申請したことが報告された．ただし早くとも運用開始は2018年からであるため，学会のウェブサイト等で対応する選択肢も検討することとなった．なお，柿内賢信記念賞の講演内容については，学会誌に掲載することとなった．次回委員会は4月の理事会開催にあわせて開催することとなった．

第72回編集委員会(2017年4月16日，成城大学にて)
出席者：編集委員7名．委員長より，14号特集について，予定の12本のうち，5本が提出済みであることが報告された．15号特集については，担当委員より，夏頃までに第1稿を確認する見込みであるとの説明があった．16号特集については，担当委員より，6名より執筆の快諾が得られた旨，報告があった．なお，タイトルについては，「科学技術社会論の再検討—批判的展望」(仮)とすることになった．委員長より，投稿規程の改訂に関する提案があり，電子化に関する箇所の追記を認めることとなった．あわせて連作，英文としての再投稿に関する議論を行った．次回委員会は夏頃に実施することになった．

第73回編集委員会(2017年8月5日，早稲田大学西早稲田キャンパスにて)
出席者：編集委員5名．会長就任にともない柴田委員が編集委員を退任することになった．後任として林真理会員が加わることになった．14号特集について，担当委員より，ほぼすべての予定原稿が掲載可能な見込みとなった旨，報告があった．なお，タイトルは，「研究公正とRRI」とする．特集のみでかなりのページ数を費やすことから，14号については，特集のみで構成することになった．15および16号についても順調に進んでいる旨，担当委員

より報告があった．17号の特集についても，林委員を中心にテーマを選定することとなった．投稿論文について，委員長より，2編の新規投稿があった旨，報告があった．その他，書評，話題についても積極的に募ることとなった．投稿規程の改訂について，委員長より，電子データについて追記した投稿規程を2017年6月11日の理事会に報告した旨，報告があった．

第74回編集委員会(2017年9月16日，東京工業大学　キャンパス・イノベーションセンター　多目的室4にて)
出席者：編集委員3名．委員長より，8月22日に14号を入稿したとの報告があった．15号については，やや分量が少ないため，増量をお願いすることになった．なお，15, 16号については，原稿が揃った方から発行することになった．書評については，2本が掲載可となった．投稿論文については，1本が掲載可となった．話題についても2本が掲載可となった．その他，J-STAGEの件について議論した．

第75回編集委員会(2017年11月25日，九州大学馬出キャンパス コラボステーションⅡ 2F大セミナー室にて)
出席者：編集委員6名．15号について，担当委員より，4割程度の原稿が集まっているとの報告があった．「対話イベント報告」については，2段組の「資料」として掲載することになった．16号について，担当委員より，7割の原稿が集まっているとの報告があった．ただし，残りの原稿の掲載は難しい可能性が高いため，当初予定していた分量より少なくならざるを得ないとの報告があった．審議の結果，16号特集「科学技術社会論の再検討—批判的展望」(仮)の分量が少ないことから，すでに集まっている他の原稿と合わせて15号とし，十分な原稿量が見込める15号特集「人工知能のあるべき姿を求めて」(仮)を16号とすることになった．なお，17号については，「バイオポリティックス(生政治)」をテーマとして進めることになった．このほか，J-STAGEに掲載する件に関し，16号の特集では，会員外の執筆者が多く含まれるため，著作権の譲渡に関する許諾の文書を新規に作成し，個々の執筆者から許諾を得ることになった．

『科学技術社会論研究』投稿規定

1. 投稿は原則として科学技術社会論学会会員に限る．
2. 原稿は未発表のものに限る．
3. 投稿原稿の種類は論文および研究ノートとする．論文とは原著，総説であり，研究ノートとは短報，提言，資料，編集者への手紙，話題，書評，その他である．
    論文
      総説：特定のテーマに関連する多くの研究の総括，評価，解説．
      原著：研究成果において新知見または創意が含まれているもの，およびこれに準ずるもの．
    研究ノート
      短報：原著と同じ性格であるが研究完成前に試論的速報的に書かれたもの（事例報告等を含む）．その内容の詳細は後日原著として投稿することができる．
      提言：科学技術社会論に関連するテーマで，会員および社会に提言をおこなうもの．
      資料：本学会の委員会，研究会などが集約した意見書，報告書，およびこれに準ずるもの．海外速報や海外動向調査なども含む．
      編集者への手紙：掲載論文に対する意見など．
      話題：科学技術社会論に関する最近の話題，会員の自由な意見．
      書評：科学技術社会論に関係する書物の評．
4. 投稿原稿の採否は編集委員会で決定する．
5. 本誌（電子化し公開するものを含む）に掲載された論文等の著作権は科学技術社会論学会に帰属する．
6. 原稿の様式は執筆要領による．なお，編集委員会において表記等をあらためることがある．
7. 掲載料は刷り上り10ページまでは学会負担，超過分（1ページあたり約1万円）については著者負担とする．
8. 別刷りの実費は著者負担とする．
9. 著者校正は1回とする．
10. 原稿は，「投稿原稿在中」と封筒に朱書のうえ，下記宛に書留便にて送付すること．
    科学技術社会論学会事務局
        〒162-0801　東京都新宿区山吹町358-5　（株）国際文献社内
        電話　03-5937-0317
        Fax　03-3368-2822

(2017年6月12日改訂)

『科学技術社会論研究』執筆要領

1. 原稿は和文または英文とし，オリジナルのほかにコピー2部と，投稿票，チェックリスト各1部などを書留便にて提出する．投稿票とチェックリストは，学会ホームページから各自がダウンロードすること．なお，掲載決定時には，電子ファイルによる原稿を提出すること．
2. 投稿原稿（図表などを含む）などは返却しないので，投稿者はそれらの控えを必ず手元に保管すること．
3. 原稿は，原則としてワード・プロセッサを用いて作成すること．和文原稿は，A4用紙に横書きとし，40字×30行で印字する．英文原稿は，A4用紙にダブルスペースで印字する．
4. 原稿の分量は以下を原則とする．論文については，和文は16000字以内，英文は8000語以内．研究ノートについては，和文は8000字以内，英文は4000語以内．いずれも図表などを含む．
5. 総説，原著，短報には，和文・英文原稿ともに，400字程度の和文要旨，200語以内の英文抄録と，5個以内の英語キーワードをつける．
6. 原稿には表紙を付し，表紙には和文表題，英文表題，英語キーワード，英文抄録のみを記載する．表紙の次のページから，本文を記述する．原稿の表紙および本文には，著者名や著者の所属は記載しない．
7. 図表には表題を付し，1表1図ごとに別のA4用紙に描いて，挿入する箇所を本文の欄外に明確に指定する．図は製版できるように鮮明なものとする．カラーの図表は受け付けない．
8. 和文のなかの句読点は，いずれも全角の「．」と「，」とする．
9. 本文の様式は以下のようにする．
    A. 章節の表示形式は次の例にしたがう．
       章の表示……1. 問題の所在，2. 分析結果，など
       節の表示……1.1　先行研究，1.2　研究の枠組み，など
    B. 外国人名や外国地名はカタカナで記し，よく知られたもののほかは，初出の箇所にフルネームの原語つづりを（　）内に添えること．
    C. 原則として西暦を用いること．
    D. 単行本，雑誌の題名の表記には，和文の場合は『　』の中に入れ，欧文の場合にはイタリック体を用いること．
    E. 論文の題名は，和文の場合は「　」内に入れ，欧文の場合は"　"を用いること．
    F. アルファベット，算用数字，記号はすべて半角にすること．
    G. 注は通し番号1）　2）…を本文該当箇所の右肩に付し，注の本体は本文の後に一括して記すこと．
10. 注と文献は，分けて記載すること．
11. 文献は原則，次の方式によって引用する．
    ① 本文中では，著者名 出版年，引用ページのみ記載し，詳細な書誌情報は最終ページの文献リストに記載する．一か所の引用で複数の文献を引用する場合は，（著者名 出版年，引用ページ；著者名　出版年，引用ページ；……）と記載する（文献は；（セミコロン）で区切る）．ただし，インターネット資料等で，著者を特定することがどうしても難しい場合は，該当箇所に注を加え，URLと閲覧日のみを記載するだけでよい．
    ② 著者名（原著者名）を欧文で記すときは，last nameをフルネームで記載し，first nameはイニシャルのみとする．ただし，同名の著者が複数登場して混乱するときは，first nameをフルネームで記載する（それでも区別がつかないときは，middle nameも書く）．

③ 文献リストでの表記は，以下の形式とする（"_"は半角のスペース）．

(1) 和文の論文

著者名_年：「論文名」『雑誌名』巻（号），始頁-終頁．

(2) 和文の図書

著者名_年：『書名』出版社．

(3) 和文の図書（欧文の邦訳書）

著者名_年：邦訳者名『邦訳書名』出版社；原著者名_原書書名［イタリック］,_原書出版社,_原書出版年．

(4) 欧文の論文

著者名_年：_"論文タイトル,"_雑誌名［イタリック］,_巻（号）,_始頁-終頁．

(5) 欧文の図書

著者名_年：_書名［イタリック］,_出版社．

(6) 欧文の図書（邦訳あり）

著者名_年：_書名［イタリック］,_出版社；邦訳者名『邦訳書名』出版社，出版年．

(7) インターネットからの資料

報告書，論文等については，(1)〜(6)の最後にURLと閲覧日を記載する．

それ以外の場合は，著者名_年：「記事タイトル」，URL（閲覧日）を基本とする．

④ 文献は，原則としてアルファベット順に和文，欧文の区別なく並べる．同一著者の同一年の文献については，Jasanoff 1990a, Jasanoff 1990bのようにa，b，c…を用いて区別する．

⑤ 欧文雑誌などの文献を示すときは，他分野の研究者でも容易にその文献がわかるように，分野固有の略記は避ける．（たとえば，*H. S. P. B. S.*ではなく，*Historical Studies in the Physical and Biological Sciences*と表記する．）ただし，あまりにも煩雑になるようであれば，初出箇所ではフルに表記し，2回目以降は略記を用いてもよい．

⑥ 本誌（『科学技術社会論研究』）に掲載された論文を挙げるときは，単に"本誌 第1号"などとせず，『科学技術社会論研究』第1号のように表記する．

⑦ 著者が複数の時は，次のように書く．

和文の場合：丸山剛司，井村裕夫

欧文の場合：Beck,_U.,_Weinberg,_A._and_Wynne,_B.

⑧ 執筆のときに邦訳書を用いた（本文中で邦訳書のページをあげている）ときは，上記(3)の形式で文献を挙げる．執筆のときに原書を用いた（本文中で原書のページを挙げている）が邦訳もあるときは，上記(6)の形式で文献を挙げる．

⑨ 終頁の数値のうち，始頁の数値と同じ上位の桁は，それを省略する．

例1：× 723-728　○ 723-8

例2：× 723-741　○ 723-41

〈例〉

［本文］

STS的研究[1]の意義は，次のような点にあると指摘されている（Beck 1986, 28; Juskevich and Guyer 1990, 876-7）．

しかし，ペトロスキ（1988, 25）も強調しているように[2]，……

［注］

1）http://jssts.jp/content/view/14/27/（2016年6月23日閲覧）

2）ただし，……の点に限れば，佐藤（1995, 33）にも同様の指摘がある．

［文献］

Beck, U. 1986: *Risikogesellschaft, Auf dem Weg in eine andere Moderne*, Suhrkamp; 東廉，伊藤美登里訳『危険社会：新しい近代への道』法政大学出版局，1998.

Juskevich, J. C. and Guyer, C. G. 1990: "Bovine Growth Hormone: Human Food Safety Evaluation," *Science*, 249 (24 August 1990), 875–84.

丸山剛司，井村裕夫 2001：「科学技術基本計画はどのようにしてつくられたか」『科学』71(11)，1416–22.

文部科学省科学技術・学術政策研究所 2015：『大学等教員の職務活動の変化―「大学等におけるフルタイム換算データに関する調査」による 2002 年，2008 年，2013 年調査の 3 時点比較』（調査資料―236），http://www.nistep.go.jp/wp/wp-content/uploads/NISTEP-RM236-FullJ1.pdf.（2016 年 6 月 23 日閲覧）

ペトロスキ，H. 1988：北村美都穂訳『人はだれでもエンジニア：失敗はいかにして成功のもとになるか』鹿島出版会；Petroski, H. *To Engineer is Human: The Role of Failure in Successful Design*, St. Martin's Press, 1985.

佐藤文隆 1995：『科学と幸福』岩波書店.

Weinberg, A. 1972: "Science and Trans-Science," *Minerva*, 10, 209–22.

Wynne, B. 1996: "Misunderstood Misunderstanding: Social Identities and Public Uptake of Science," Irwin, A. and Wynne, B. (eds.) *Misunderstanding Science*, Cambridge University Press, 19–46.

（2016 年 8 月 27 日改訂）

編集後記

　15号をお届けいたします．当初の予定より刊行が大幅に遅れ，早く原稿をご提出いただいた執筆者の皆様には大変なご迷惑をおかけすることになりました．この点，まずもってお詫び申し上げます．学会が設立されて15年が過ぎました．そこで本号では，これまでの科学技術社会論の歩みを振り返る企画を試みました．15周年の企画としてはやや異例ではありますが，今後の議論の一助となれば幸いです．引き続き，16号，17号と編集作業を続けて参りますので，ご理解とご協力のほどよろしくお願いいたします．

（綾部広則）

編集委員会委員

綾部広則（委員長）　　伊勢田哲治　　江間有沙　　柿原泰　　黒田光太郎

柴田清　　杉原桂太　　中島貴子　　夏目賢一　　林真理　　原塑

---

http://jssts.jp に当学会のウェブサイトがあります．
当学会に入会を御希望の方は，ウェブサイトをご参照いただくか，下記の事務局までお問い合わせください．

科学技術社会論の批判的展望　　科学技術社会論研究　第15号

2018年11月20日発行

編　者　科学技術社会論学会編集委員会
発行者　科 学 技 術 社 会 論 学 会　会 長　柴 田　　清
　　　　事務局：〒162-0801　東京都新宿区山吹町358-5　（株）国際文献社内

発行所　玉 川 大 学 出 版 部
　　　　194-8610　東京都町田市玉川学園6-1-1
　　　　TEL　042-739-8935
　　　　FAX　042-739-8940
　　　　http://www.tamagawa.jp/up/
　　　　振替　00180-7-26665
ISSN 1347-5843

ISBN 978-4-472-18315-7 C3040　　Printed in Japan　　印刷・製本　クイックス